TURBO-PASCAL in Beispielen

mit mehr als 100 Programmen

Von Prof. Henning Mittelbach
Fachhochschule München

B.G. Teubner Stuttgart 1997

Die Deutsche Bibliothek – CIP-Einheitsaufnahme

Mittelbach, Henning:
TURBO-PASCAL in Beispielen : mit mehr als 100 Programmen
/ von Henning Mittelbach. – Stuttgart : Teubner, 1997
   ISBN 3-519-02992-8

© B. G. Teubner Stuttgart 1997
Printed in Germany
Druck und Binden: Präzis-Druck GmbH, Karlsruhe

Vorwort

Zum Buch Programmieren in TURBO Pascal Version 7.0, das 1995 im Verlag Teubner erschienen ist, sind seither wichtige Ergänzungen und weiterführende Beispiele gesammelt worden, die nun in einem eigenen Band zusammengefaßt werden. Wiederum habe ich mich bemüht, auf trockene Systematik möglichst zu verzichten und eine Erweiterung der Kenntnisse anhand nicht-trivialer Programme zu vermitteln.

Der vorliegende Text enthält nicht einfach irgendwelche Anwendungsprogramme; er versucht vielmehr, das o.g. Buch zu ergänzen und an interessanten Punkten die Programmierfertigkeit gezielt zu erweitern. Auf den konkreten Inhalt jenes Buchs wird zwar hie und da hingewiesen; zum Durcharbeiten dieses Textes reichen aber solide Grundkenntnisse im Umgang mit TURBO Pascal aus, die nicht aus dem genannten Buch stammen müssen. Im letzten Kapitel finden Sie eine Kurzfassung der wichtigsten Features von TURBO; ein ausführliches Lehrbuch wird dadurch aber nicht ersetzt.

Die Beispiele sind einigermaßen nach Themenkreisen geordnet, innerhalb eines Kapitels nach dem Schwierigkeitsgrad. Die jeweils mitgelieferten Erläuterungen und Hinweise zum Umfeld sollten ausreichen, die vorgestellten Programme zu verstehen, auszubauen oder das Gelernte auf eigene Aufgaben anzuwenden. Ganz nebenbei erfährt man dabei wieder einiges aus verwandten oder ganz anderen Wissensgebieten; das Buch soll kein trockenes Lehrbuch gerade nur zum Programmieren sein. Oft ließ sich bei den Beispielen keine eindeutige Zuordnung zu einem Kapitel herstellen (z.B. DOS oder Grafik). Ich habe daher das Stichwortverzeichnis so gestaltet, daß die meisten Themen unter verschiedenen Suchbegriffen erfaßt werden.

Viele Beispiele sind während des Programmierpraktikums im zweiten Semester an der FHM (Studiengang Informatik) entstanden und stellen vorläufige Lösungen dar, mit denen ich mich zunächst nur selber vergewissern wollte, daß die gestellten Aufgaben mit angemessenem Zeiteinsatz überhaupt lösbar sind. Beim späteren Überarbeiten sind dann immer wieder Ideen von Studierenden eingeflossen.

Besonders bemerkenswerte Lösungen habe ich unter Angabe des studentischen Autors (hie und da leicht überarbeitet) direkt aufgenommen oder (falls sehr aufwendig) zumindest auf die zu diesem Buch gehörende Diskette kopiert. Sie können diese Disk mit allen Files aus diesem Buch direkt beim Autor anfordern; mehr dazu finden Sie zu Ende des letzten Kapitels auf S. 274.

Letztlich haben mich viele Zuschriften und Anfragen aus dem Leserkreis zu diesem Buch animiert. Das waren in erster Linie Studierende der Ingenieurwissenschaften, dann engagierte Schüler der Oberstufe sowie deren Lehrer in Informatik, aber auch ambitionierte Hobby-Programmierer. Sie alle haben mich ermutigt, die wiederum recht aufwendige Arbeit an diesem Manuskript auf mich zu nehmen. Zwar hat TURBO Pascal mit der Version 7.0 einen gewissen Abschluß erreicht und soll bis auf weiteres (oder gar überhaupt) ruhen; als Lernsprache (und auch sonst) wird sich Pascal aber sicherlich noch längere Zeit behaupten können.

Zu Clifford Stolls amüsantem Buch *Die Wüste Internet* habe ich immer dann gegriffen, wenn der Elan nachließ. Dabei ist die Idee entstanden, die Kapitel dieses Buches mit meist recht gut passenden Zitaten von dort einzuleiten. Ich hoffe, Sie haben Ihren Spaß dabei!

Ganz besonderer Dank gilt Frau Katja Rheude (München): Sie hat das Manuskript sehr sorgfältig auf Schreibfehler und Ungereimtheiten im Text überprüft; etliche Verbesserungsvorschläge sind auf diese Weise in die Endfassung des Textes eingeflossen, der noch der „alten" Rechtschreibung folgt. Ferner danke ich all jenen Studierenden, die in dieser Sammlung mit Programmen aus dem Praktikum vertreten sind. Der Verlag Teubner (Stuttgart) war wiederum bereit, das Skript in sein Verlagsprogramm aufzunehmen.

Friedberg und München, Jahresende 1996 H. Mittelbach

Übersicht zum Inhalt

6

> **Was man mit dem Computer großartig kann,**
> **ist Zeit verplempern,**
> **von der man sonst nicht wüßte,**
> **wie man sie sich um die Ohren schlagen soll. *)**

Wir beginnen mit einer alltäglichen Aufgabe, dem Erstellen von Funktions-tabellen; kompliziertere Fälle verdienen aber einige Betrachtungen.

Als Grundmuster für eine **Tabelle** kann stets das folgende Listing gelten:

```
PROGRAM muster ;
USES crt ;
VAR zeile , spalte : integer ;
      a , fg , fd : integer ;

    FUNCTION f (p : real) : real ;
    BEGIN   f := sin (p)   END ;

BEGIN
clrscr ; a := 5 ; fg := 7 ; fd := 2 ;              (* jeweils anpassen *)
FOR zeile := 1 TO a DO write (' ') ;               (* Tabellenkopf *)
FOR zeile := 0 TO 9 DO write ('0.' : fg - 1, zeile) ;
writeln ;
FOR zeile := 0 TO 9 DO
    BEGIN
    write (zeile : a) ;                                     (* Vorspalte *)
    FOR spalte := 0 TO 9 DO write ( f ( zeile + spalte / 10) : fg : fd ) ;
    writeln                                        (* Zeilenvorschub *)
    END ;  (* readln *)
END .
```

---

*) Zitat aus [S], S. 81.

Die zu tabellierende Funktion kann im Unterprogramm bequem ausgewechselt werden. Die Formatangaben fg und fd (mit fg > fd) zur Ausgabe werden dem jeweiligen Zweck (Genauigkeit, Übersichtlichkeit usw.) mit ein, zwei Testläufen leicht angepaßt.

Im Beispiel wird eine Tabelle der Sinusfunktion im Intervall 0.0 ... 9.9 in Zehntelschritten ausgegeben. Andere Bereiche können durch Änderung der Zeile FOR zeile := 0 TO 9 ... sehr einfach erzielt werden. Die Zehntelschritte werden durch die Setzung spalte / 10 im Argument erreicht. Auch hier sind andere Schrittweiten direkt einstellbar. Die obige Tabelle wird mit zwei geschachtelten DO - Schleifen erstellt. Dies könnte ebenso mit REPEAT-Schleifen durchgeführt werden. Dann muß die Schrittweite Δx aber direkt gesetzt werden:

```
zeile := 0 ; x := 0.0 ; deltax := 0.1 ;
REPEAT
    write (zeile : a) ; spalte := 0 ;
    REPEAT
        write ( f ( x : fg : fd ) ;
        x := x + deltax ;
        spalte := spalte + 1
    UNTIL spalte = 5 ;
    writeln ; zeile := zeile + 1
UNTIL zeile = 10 ;
```

Das folgende Beispiel zeigt den **Luftdruck** am herkömmlichen Quecksilberbarometer in mm HG in Abhängigkeit von der Höhe über Normalnull (NN) in Metern, und zwar für fünf verschiedene Anfangswerte des Drucks auf Meereshöhe:

0	740.00	750.00	760.00	770.00	780.00
10	739.07	749.06	759.05	769.04	779.02
20	738.15	748.13	758.10	768.08	778.05
30	737.23	747.19	757.15	767.12	777.08
40	736.31	746.26	756.21	766.16	776.11
50	735.39	745.32	755.26	765.20	775.14
60	734.47	744.39	754.32	764.24	774.17
70	733.55	743.46	753.37	763.29	773.20

Tab.: Luftdruck bis 70 m Seehöhe bei Anfangswerten 740 bis 780 mm HG

Man kann diese Tabelle mit dem folgenden Programm über einen Drucker ausgeben, dann ausschneiden und auf „klassische" Weise in einen Text einkleben. Ist sie - wie im Beispiel - kurz, so genügt auch eine Hardcopy des Bildschirms. Die elegante Lösung aber ist die Ausgabe als Datei, und danach das Einbinden dieser Datei in einen Text innerhalb der Textverarbeitung. Dies wurde hier mit der Datei TABELLE.DOC bewerkstelligt, die dann in WORD einkopiert wurde:

```
PROGRAM barometer ;
USES crt ;
VAR  p0 , h : integer ;
         p : real ;
                              datei : text ;
                              wort : string [15] ;
BEGIN
                              assign (datei, 'tabelle.doc') ;  rewrite (datei) ;
clrscr ;  h := 0 ;
writeln ('  h(m)    mm HG-Säule') ; writeln ;
REPEAT
   write (h : 5, '  ') ;  p0 := 740 ;
   REPEAT
   p := p0 * exp (- 0.1251 * h / 1000) ;              (* Formel aus der Physik *)
   write (p : 10 : 2 ) ;
                              str (p : 10 : 2, wort) ;  write (datei, wort) ;
   p0 := p0 + 10
   UNTIL p0 > 780 ;
writeln ;
                              wort := chr (13) ; writeln (datei, wort) ;
h := h + 10
UNTIL h > 100 ;
readln
END .
```

Benutzt wurden dazu zusätzlich die nach rechts herausgerückten Zeilen. Zum Glück gibt es in TURBO mit der Prozedur str (zahl : Format , wort) ; die Möglichkeit, eine reelle Variable p formatiert auf einen String zu kopieren, also die Ausgabe genau abzubilden. Müßte man dies selber konstruieren, wäre das zwar nicht unmöglich, aber doch ein ziemlich aufwendiger Algorithmus:

```
PROCEDURE textform (r : real ; s : integer) ;
VAR  g, b, a : longint ;     i : integer ;
         v : boolean ;     teilwort : string [7] ;   wort : string ;

BEGIN
IF r < 0 THEN BEGIN
                r := - r ;  v := false
                END
         ELSE v := true ;
g := trunc (r) ;  IF NOT v THEN g := - g ;
str (g, wort) ;
wort := wort + '.' ;
a := 1 ; FOR i := 1 TO s DO a := a * 10 ;
b := round (a * frac (r) ) ;
str (b, teilwort) ;
IF (b < a DIV 10) AND (s > 1) THEN wort := wort + '0' ;
FOR i := 2 TO s - length (teilwort) DO wort := wort + '0' ;
wort := wort + teilwort ;
write (wort)    (* gegebenenfalls in eine Datei ... *)
END ;
```

Die Prozedur textform übernimmt mit r die umzukopierende Zahl, mit s > 0 die Anzahl der Nachkommastellen. Ist r negativ, so wird das Vorzeichen abgetrennt und die entsprechende positive Zahl behandelt, da ansonsten die Funktionen trunc und frac nicht richtig arbeiten! Mit g wird der ganzzahlige Teil bestimmt und dann das Vorzeichen wieder richtig gesetzt. Sodann werden die gewünschten s Nachkommastellen durch Multiplikation mit einer passenden Zehnerpotenz nach „vorne geholt" und in der letzten Stelle gerundet. Da das Teilwort b kürzer sein kann als die Anzahl s, müssen noch Nullen (als Text) dazwischengeschoben werden, ehe das Zahlwort endgültig zusammengesetzt werden kann.

Reichlich kompliziert, aber als Algorithmus trotz der vorhandenen String-Prozedur immerhin lösenswert ... Bauen Sie die Prozedur zum Ausgabevergleich als

textform (p, 3) ;

im vorigen Programm hinter write (p : 10 : 2) ; als zweite Ausgabe ein und vergleichen Sie bei größeren Formaten s = 3, 4, 5, ... die Ausgaben miteinander.

Vor der Einführung von Rechnern benutzte man im Vermessungswesen, in der Astronomie usw. häufig sog. **Logarithmentafeln**, in denen die Zehnerlogarithmen der Winkelfunktionen in mehr oder weniger feiner Abstufung angegeben waren. Damit konnten trigonometrische Aufgaben numerisch sehr genau gelöst werden.

Solche Tafelwerke wurden jahrhundertelang aufwendig von Hand berechnet und waren in abgemagerter Form an unseren Gymnasien noch bis Mitte der siebziger Jahre in Gebrauch:

10°

′	″	Sin.	d.	Cos.	d.	Tang.	d. c.	Cotg.	″	′	P.P.
0	0	9.239 6702		9.993 3515		9.246 3188		0.753 6812	0	60	
	10	9.239 7896	1194	9.993 3477	38	9.246 4419	1231	0.753 5581	50		
	20	9.239 9090	1194	9.993 3440	37	9.246 5650	1231	0.753 4350	40		
			1193		37		1230				
	30	9.240 0283		9.993 3403		9.246 6880		0.753 3120	30		1230
	40	9.240 1476	1193	9.993 3366	37	9.246 8110	1230	0.753 1890	20		1| 123
	50	9.240 2669	1193	9.993 3329	37	9.246 9340	1230	0.753 0660	10		2| 246
			1192		37		1229				3| 369
1	0	9.240 3861		9.993 3292		9.247 0569		0.752 9431	0	59	4| 492
	10	9.240 5053	1192	9.993 3254	38	9.247 1798	1229	0.752 8202	50		5| 615
	20	9.240 6244	1191	9.993 3217	37	9.247 3027	1229	0.752 6973	40		6| 738
			1192		37		1228				7| 861
	30	9.240 7436		9.993 3180		9.247 4255		0.752 5745	30		8| 984
	40	9.240 8626	1190	9.993 3143	37	9.247 5484	1229	0.752 4516	20		9| 1107
	50	9.240 9817	1191	9.993 3106	37	9.247 6711	1227	0.752 3289	10		
			1190		38		1228				
2	0	9.241 1007		9.993 3068		9.247 7939		0.752 2061	0	58	
	10	9.241 2197	1190	9.993 3031	37	9.247 9166	1227	0.752 0834	50		1220

Abb.: NEUES LOGARITHMISCH - TRIGONOMETRISCHES HANDBUCH AUF SIEBEN DECIMALEN von C. Bruhns (K.S. Geheimer Hofrath, Director der Sternwarte und Professor der Astronomie in Leipzig). Anfang von S. 398 der siebenten Stereotypausgabe, ab 1869

Das nachfolgende Programm liefert die ersten drei Kolonnen jener Seite.

```
PROGRAM sinustabelle ;
USES crt ;
CONST          modul = 0.4342944819 ;
VAR   grad , min , sec : integer ;

     FUNCTION ls (arg : real) : real ;        (*Sinus *)
     BEGIN   ls := 10 + modul * ln (sin (arg * pi / 180))  END ;

     FUNCTION lc (arg : real) : real ;        (* Cosinus *)
     BEGIN   lc := 10 + modul * ln (cos (arg * pi / 180)) END ;

     FUNCTION lt (arg : real) : real ;        (* Tangens *)
     BEGIN   lt := 10 + modul * ln (sin (arg * pi / 180) / cos (arg * pi / 180)) END ;

BEGIN                              (* ------------------------------------------------ *)
clrscr ;
FOR grad := 10 TO 10 DO BEGIN   (* Test : ein Durchlauf *)
     writeln ('        ', grad : 2, ' Grad') ;
     writeln ('-------------------------------------------') ;
     writeln ('Min. Sek.    log-Sinus  log-Cosin  log-Tang.') ;
     writeln ('-------------------------------------------') ; writeln ;
     FOR min := 0 TO 1 DO BEGIN
          sec := 0 ;
          REPEAT
            IF sec = 0 THEN write (min : 2, '   ') ELSE write ('     ') ;
            write (sec : 2, '      ') ;
            write   (ls (grad + min/60 + sec/3600) : 9 : 7) ;  write  ('  ') ;
            write   (lc (grad + min/60 + sec/3600) : 9 : 7) ;  write  ('  ') ;
            writeln (lt (grad + min/60 + sec/3600) : 9 : 7) ;
            sec := sec + 10
          UNTIL sec > 50 ;
          writeln
                    END
          END ; readln
END .                            (* ------------------------------------------------ *)
```

Zur Berechnung muß man wissen, daß zwischen den natürlichen (ln) und den Zehnerlogarithmen (log) einer Zahl x der Zusammenhang

ln x = ln 10 * log x   *)

besteht, also zum Ausrechnen von log x aus ln x der sog. Modul

m = 1 / ln 10 = log e = 0.43429 ...

---

*) $10^{\log x} = e^{\ln x}$ (= x !!!) zur Basis 10 bzw. Basis e logarithmieren.

bekannt sein muß. Weil die zu berechnenden Werte alle negativ sind, werden sie um zehn erhöht angegeben, was bei späterer Benutzung zu berücksichtigen ist. Hier ist ein kleines Beispiel aus der Vermessung:

Von einer Basislinie AB der Länge 12.230 km aus wurde ein nicht auf AB liegender Punkt X von B aus exakt rechtwinklig angepeilt und von A aus nach X der Winkel α = 10,5 Grad gemessen. Wie groß ist der aus irgendeinem Grund nicht direkt meßbare Abstand BX? Aus der Geometrie des rechtwinkligen Dreiecks benutzt man BX = AB * tan α .

Ohne Rechner müßte man nunmehr nach Auslesen von tan α aus einer Tafel ein Produkt mit vielen Stellen von Hand berechnen. Stattdessen ging man so vor: Man berechnete die Summe zweier Zehnerlogarithmen

log (12230)	**4.08743 ...**	aus einer Tafel
log tan α	**9.24668 ...**	aus einer Tafel
log BX	**3.33411 ...**	Summe von Hand, vermindert um 10 (!)
	liefert ...	2158.29 ...	wieder über eine Tafel.

X ist also von B ca. 2158 m entfernt. Die Genauigkeit solcher Berechnungen als Ersatz für Messungen hing natürlich entscheidend von den Winkelmessungen ab: Die konnten aber mit sog. Theodoliten schon in frühen Jahren hinreichend genau (auf Bruchteile von Grad) durchgeführt werden.

Interessante Aufgaben ergeben sich aus den sog. **Sterbezahlen**, die regelmäßig in Statistischen Jahrbüchern veröffentlicht werden. Das sind Tabellen, die ausgehend von 100.000 Lebendgeborenen eines Altersjahrgangs deren weiteren „Lebenslauf" verfolgen und angeben, wieviele der ursprünglich Geborenen zu einer bestimmten späteren Zeit statistisch noch leben. Auf der Disk sind solche Zahlen für Bayern *) in zwei Dateien für Frauen und Männer getrennt angegeben:

	weiblich	männlich
Lebendgeborene	100 000	100 000
Das Alter n in Jahren vollenden ...		
1	98 016	97 336
2	97 882	97 177
3	97 804	97 073
4	97 741	96 990
5	97 692	96 917 usw.

---

*) *Statistisches Jahrbuch 1987 für Bayern*, Ausgabe Frühjahr 1988, S. 33 ff. Die Werte beziehen sich auf etwa 1970/72 und sind heute wohl geringfügig höher. Sie gelten ganz ähnlich auch für die Bundesrepublik Deutschland, sind aber auf andere Länder keineswegs übertragbar (z.B. in der „Dritten Welt" viel kleiner!).

Mit diesen Zahlen können z.B. Fragen zur Lebenserwartung u.dgl. beantwortet werden, wofür sich vor allem Versicherungen, Rententräger und Planer von Gesellschaftspolitik interessieren. - Schließlich kann man sich selber allerhand Gedanken z.B. zu einem Versicherungsangebot machen.

Bezogen auf den Anfang der Tabelle läßt sich die Wahrscheinlichkeit angeben, ab Alter Null ein bestimmtes Lebensalter überhaupt zu erreichen: Ein männlicher Säugling wird mit der Wahrscheinlichkeit $p = 97\ 692 / 100\ 000 = 97.7\ \%$ wenigstens fünf Jahre alt werden. Man sieht nebenbei, daß dieser Wert für Mädchen größer ist; deren „Sterblichkeit" ist also geringer! *)

Hat man ein bestimmtes Alter schon erreicht, so wächst dieser Wert an: Daß ein Zweijähriger noch fünf Jahre alt wird, hat den p-Wert $97\ 692 / 97\ 882 = 99.8\ \%$.

Komplizierter ist der Begriff der Lebenserwartung A bei bereits erreichtem Lebensalter L : Nennen wir die Zahlen der Tabelle der Reihe nach

$$100\ 000 = a\,(0)\ >\ a\,(1)\ >\ a\,(2)\ >\ a\,(3)\ >\ ...\ >\ a\,(100)\ \approx\ 0\ ,$$

so ist die vom erreichten Lebensalter L abhängige **mittlere Lebenserwartung A** definiert als über Wahrscheinlichkeiten gewichteter Mittelwert

$$A_L := \sum_{n=L}^{100} (n-L) * (\,a\,(n-1) - a\,(n)\,)\ /\ a\,(L)\ .$$

Man beachte, daß sich aus der Formel als mittlere Lebenserwartung begrifflich jene Anzahl von Jahren ergibt, die man bei bereits erreichtem Alter L noch zusätzlich (statistisch) erreichen wird. Im Sonderfall $L = 0$ (Lebenserwartung eines Neugeborenen) ergibt sich A_0 als Summe der Produkte aus den einzelnen Lebensaltern $n = 1\ ...\ 100$ mit $(\,a\,(n-1) - a\,(n)\,) / 100\ 000\ > 0$, den Wahrscheinlichkeiten, jeweils genau n Jahre alt zu werden.

Da die a (i) monoton abnehmen, steigt $L + A_L$ mit L langsam an; dies ist zwar auch theoretisch beweisbar, aber viel eher anschaulich klar (und wird durch Ausrechnen bestätigt, siehe Programm):

Hat man ein hohes Alter x schon erreicht, so ist es wahrscheinlicher, noch weitere y Jahre zu leben (somit insgesamt das Alter x + y zu erreichen), als von Geburt an insgesamt x + y Jahre alt zu werden.

---

*) Die Natur gleicht dies so aus, daß sich das Geschlechterverhältnis von Buben zu Mädchen in Mitteleuropa bei der Geburt auf etwa 52 : 48 einstellt. Im heiratsfähigen Alter um 20 bis 25 gibt es dann ungefähr gleichviele Frauen wie Männer.

Für L = 0 ist A_0 vielleicht 71 Jahre, für L = 10 aber noch 64 Jahre, d.h. das insgesamt erreichbare Alter eben 10 + 64 = 74 (> 71). Nehmen Sie zum besseren Verständnis L = 80. Man kann gut noch ein paar Jahre leben, also mit A_{80} = 5 vielleicht 85 Jahre alt werden, obwohl dieser Wert bereits deutlich größer ist als die mittlere Lebenserwartung von Anfang an überhaupt!

Mit den a (n) kann man auch die gegenseitigen **Überlebenswahrscheinlichkeiten** in Partnerschaften bestimmen u. dgl. mehr.

Das folgende Programm liest nach dem Start die zwei Sterbetafeln als Dateien ein und beantwortet dann eine ganze Reihe solcher Fragen, die in einem Hauptmenü vorbereitet werden. Die Zahlen der beiden Tabellen können damit auf Wunsch auch vollständig ausgegeben und auf verschiedene Weise grafisch veranschaulicht werden.

```
PROGRAM mortalitaet_daten_auswertung ;   *)
USES graph, crt ;
TYPE        feld = ARRAY [0 .. 100] OF longint ;
VAR    feldm , feldw : feld ;
                data : FILE OF longint ;
                 i , r : integer ;
               sum : real ;
                  k : longint ;
          driver , mode : integer ;
      wahl1 , wahl2 , c : char ;

PROCEDURE datalesen ;
BEGIN
assign (data, 'MANNLICH') ; reset (data) ;
FOR i := 0 TO 100 DO read (data, feldm [i]) ;  close (data) ;
assign (data, 'WEIBLICH') ;  reset (data) ;
FOR i := 0 TO 100 DO read (data, feldw [ i ]) ; close (data)
END ;

PROCEDURE sterben (wer : feld) ;
BEGIN
clrscr ;  write ('Absterbeordnung : Überlebende in Bayern nach Jahren ...') ;
IF wahl2 = 'M' THEN writeln (' männlich:')
              ELSE writeln (' weiblich:') ;
writeln ;  write ('      ') ;  FOR i := 0 TO 9 DO write (i : 7) ;
FOR i := 0 TO 100 DO BEGIN
      IF i MOD 10 = 0 THEN writeln ;
      IF i MOD 10 = 0 THEN write (i : 7) ; write (wer [ i ] : 7)
                      END ;
c := readkey
END ;
```

---

*) Bei mehr Interesse an dieser Thematik: siehe Aufg. 18, S. 103 in Mittelbach : *Statistik* (Oldenbourg Verlag München, 1992)

```
PROCEDURE ewarten (wer : feld) ;
BEGIN
clrscr ;
write ('Mittlere Lebenserwartung in Jahren im Alter von ...') ;
IF wahl2 = 'M' THEN writeln (' männlich:')
              ELSE writeln (' weiblich:') ;
writeln ; write ('      ') ;
FOR i := 0 TO 9 DO write (i : 7) ;
FOR i := 0 TO 100 DO BEGIN
     IF i MOD 10 = 0 THEN writeln ;
     IF i MOD 10 = 0 THEN write (i : 7) ;
     sum := 0 ;
     FOR k := i TO 100 DO        (* mittlere Lebenserwartung *)
          sum := sum + (k - i) * (wer [k-1] - wer[ k ]) / wer [ i ] ;
     write (sum : 7 : 2)
                    END ;
c := readkey
END ;


PROCEDURE rechnen ;
VAR      eins , zwei : char ;
     einsa, zweia, p : integer ;
         peins, pzwei : real ;

  PROCEDURE la (a: integer ; wer : feld) ;
  BEGIN
  sum := 0 ;
  FOR k := a TO 100 DO
       sum := sum + (k - a) * (wer [k-1] - wer[k]) / wer [a] ;
  writeln (sum : 7 : 1)
  END ;

BEGIN
clrscr ;  write ('Partner eins männlich oder weiblich m/w ? ') ;
readln (eins) ; eins := upcase (eins) ;
write ('Sein Alter in Jahren ... ') ; readln (einsa) ;
write ('Partner zwei ...          ... ? ') ;
readln (zwei) ;  zwei := upcase (zwei) ;
write ('Sein Alter ...      ... ') ; readln (zweia) ;
write ('Projektionszeitraum vorwärts in Jahren    ') ; readln (p) ;
writeln ;
IF eins = 'M' THEN peins := feldm [einsa + p] / feldm [einsa]
            ELSE peins := feldw [einsa + p] / feldw [einsa] ;
IF zwei = 'M' THEN pzwei := feldm [zweia + p] / feldm [zweia]
            ELSE pzwei := feldw [zweia + p] / feldw [zweia] ;
clrscr ; writeln ;
write ('Der ') ;
IF eins = 'M' THEN write ('männliche ') ELSE write ('weibliche ') ;
writeln ('Partner A ist derzeit ', einsa, ' Jahre alt ...') ;
write ('der ') ;
IF zwei = 'M' THEN write ('männliche ') ELSE write ('weibliche ') ;
writeln ('      B    derzeit ', zweia, ' Jahre ... ') ;
writeln ;
```

```
write (p, ' Jahre im Voraus betrachtet gilt für die ') ;
writeln ('Wahrscheinlichkeiten, daß ... ') ;
writeln ;
write   ('                    beide noch leben ... ') ;
writeln (100 * peins * pzwei : 4 : 1, ' %') ;
write   ('                    keiner mehr lebt ... ') ;
writeln (100 * (1 - peins) * (1 - pzwei) : 4 : 1, ' %') ;
write   ('              (genau) einer noch lebt ... ') ;
writeln (100 * (peins * (1 - pzwei) + pzwei * (1 - peins)) : 4 : 1, ' %') ;
write   ('               höchstens noch einer ... ') ;
writeln (100 * (1 - peins * pzwei) : 4 : 1, ' %') ;
writeln ;
write   ('Im Zeitraum (!) ...   Partner A überlebt B ... ') ;
writeln (100 * peins * (1 - pzwei) : 4 : 1, ' %') ;
write   ('                 Partner B überlebt A ... ') ;
writeln (100 * pzwei * (1 - peins) : 4 : 1, ' %') ;
writeln ;
write   ('Dagegen überhaupt (!) Partner A überlebt B ... ') ;
i := 1 ;
REPEAT
    IF eins = 'M'  THEN peins := feldm [einsa + i] / feldm [einsa]
                   ELSE peins := feldw [einsa + i] / feldw [einsa] ;
    IF zwei = 'M'  THEN pzwei := feldm [zweia + i] / feldm [zweia]
                   ELSE pzwei := feldw [zweia + i] / feldw [zweia] ;
    i := i + 1
UNTIL peins < 1 - pzwei ;
writeln (100 * peins : 4 : 1, ' % ca.') ;
writeln ('      ... und zwar nach ca. ', i, ' Jahren ... ') ; writeln ;
write ('Lebenserwartung von Partner A in Jahren ... ') ;
IF eins = 'M' THEN la (einsa, feldm) ELSE la (einsa, feldw) ;
write ('und von Partner B ...                 ') ;
IF zwei = 'M' THEN la (zweia, feldm) ELSE la (zweia, feldw) ;
c := readkey
END ;

PROCEDURE grafik ;
   PROCEDURE ausgabe (wer : feld) ;
   BEGIN
   FOR i := 1 TO 100 DO BEGIN
        line ( 6 * ( i - 1 ) + 1, 459 - round (4 * wer [i-1] / 1000) ,
                      6 * i + 1,  459 - round (4 * wer [i] / 1000) ) ;
        line ( 6 * ( i-1 ) + 1, round (459 * wer [i-1] / wer [i-2]) ,
                      6 * i + 1, round (459 * wer [i] / wer [i-1]) )
                   END
   END ;
BEGIN
driver := detect ; initgraph (driver, mode, ' ') ;
FOR i := 1 TO 100 DO BEGIN
        IF i MOD 10 = 0 THEN setcolor (lightred)
                    ELSE setcolor (white) ;
        line ( 6 * i + 1,  469, 6 * i  + 1, 459)
                   END ;
setcolor (white) ;
```

```
FOR i := 1 TO 10 DO line (0, 459 - 40 * i, 5, 459 - 40 * i);
line (610, 459, 610, 219);
FOR i := 1 TO 6 DO line (610, 459 - 40 * i, 615, 459 - 40 * i) ;
line (0, 59, 5, 59) ;  setcolor (white) ;
moveto ( 30,  20) ; outtext ('Überlebende von 100 000 ...') ;
moveto ( 30, 440) ; outtext ('Lebensalter in Jahren ...      50') ;
moveto ( 30, 255) ;  outtext ('50 000 '); FOR i := 1 TO 17 DO outtext (' - ') ;
moveto (470, 180) ; outtext ('% Sterbe-') ;
moveto (470, 190) ; outtext ('wahrscheinlichkeit') ;
moveto (470, 200) ; outtext ('je Jahr') ;
moveto (470, 210) ; outtext ('im Alter von ... ') ;
moveto (570, 375) ; outtext ('20 %') ;
setcolor (lightblue) ; ausgabe (feldm) ;
moveto (150, 150) ; outtext ('männlich') ;
setcolor (lightred) ; ausgabe (feldw) ;
moveto (230, 150) ;  outtext ('weiblich') ;
setcolor (white) ;  line (0, 459, 600, 459) ; line (0,0,0,469) ;
c := readkey ; closegraph
END ;
BEGIN                            (* --------------------------------------------- *)

datalesen ;
clrscr ;
REPEAT
    clrscr ; gotoxy (1, 5) ;
    writeln ('Lebensstatistiken (Bayern, um 1980)') ;
    writeln ;
    writeln ('Absterbe-Ordnung   männlich ... A M') ;
    writeln ('              weiblich ... A W) ;
    writeln ;
    writeln ('Lebenserwartung   männlich ... L M') ;
    writeln ('              weiblich ... L W) ;
    writeln ;
    writeln ('Berechnung von Überlebens-P ..... P') ;
    writeln ;
    writeln ('Grafik ......................... G') ;
    writeln ;
    writeln ('Ende ........................... Q') ;
    writeln ;
    write   ('                    Wahl ') ;
    wahl1 := upcase (readkey) ;

    IF NOT (wahl1 IN ['Q', 'G', 'P']) THEN BEGIN
            wahl2 := upcase (readkey) ;
            IF wahl1 = 'A' THEN IF wahl2 = 'M' THEN sterben (feldm)
                           ELSE sterben (feldw) ;
            IF wahl1 = 'L' THEN IF wahl2 = 'M' THEN ewarten (feldm)
                           ELSE ewarten (feldw) ;
                           END ;
    IF wahl1 = 'P' THEN rechnen ;  IF wahl1 = 'G' THEN grafik
UNTIL wahl1 = 'Q'

END .                            (* --------------------------------------------- *)
```

Beim Ausprobieren kommen Ihnen einige Ergebnisse anfangs vielleicht merk-
würdig vor: Beginnen Sie Ihre Versuche am besten mit einem gleichaltrigen Paar in
mittleren Jahren und denken Sie über die Aussagen intensiv nach ...

Das folgende Listing berechnet mit Bezug auf die beiden Absterbeordnungen von
Bayern prototypisch Prämien für sog. **Risiko-Lebensversicherungen**: Eine solche
Versicherung wird nur dann ausbezahlt, wenn der Versicherungsnehmer während
der Laufzeit des Vertrags stirbt. Die Rechnungen erfolgen unter der vereinfachten
Annahme, daß keinerlei Unkosten bei der Versicherung entstehen.

Charakteristisch für diese Versicherungsart ist also, daß im Erlebensfalle nichts
ausbezahlt wird, alle Prämien verloren sind. Für solche Versicherungen sind die
Prämien vor allem dann relativ niedrig, wenn sie in sehr jungen Jahren für einen
deutlich begrenzten (kurzen) Zeitraum abgeschlossen werden. Kein Wunder, denn
es ist sehr unwahrscheinlich, daß ein solcher Versicherungsnehmer stirbt.

```
PROGRAM lebensversicherung_praemie ;
USES crt ;

TYPE            feld = ARRAY [0 .. 100] OF longint ;

VAR     feldm, feldw, wer : feld ;
                    data : FILE OF longint ;
            k, rate, zahler : longint ;
                a, z, m, i : integer ;
                    g : char ;
    praemie, p, gewinn, delta : real ;


PROCEDURE datalesen ;                           (* wie S. 14 *)

BEGIN                   (* main -------------------------------------------------- *)
clrscr ;
datalesen ;
p := 6.0 ;              (* Jahreszinssatz des Ertrags der Versicherung *)
delta := 0.4 ;          (* Zuschlag auf die Netto-Prämie *)
writeln ('Risiko-Lebensversicherung für 10.000 DM Auszahlung') ;
writeln ('im Nicht-Erlebensfalle, Verlust aller Prämien sonst ... ') ;
writeln ;
writeln ('Individuelle Vorgaben ... ') ;
writeln ;
write  ('Geschlecht des Versicherungsnehmers (m/w) ... ') ;
readln (g); g := upcase (g) ;
write  ('Lebensalter bei Versicherungsbeginn      ... ') ; readln (a) ;
write  ('Laufzeit der Versicherung in Jahren      ... ') ; readln (z) ;
IF g = 'M' THEN wer := feldm  ELSE wer := feldw ;
writeln ;
write  ('Während der Laufzeit sterben statistisch ') ;
```

```
write   (round (1000 * (wer [a] - wer [a + z]) / wer [a] + 1)) ;
writeln (' Versicherte auf 1000 ... ') ;
writeln ;
m := 1 ; rate := 0 ;
REPEAT              (* Anzahl der Einzahlungen auf 100000 Geborene *)
    rate := rate + round ( (wer [a + (m + 6) DIV 12]) ) ;
                    (* zum Testen mit z = 1 oder 2 : writeln (rate : 10) ; *)
    m := m + 1
UNTIL m > z * 12 ;


(*  writeln ('Eingegangene Prämien (Anzahl) : ', rate) ;
    writeln ('Gestorbene im Zeitraum : ', wer [a] - wer [a + z]) ;  *)


praemie := (wer [a] - wer [a + z]) / rate * 10000 ;
write   ('Ohne Gewinn/Unkosten etc. ergibt sich als Monatsprämie ... DM ') ;
writeln (praemie : 5 : 2) ;
praemie := praemie + delta ;
write   ('Die Versicherung setzt die Prämie um ', 100 * delta : 2 : 0) ;
writeln (' Pfennige höher an :   ', praemie : 5 : 2) ;
writeln (' ... und verzinst das Kapital mit z.B. ', p : 4 : 2, ' %.') ;
writeln ;
m := 1 ; gewinn := 0 ;
zahler := 0 ;
REPEAT
    zahler := round ( (wer [a + (m + 6) DIV 12]) ) ;
                    (* zum Testen mit z = 1 oder 2 : writeln (gewinn : 14 : 2) ; *)
    gewinn := gewinn + zahler * praemie ;
    IF (m + 6) MOD 12 = 0 THEN
        gewinn :=
              gewinn - (wer [a + (m - 6) DIV 12] - wer [a + (m + 6) DIV 12]) * 10000 ;
    gewinn := gewinn * (1 + p / 12 / 100) ;
    m := m + 1
UNTIL m > z * 12 ;
gewinn := gewinn / wer [a] ;
write   ('Dann ergibt sich je Versicherungsnehmer ein Gewinn von DM ... ') ;
writeln (gewinn : 6 : 2) ;
write   ('bei einer max. Beitragssumme von DM ... ') ;
writeln (z * 12 * praemie : 6 : 2, ' während ', z, ' Jahren.') ;
readln
END .                   (* ------------------------------------------------------------------ *)
```

Experimentieren Sie mit verschiedenen Zinssätzen p und Zuschlägen delta (Unkosten, Gewinne) für das Versicherungsunternehmen.

Das letzte Programm dieser Reihe schließlich gestattet die Berechnung von
Prämien für eine sehr beliebte Versicherungsart, das Ansparen einer späteren
Monatsrente während der Laufzeit der Versicherung. Für diese **private Alters-
vorsorge** kann eine Wartezeit vereinbart werden, d.h. man zahlt z.B. 20 Jahre
monatlich, erhält die Rente aber erst nach insgesamt 30 Jahren.

Während Risikolebensversicherungen ziemlich knapp kalkuliert sind und bei den verschiedensten Versicherungen die Prämien daher nur wenig voneinander abweichen, ist die letzte Versicherungsart wegen der Kapitalisierung der Prämien im Hintergrund ein für den Versicherten sehr undurchsichtiges und damit für die Versicherer meist außerordentlich gutes Geschäft. Denn von den Geldanlagemöglichkeiten der Banken mit erheblichen Renditen bei großen Beträgen kann der Einzelsparer eben nur träumen.

Zu Experimenten mit dem Programm z.B. folgende Angaben aus einem Werbeprospekt der Deutschen Bank von 1995 : Wenn Sie mit monatlich 100 DM Prämie eine solche Versicherung als 30-jährige Frau beginnen und 30 Jahre lang zahlen, erhalten Sie ab dem 60. Lebensjahr eine Monatsrente von DM 843. Das klingt gut, rechnet sich aber mit der Verzinsung des eingezahlten Kapitals noch besser: Die 30-jährige hat eine Lebenserwartung von noch 46.9 Jahren, wird also statistisch knapp 77 Jahre alt, d.h. es ist später ca. 17 Jahre lang die vereinbarte Rente zu zahlen.

Bei einem Zinssatz von 6 % beim Versicherer geht die Rechnung in etwa netto auf; nimmt man im folgenden Programm aber einen Zinssatz von 6.5 % an (die Bank wird das Geld wohl besser investieren), so bleiben ihr mit dem Tod der Versicherten mehr als 43 000 DM auf dem Konto, bei 7 % schon fast 100 000 DM. Nach Abzug der Unkosten ist das jedenfalls ein satter Gewinn. Ihm steht freilich die Absicherung eines Risikos bei der Versicherten gegenüber (und die Hoffnung, daß 843 DM in dreißig Jahren noch etwas wert sind). Hat man mit dreißig einen gewissen Ausgangsbetrag für anfänglichen Zinsertrag zur Verfügung, so wäre eine andere Geldanlage durchaus erwägenswert ...

```
PROGRAM rentenberechnung_lebenserwartung ;
USES crt ;
TYPE         feld = ARRAY [0 .. 100] OF longint ;

VAR  feldm, feldw, wer : feld ;          data : FILE OF longint ;
              i, j, m, a, s : integer ;       k : longint ;
              p, r, rate : real ;              g : char ;
        kapz, kapv, sum : real ;            z : integer ;

PROCEDURE datalesen ;           (* wie bei den beiden Programmen bisher *)

PROCEDURE realiter (g : char) ;
VAR z : integer ;
BEGIN
z := i DIV 12 ;
CASE g OF
'M' : kapv := kapv * ( 1 + (feldm [a + z - 1] - feldm [a + z]) / feldm [a] ) ;
'W' : kapv := kapv * ( 1 + (feldw [a + z - 1] - feldw [a + z]) / feldw [a] )
END
END ;
```

```
BEGIN                                (*-------------------------------------------------- *)
clrscr ; datalesen ;
writeln ('Kapitalisierung von Ratenzahlungen') ;
writeln ('unter Berücksichtigung der Lebenserwartung ...') ;
writeln ;
writeln ('Randbedingungen : Eingaben ... ') ;
writeln ;
write  ('Einzahlungen monatlich ...        DM ') ; readln (r) ;
write  ('Spätere monatliche Rente ...       DM ') ; readln (rate) ;
write  ('Geschlecht des Versicherungsnehmers (m/w) ... ') ;
readln (g) ;  g := upcase (g) ;
writeln ;
write  ('Die Bank verzinst mit Prozent/Jahr ...     % ') ;  readln (p) ;
writeln ;
writeln ('Im folgenden Jahresangaben:') ;
writeln ;
write  ('Lebensalter bei Beginn der Zahlungen ...     ') ; readln (a) ;
write  ('Einzahlungszeitraum ...              ') ; readln (j) ;
write  ('Pause bis zum Rentenbeginn ...          ') ; readln (m) ;
writeln ;
writeln ('Eingezahltes Kapital in DM ...       ', r * j * 12 : 12 : 2) ;
i := 1 ; kapz := r ;  kapv := r ;
REPEAT                          (* Einzahlungszeitraum *)
   kapz := kapz * (1 + p / 12 / 100) + r ;
   kapv := kapv * (1 + p / 12 / 100) + r ;
   IF i MOD 12 = 0 THEN realiter (g) ;
   i := i + 1
UNTIL i >= j * 12 ;
WHILE i < j * 12 + m * 12 DO BEGIN        (* reine Verzinsung ohne Raten *)
kapz := kapz * (1 + p / 12 / 100) ;
kapv := kapv * (1 + p / 12 / 100) ;
IF i MOD 12 = 0 THEN realiter (g) ;
i := i + 1
                        END ;
writeln ('Durch Verzinsung angehäuft DM ...     ', kapz : 12 : 2) ;
writeln ('Versicherungstechnisch realisiert DM ... ', kapv : 12 : 2) ;

CASE g OF                        (* mittlere Lebenserwartung *)
'M' : wer := feldm ;
'W' : wer := feldw
END ;
sum := 0 ;
FOR s := a TO 100 DO
     sum := sum + (s - a) * (wer [s-1] - wer[s]) / wer [a] ;
writeln ;
write ('Mittlere Lebenserwartung ... ', sum : 4 : 1, ' Jahre,') ;
writeln (' d.h. Alter beim Tod ca. ', a + sum : 4 : 1, ' Jahre.') ;
kapz := kapv ;
i := 0 ;
REPEAT
   kapv := (kapv - rate) * (1 + p / 12 / 100) ;
   i := i + 1
UNTIL kapv < 0 ;
```

```
writeln ;
writeln ('Bei ' , p : 4 : 2, ' % Verzinsung reicht dieses Kapital ... ') ;
write ('für ', i / 12 : 4 : 1, ' Jahre ') ;
writeln ('mit Monatsraten zu je ', rate : 4 : 0, ' DM.') ;
writeln ;
s := 0 ;
REPEAT
     kapz := (kapz - rate) * (1 + p / 12 / 100) ;
     s := s + 1
UNTIL s / 12 > sum - j - m ;
writeln ('Beim Tod des Versicherungsnehmers');
writeln ('verbleibt der Versicherung ein Gewinn von DM ... ', kapz : 12 : 2);
readln
END .                        (* --------------------------------------------- *)
```

In der Statistik spielt die sog. (diskrete) **Binomialverteilung** eine ganz herausragende Rolle. Deren Werte

$$B(n; p, k) := p^k * (1-p)^{n-k} * \binom{n}{k}$$

sind für vorgegebene Wahrscheinlichkeiten $0 < p < 1$ zu natürlichen n mit ebenfalls natürlichem $k \leq n$ wegen der auftretenden Fakultäten bei den sog. Binomial-
koeffizienten von Hand nur umständlich zu berechnen und auch auf Rechnern nicht
ganz ohne Tücken, da mit den Fakultäten sehr schnell Überläufe auftreten.

Das folgende Listing liefert für ausgewählte n-Werte bis 200 und jeweils $0 \leq k \leq n$
die B-Werte in einer umfangreichen Tabelle auf ausreichende vier Stellen nach dem
Komma, dies für eine praktische Auswahl verschiedener p-Werte.

```
PROGRAM binomialverteilung ;   *)
USES crt , printer ;

VAR     n , k : integer ;
        p, wert : real ;
        binomi : real ;      (* Zum Unterdrücken kleiner B-Werte *)
```

---

*) Die Tabelle wird sehr breit; man braucht daher entweder einen Breit-
wagendrucker wie den NEC P7 mit Endlospapier, oder aber man stellt auf dem
Laserdrucker eine besonders kleine Schrift ein: Am HP LaserJet4L ist z.B.
folgende Einstellung geeignet: Papierformat quer (!), nicht proportionale Schrift
Courier 15 (sehr klein!), Schriftart PC-8 (Code Page 437). Siehe zu diesem
Hinweis die Ausführungen zum Drucken in Kapitel 5.

```
FUNCTION B (n, k : integer ;  p : real) : real ;  (* d.i. B (n; p; k) *)
VAR oft , mal : integer ;
               A : real ;
BEGIN
A := 1 ;  mal := n ;
IF k = 0 THEN FOR oft := 1 TO n DO A := A * (1 - p) ;
IF k = n THEN FOR oft := 1 TO n DO A := A * p ;
IF NOT (k IN [0,n]) THEN
   BEGIN
   FOR oft := 1 TO k DO
           BEGIN
           A := A * n / oft * p ; n := n - 1
           END ;
   FOR oft := 1 TO mal - k DO A := A * (1 - p) ;
   END ;
B := A
END ;


BEGIN                          (* ---------------------------------------- Tabellenwerk *)
clrscr ;                                                     (* Kopf *)
writeln (lst, 'Tabelle der Binomialverteilung B(n; p; k)') ;
writeln (lst) ; writeln (lst, '----------------------------------------') ;
write  (lst, 'Nicht ausgedruckte  B-Werte sind < 0.00005') ;
FOR n := 1 TO 33 DO write (lst, ' ') ;
writeln (lst, 'Programm TURBO 6.0 Copyright 1996 H. Mittelbach FHM') ;
writeln (lst) ;
FOR n := 1 TO 126 DO write (lst, '-') ;
writeln (lst); writeln (lst) ;
write  (lst, 'n   k   p ') ;
FOR n := 1 TO  5 DO write (lst, '0.0',   n, '   ') ;
FOR n := 2 TO 10 DO write (lst, '0.',  5*n, '   ') ;
writeln (lst) ;  writeln (lst) ;
FOR n := 1 TO 126 DO write (lst, '-') ;
writeln (lst) ; writeln (lst) ;
n := 2 ;                                          (* Tabellenberechnung *)
REPEAT
   write (lst, n : 3) ;
   k := 0 ;
   REPEAT
      binomi := 0.00001 ;
      IF k = 0 THEN write (lst, k : 4, ' ')
              ELSE write (lst, k : 7, ' ') ;
      p := 0.01 ;
      REPEAT
         wert := B(n, k, p) ;
         IF wert > binomi THEN binomi := wert ;
         IF wert < 0.00005 THEN write (lst, '  ....')
                           ELSE write (lst, wert : 8 : 4) ;
         IF p < 0.045 THEN p := p + 0.01 ELSE p := p + 0.05
      UNTIL p > 0.51 ;
      writeln (lst, ' ', n - k : 5) ;
      k := k + 1
   UNTIL (k > n) OR (binomi < 0.00005) ;
```

```
        writeln (lst) ;
        IF n < 10 THEN n := n + 1
                ELSE IF n < 20 THEN n := n + 5
                        ELSE IF n < 50
                                THEN n := n + 30 ELSE n := n + 50
        UNTIL n > 200 ;                                              (* !!! *)

        FOR n := 1 TO 126 DO write (lst, '-') ;
        writeln (lst) ;  writeln (lst) ;
        write  (lst, ' n        p ') ;
        FOR n := 1 TO  4 DO write (lst, '0.', 100 -  n, '    ') ;
        FOR n := 1 TO 10 DO write (lst, '0.', 100 - 5*n, '    ') ;
        writeln (lst, 'k') ;  writeln (lst) ;
        FOR n := 1 TO 126 DO write (lst, '-') ;
        writeln (lst) ; writeln (lst) ;
        END .                          (* ------------------------------------------- *)
```

Zu einem ersten Lauftest am Drucker (siehe dazu unbedingt die Fußnote am
Beginn des Listings) stellt man in der oben mit (* !!! *) markierten Zeile zunächst
eine Begrenzung UNTIL n > 5 (statt 200) ein. Das liefert ungefähr die erste Seite
der Tabelle.

Ziemlich kompliziert ist das jeweils bündige Kolonnendrucken der Werte, wobei
die sehr kleinen B-Werte < 0.00005 durch vier Punkte ersetzt werden, um die
Lesbarkeit der Tafeln zu erhöhen.

Das Programm liefert etliche Blätter, dazu eine interpretierende Kopf- und
Fußzeile zum richtigen Ablesen der Tabellenwerte für p = 0.01 bis p = 0.50 in
mehreren günstigen Schritten. Größere p-Werte können durch Lesen der Tabelle
von rechts nach links unter Beachtung der Fußzeile entnommen werden.

Hier ist ein komprimierter Ausschnitt aus der Tabelle mit Hinweisen:

n	k	p	0.01	0.02	.. / / .. 0.45	0.50	
===	===	===	=====	=====	=============	=====	===
...							
3	0		0.9703	0.9412	0.1664	0.1250	3
	1		0.0294	0.0576	0.4084	0.3750	2
	2		0.0003	0.0012	0.3341	0.3750	1
	3		....	....	0.0911	0.1250	0
...							
===	===	===	=====	=====	=============	=====	===
n		p	0.99	0.98	0.55	0.50	k

Abb. : Ausschnitt aus der Binomialverteilung für B (3; p, k) auf vier Stellen.
Nicht ausgedruckte Werte .... sind (gerundet) kleiner als 0.00005.

Ganz rechts erkennt man, daß die Binomialverteilung für den Fall p = 0.5 symmetrisch ist. Außerdem gilt, daß die Summe aller Werte in einer Spalte genau Eins beträgt, was sich aus der Definition der Verteilung leicht beweisen läßt.

Aus der Tabelle folgt z.B. B (3; 0.02, 1) = 0.0576 oder B (3; 0.55, 2) = 0.4084, jetzt von rechts her und von unten gelesen (Informationen der Fußzeile):

Es gilt nämlich die Formel B (n ; p, k) = B (n ; 1 - p, n - k).

Der erstgenannte Wert B (3; 0.02, 1) beschreibt die Wahrscheinlichkeit, daß in einer Stichprobe der Länge n = 3 genau ein fehlerhaftes Stück (k = 1) gefunden wird, wenn die Wahrscheinlichkeit p für einen solchen Fall in der Grundgesamtheit 0.02 beträgt. Dabei wird angenommen, daß die Entnahme der Stichprobe die Grundgesamtheit praktisch nicht verändert, diese also gegenüber n und k sehr groß ist (sog. "Entnehmen mit Zurücklegen").

Interessieren **kumulative Wahrscheinlichkeiten**, so braucht man entsprechende Tabellen, bei denen die Spalten von oben nach unten aufzusummieren sind: In diesem Fall kann zu jedem n die letzte Zeile für k = n entfallen, denn diese hat dann stets den Wert Eins. Ein solches Programm mit den Einschränkungen wie eben, die Druckmodalitäten betreffend, ist das folgende. Hinsichtlich der Verwendung der erstellten Tabelle sei auf Grundkenntnisse aus der Statistik verwiesen.

```
PROGRAM binomialverteilung_kumulativ ;
USES crt, printer ;

VAR    n , k : integer ;
       p, wert : real ;
       binomi : real ;
          s : integer ;
       summe : ARRAY [1 .. 14] OF real ;

   FUNCTION B (n, k : integer; p : real) : real ;
   (* wie beim vorigen Programm der B-Verteilung, S. 21  *)

BEGIN                          (* ---------------------------------------- Tabellenwerk *)
clrscr ;                                                    (* Kopf *)
writeln (lst, 'Tabelle zur Binomialverteilung  : kumulativ') ;
writeln (lst, 'F(n; p; k) := Σ B(n; p; i) über i := 0 ... k') ;
writeln (lst, '----------------------------------------') ;
write  (lst, 'Nicht ausgedruckte  F-Werte sind , Null/Eins') ;
FOR n := 1 TO 31 DO write (lst, ' ') ;
writeln (lst, 'Programm TURBO 6.0 Copyright 1996 H. Mittelbach FHM') ;
writeln (lst) ;
FOR n := 1 TO 126 DO write (lst, '-') ;
writeln (lst) ;  writeln (lst) ;
write  (lst, ' n   k   p ') ;
```

```
FOR n := 1 TO  5 DO write (lst, '0.0',  n, '  ') ;
FOR n := 2 TO 10 DO write (lst, '0.',  5*n, '  ') ;
writeln (lst) ;  writeln (lst) ;
FOR n := 1 TO 126 DO write (lst, '-') ;
writeln (lst) ;  writeln (lst) ;
n := 2 ;                          (* Tabellenberechnung *)
REPEAT
   write (lst, n : 3) ;
   k := 0 ;  FOR s := 1 TO 14 DO summe [s] := 0 ;
   REPEAT
      binomi := 0.00001 ;
      FOR s := 1 TO 14 DO IF summe[s] >= 0.99995 THEN summe [s] := 0 ;
      s := 1 ;
      IF k = 0 THEN write (lst, k : 4, ' ') ELSE write (lst, k : 7, ' ') ;
      p := 0.01 ;
      REPEAT
         wert := B (n, k, p) ; IF wert > binomi THEN binomi := wert ;
         summe [s] := summe[s] + wert ;
         IF summe[s] < 0.00005 THEN write (lst, '  ....')
                               ELSE write (lst, summe[s] : 8 : 4) ;
         IF p < 0.045 THEN p := p + 0.01 ELSE p := p + 0.05 ;
         s := s + 1
      UNTIL p > 0.51 ;
      writeln (lst, ' ', n - k - 1 : 5) ;  k := k + 1 ; s := 1 ;
   UNTIL (k > n - 1) OR (binomi < 0.00005) ;
   writeln (lst) ;
   IF n < 10 THEN n := n + 1
             ELSE IF n < 20 THEN n := n + 5
                  ELSE IF n < 50
                       THEN n := n + 30 ELSE n := n + 50
UNTIL n > 200 ;
FOR n := 1 TO 126 DO write (lst, '-') ;
writeln (lst) ;  writeln (lst) ;
write  (lst, ' n      p ') ;
FOR n := 1 TO  4 DO write (lst, '0.', 100 -  n, '   ') ;
FOR n := 1 TO 10 DO write (lst, '0.', 100 - 5*n, '   ') ;
writeln (lst, 'k') ;  writeln (lst) ;
FOR n := 1 TO 126 DO write (lst, '-') ;
writeln (lst) ;  writeln (lst) ;  writeln (lst) ;
writeln (lst, '1 - F(k) = Σ B(n; p; i) über i := k+1, ..., n') ;
END .                        (* ----------------------------------------------------- *)
```

Nun noch eine Tabelle der **ASCII-Zeichen**: Die im Listing aufgeführten sog. Sonderbedeutungen stammen aus der Zeit des Fernschreibverkehrs: Die entsprechenden Zeichen, die am PC heutzutage u.a. mit verschiedenen druckfähigen Spezialsymbolen (Smily, Herzchen, ...) belegt sind, waren seinerzeit wichtige Steuersignale, von denen nur noch wenige (wie 7, 12, 13, 27) geblieben sind, denn der gute alte Fernschreiber („Ticker") ist bei uns praktisch ausgestorben, durch Faxgerät, E-Mail usw. ersetzt.

```
PROGRAM zeichensatz ;
USES crt ;
VAR i : integer ;
    c : char ;

PROCEDURE hexa (i : integer) ;
CONST a :  ARRAY [0 .. 15] OF char
                = ('0','1', '2','3','4','5','6','7','8','9','A','B','C','D','E', 'F') ;
VAR c, d : integer ;
BEGIN
c := i DIV 16;   d := i MOD 16 ;  write (a [c], a [d])
END ;


BEGIN
clrscr ;  textbackground (black) ;  textcolor (7) ;  write ('+ ') ;
textcolor (4+blink) ;  write (' Dezimal') ;  textcolor (7) ;
write (' ---------- ASCII - Zeichen - Tabelle (IBM)  --------- ') ;
textcolor (2 + blink) ; write (' Hexadezimal') ;
textcolor (7) ;  write (' +¦ ') ;
FOR i := 0 TO 255 DO BEGIN
   textcolor (4) ;  write (i : 3) ;  textcolor (7) ;
   IF NOT (i IN [0,7,8,10,13]) THEN write (chr (i))
                       ELSE write (' ') ;
   textcolor (2) ; hexa (i) ; write (' ') ; textcolor (7) ;
   IF ((i + 1) MOD 11 = 0) AND (i > 3) THEN write ('¦¦ ')
      END ;
write ('------------------- Es folgen die Sonderbedeutungen ... ') ;
c := readkey ;
window (6,4,75,22) ;  clrscr ; textcolor (11) ; writeln ;
write ('¦  0 : NUL Null                          1 : SOH Start of Heading           ¦') ;
write ('¦  2 : STX Start of Text                 3 : ETX End of Text                 ¦') ;
write ('¦  4 : EOT End of Transmission           5 : ENQ Enquiry                     ¦') ;
write ('¦  6 : ACK Acknowlegde                   7 : BEL Bell                        ¦') ;
write ('¦  8 : BS  Backspace                     9 : HT  Horizontal Tabulator        ¦') ;
write ('¦ 10 : LF  Linefeed                     11 : VT  Vertikal Tabulator          ¦') ;
write ('¦ 12 : FF  Formfeed                     13 : CR  Carriage Return             ¦') ;
write ('¦ 14 : SO  Shift out                    15 : SI  Shift in                    ¦') ;
write ('¦ 16 : DLE Data Link Escape             17 : DC1 Device Control 1            ¦') ;
write ('¦ 18 : DC2 Device Control 2             19 : DC3 Device Control 3            ¦') ;
write ('¦ 20 : DC4 Device Control 4             21 : NAK Negative Acknowledge        ¦') ;
write ('¦ 22 : SYN Synchronous Idle             23 : ETB End of Transmiss. Block     ¦') ;
write ('¦ 24 : CAN Cancel                       25 : EM  End of Medium               ¦') ;
write ('¦ 26 : SUB Substitute                   27 : ESC Escape                      ¦') ;
write ('¦ 28 : FS  File Separator               29 : GS  Group Separator             ¦') ;
write ('¦ 30 : RS  Record Separator             31 : US  Unit Separator              ¦') ;
write ('¦ 32 : SP  Space (blank)               127 : DEL Delete                      ¦') ;
window (1,1,80,25) ;
textcolor (7) ;  gotoxy (42,25) ;
write ('---------- Ende der Informationen ... ') ;
c := readkey
END .
```

Besonders schön wäre es, eine solche Tabelle als sog. residentes Programm im Hintergrund per Sondertaste *Hot Key* auf Abruf parat zu haben, um z.B. beim Programmieren in der IDE die Werte jederzeit nachschlagen zu können. - Wie das geht, erfahren Sie nicht nur für dieses Beispiel in [M], dort ab S. 284.*)

Bekanntlich muß die Laufvariable in einer FOR-Schleife abzählbar (diskret) sein, also vom Typ Byte, Integer, ... auch Char. Aber auch BOOLEsche Variable sind als Laufvariable geeignet.

Ein schönes Beispiel ist das Ausdrucken von sog. **Wahrheitstafeln** aus der Logik:

```
u           v         |  u OR v       u XOR v      u | v
----------------------|-----------------------------------------
TRUE        TRUE      |  TRUE         FALSE        FALSE
TRUE        FALSE     |  TRUE         TRUE         TRUE
FALSE       TRUE      |  TRUE         TRUE         TRUE
FALSE       FALSE     |  FALSE        FALSE        FALSE
```

Abb.: Wahrheitstafel für die drei logischen ODER

OR ist das sog. nichtausschließende, XOR das exklusive ODER (Disjunktion), und | die Unverträglichkeit. Die ersten beiden sind in Pascal implementiert.

XOR ist, wie man auch per Programm nachprüfen lassen kann, mit

(NOT u AND V) OR (u AND NOT v)

wertverlaufsgleich (äquivalent), wobei man alle Klammern weglassen kann! Das folgende Listing benutzt zur Angabe von | die Äquivalenz mit NOT (u AND v), was die Unverträglichkeit sehr deutlich erkennen läßt. Der wichtige logische Operator → (Implikation u → v, d.h. aus u folgt v) könnte als Funktion leicht so implementiert werden:

```
FUNCTION impl (u, v : boolean) : boolean ;
BEGIN
impl := NOT u OR v
END ;
```

Leider bietet Pascal keine Möglichkeit, neue Operatoren den bereits vorhandenen wie + - * usw. direkt (als Zeichen) hinzuzufügen und damit in einem Listing unmittelbar u → v zu schreiben ...

---

*) [M] : Damit ist durchgehend das bei Teubner (Stuttgart 1995) erschienene Buch: Mittelbach, *Programmierkurs Turbo Pascal 7.0* gemeint; s.a. S. 273

Die FOR-Schleifen werden DOWNTO angelegt; True ist intern 1, und False 0: Man erhält auf diese Weise in der Tabelle links automatisch die in der Logik übliche Anordnung der Vorabbelegungen, auch bei einer Verknüpfung von mehr als zwei Variablen zu einem Term, wie das Programm im letzten Beispiel zeigt.

```
PROGRAM virtuelle_maschine ;
USES crt ;
VAR   u, v, w, term : boolean ;
                  c : char ;

BEGIN
clrscr ;
writeln (' Die drei logischen Oder ... ') ; writeln ;
writeln ('  u      v      u OR v   u XOR v   u | v ') ;
writeln ('----------------------------------------------') ;
FOR u := true DOWNTO false DO
     FOR v := true DOWNTO false DO
          writeln (u : 5, v : 7, u OR v : 12, u XOR v : 12, NOT (u AND v) : 12) ;

c := readkey ; clrscr ;
writeln (' ferner die Implikation ... ') ; writeln ;
writeln ('  u      v        u --> v') ;
writeln ('-------------------------') ;
FOR u := true DOWNTO false DO
     FOR v := true DOWNTO false DO
          writeln (u : 5, v : 7, NOT u OR v : 12) ;

c := readkey ;
clrscr ;
writeln (' ... eine Tautologie ... ') ;
writeln ;
writeln ('  u      v        (u OR NOT u) AND (v OR NOT v)') ;
writeln ('-------------------------------------------------') ;
FOR u := true DOWNTO false DO
     FOR v := true DOWNTO false DO
          writeln (u : 5, v : 7, (u OR NOT u) AND (v OR NOT v) : 22) ;
c := readkey ;
clrscr ;
writeln (' und ein komplexer logischer Ausdruck mit drei Variablen ... ') ;
writeln ;
writeln (' u      v      w      NOT ((u OR v) AND (u OR w))') ;
writeln ('----------------------------------------------------- ') ;
FOR u := true DOWNTO false DO
     FOR v := true DOWNTO false DO
          FOR w := true DOWNTO false DO BEGIN
               term := NOT ((u OR v) AND (u OR w)) ;
               writeln (u : 5, v : 7, w : 7, term : 22)
               END ;
writeln ; c:= readkey
END .
```

Der Name des Programms drückt aus, daß auf der Hardware eine spezielle logische Struktur implementiert wird, eben die klassische **Zweiwertlogik** des Aristoteles (384 - 322 v.C.), eingebettet in die formale Rechnersprache Pascal. Der (ebenfalls dual orientierte) PC wird damit zu einer Maschine, die entsprechende Sequenzen abarbeiten kann, d.h. als Algorithmus versteht.

Unser Bekenntnis zur Zweiwertlogik drückt aus, daß wir im Alltag davon überzeugt sind, eine sinnvoll gestellte alternative Frage habe genau eine von zwei Antwortmöglichkeiten, eben ja oder nein: Gibt es menschenähnliches Leben auf dem Stern xyz in der Galaxis? Mit Blick auf die Fortentwicklung unseres Wissens kann es dabei sein, daß die Antwort derzeit (noch) nicht gegeben werden kann: Aber spätere Generationen werden die Antwort wohl finden ...

Erst in diesem Jahrhundert hat intensives Nachdenken der Logiker über die Grundzüge unserer Wissensstrukturen ergeben, daß eine solche Weltbeschreibung mit alternativen Denkansätzen als grundsätzlich unvollständig gelten muß: Die sog. Mehrwertlogik sieht daher als weitere (dritte) Kategorie der Bewertung noch die Unentscheidbarkeit einer Frage vor. Eng damit verknüpft ist innerhalb der Mathematik die Nicht-Berechenbarkeit. Ohne tieferes Eindringen in Logik und Grundlagen der Mathematik ist es schwer, ein überzeugendes Beispiel zu geben: In [M], S. 52, ist hierzu der sog. 3-a-Algorithmus (seit Collatz, ca. 1930) erwähnt ...

```
anzahl := 0 ;   a := ... ;
REPEAT
    anzahl := anzahl + 1 ;
    IF a MOD 2 = 0 THEN a := a DIV 2
                   ELSE a := 3 * a + 1
UNTIL a = 1 ;
writeln (anzahl) ;
```

von dem bis heute unbekannt ist, ob er für jedes natürliche a > 1 terminiert (bis zu sehr großen a im Milliardenbereich ist das aber bekanntermaßen der Fall). Probieren Sie ruhig einmal etliche verschiedene a aus ... Ein konkreter Beweis steht aus und ist innerhalb der Mathematik (hier Zahlentheorie) aus theoretischen Gründen vielleicht sogar unmöglich, was nichts mit derzeitigem Unvermögen zu tun hat. Dies berührt das sog. **Halteproblem** der Informatik:

Es soll ein Programm geschrieben werden, das als Eingaben ein anderes Programm samt dessen Eingabedaten erhält (z.B. das obige) und dann entscheidet, ob das gegebene Listing terminiert oder nicht. Man kann beweisen, daß es ein solches Programm nicht geben kann: In [D] finden Sie dazu ab S. 216 mehr.

2 Theorie

Ist es zuviel verlangt, Software möge getestet
und fehlerfrei aus dem Werk kommen?
Offenbar ja,
denn ich habe solche Ware nie erhalten. *)

**Dieses Kapitel bringt einige grundsätzliche Überlegungen zur Theorie des
Programmierens anhand von Pascal-Beispielen.**

Für ein- und dieselbe Aufgabe gibt es meist recht unterschiedliche Lösungsansätze:
Ziemlich unabhängig von der sog. **Anforderungsdefinition** (z.B. gemäß Pflichten-
heft) sind die Gestaltungsmöglichkeiten für den Programmierer also oft vielfältig.
Das bleibt nicht ohne Folgen für die Qualität eines Programms. Hierfür lassen sich
Gütekriterien formulieren und fallweise überprüfen:

Korrektheit: Ein korrektes Programm soll stets fehlerfreie Ergebnisse liefern. Es
soll außerdem **stabil** sein bei fehlerhaften Eingaben des Benutzers, und möglichst
nicht ausfallen (abstürzen, hängenbleiben), also **zuverlässig** sein. Obwohl in letzter
Zeit erhebliche Anstrengungen unternommen werden, Korrektheitsbeweise generell
zu führen und auch eine Theorie auszubauen, beschränkt man sich in der Praxis
bisher meist nur auf gezielte Testläufe und Plausibilitätsbetrachtungen. Es kommt
daher immer wieder vor, daß sich in Programmen Fehler herausstellen, die
ursprünglich nicht bemerkt worden sind und damit Nachbesserungen erforderlich
machen, die in einem gewissen zeitlichen Rahmen durch Gewährleistungsgarantien
einigermaßen abgesichert sind. Gleichwohl sind Regreßansprüche aus der
Verwendung fehlerhafter Programme i.a. ausdrücklich ausgeschlossen.

---

*) [S], S. 103. - Neuere Versionen von Software müssen oft schon deswegen er-
standen werden, weil sie wesentliche Fehler der Vorversion verbessern - und gleich
neue Fehler mitbringen, als Garantie für die Fortsetzung des Geschäftes ...

Die **Benutzbarkeit** (Bedienungskomfort) eines Programms ist ein weiterer wichtiger Punkt: Das Programm soll leicht anwendbar sein und sich an den Kenntnissen des Anwenders orientieren. Es soll bei Bedienfehlern Hinweise geben u. dgl. mehr. Solche Forderungen haben Auswirkungen auf die Benutzeroberfläche, auf Schnittstellen des Programms zu verbreiteten Datenbanken usw. Die sog. Software-Ergonomie, eine mittlerweile eigenständige Wissenschaft, beschäftigt sich mit diesen Fragen.

Ein sehr wichtiges Kriterium ist die **Wartbarkeit** eines Programms. Das setzt voraus, daß die Struktur eines Programms leicht erkennbar ist, daß die Quellen Kommentare und Erläuterungen enthalten, und daß keine undurchschaubaren Programmiertricks verwendet werden. Hierher gehört auch eine sinnvolle Wahl der Variablennamen!

Schließlich macht man sich Gedanken zur **Effizienz**: Diese beginnt schon beim Programmieraufwand, versucht die Laufzeit des Programms bis zur Lösung und den Speicherbedarf zu minimieren usw.

Im kommerziellen Bereich ist weiter **Portabilität** zu beachten: Ein Programm sollte auf möglichst vielen Rechnern (Plattformen) einsetzbar sein, zumindest auf einer ganzen Prozessor-Familie. Dies setzt also einheitliche Maschinensprache voraus oder doch wenigstens entsprechende Compiler, mit denen die Übersetzung der Quellen aus einer genormten Hochsprache garantiert werden kann: Standard-Pascal wäre eine solche Hochsprache, die auf vielen Großrechnern implementiert ist, während TURBO für (nicht nur DOS-) PCs reserviert ist.

Es gibt Querverbindungen zwischen diesen Kriterien *) : Eine gute Programmoberfläche ist heutzutage oftmals nicht ohne erheblichen Speicherbedarf zu erstellen; auch der Verzicht auf Programmiertricks erfordert ausführliches Programmieren. Jedenfalls gilt: Ist ein Programm gut wartbar, so kann i.a. höhere Korrektheit unterstellt werden.

Der Programmierer kann sich also durchaus in einem gewissen Zielkonflikt befinden. Wegen der stetig sinkenden Preise bei der Hardware treten allerdings manche Gesichtspunkte immer stärker in den Hintergrund: Übersichtliches Programmieren ist zwangsläufig etwas weitschweifiger und somit speicherintensiv, aber wegen der weitaus größeren und leistungsfähigeren Rechner als früher dem sehr kompaktem und damit meist undurchsichtigem Programmieren unbedingt vorzuziehen. Die oben angesprochene Korrektheit sei für theoretisch Interessierte im Blick auf Fragen der allgemeinen Programmentwicklung noch etwas genauer illustriert. - Es geht um den Begriff der Verifikation von Algorithmen.

---

*) Ein weiteres Kriterium ist z.B. **Adaptierbarkeit** (leicht an andere Aufgaben anpassbar, was Modularisierung u.a. voraussetzt). Siehe dazu [Rb], S. 267 ff.

Unter **Verifikation** von Algorithmen versteht man (mathematisch orientierte) Methoden, mit denen formal bewiesen wird, daß ein bestimmter, meist schon als Code ausformulierter Algorithmus das Gewünschte leistet. Die in der Praxis üblicherweise durchgeführten Testläufe untersuchen ein Programm stets nur für ausgewählte Variablenbelegungen *), sind also im Sinn der Theorie keine Beweise für Richtigkeit. Die ersten Überlegungen zu einer praktikablen Beweistechnik gehen bis in die späten sechziger Jahre zurück, z.B. auf C.A.R. Hoare, der 1962 Quicksort (S. 114) veröffentlicht hat.

Grundsätzlich geht man dabei so vor, daß die Vorbedingungen V vor Ausführung einer bestimmten Anweisung genau (aber durchaus allgemein) beschrieben und nach Ausführen der Anweisung dann die sich ergebenden (formal ableitbaren) Nachbedingungen N entsprechend formuliert werden:

   (* V *) Anweisung(en) (* N *) ,

in Pascal am einfachsten unter Benutzung der Kommentarklammern im Listing. Die Anweisung kann fallweise eine Verbundanweisung sein, ein ganzer Block gar, oder sogar ein Modul des Programms mit definierten Schnittstellen (am Anfang und Ende).

Unmit elbar einleuchtende Beispiele wären z.B.

   (* ⟩ = 5 *)   x := x - 2 ;   (* x = 3 *)
   (* I < 100 *)   b := b + 1 ;   (* b ≤ 100 *)

Das entsprechende Programmkonstrukt - hier jeweils eine elementare Anweisung - nennt man **partiell korrekt**; es ist in den vorliegenden Fällen als **gültig** spezifiziert (ausgewiesen). Durch schrittweises Anwenden entsprechender Methoden wird schließlich ein gesamter Algorithmus als gültig im Sinne der Zielsetzung erkannt: er ist korrekt. Die letzte Nachbedingung beschreibt dann offenbar das Ergebnis des Algorithmus.

Ein schon etwas komplexerer Baustein (winziges Modul) wäre z.B.

   x := x + y ;   y := x - y ;   x := x - y ;

den wir wie folgt mit einer allgemeinen Variablenbelegung für x und y am Anfang (Vorbedingung, Anfangsbelegung) schrittweise spezifizieren, d.h. auf Gültigkeit untersuchen:

   (* V : x = a , y = b *)   x := x + y ;   (* x = a + b , y = b *)
   (* x = a + b , y = b *)   y := x - y ;   (* x = a + b , y = a + b - b = a *)
   (* x = a + b , y = a *)   x := x - y ;   (* N : x = b , y = a *)

---

*) was bedeutet, daß beim Beschränken auf Testläufe die verwendeten Variablen-belegungen jedenfalls sehr sorgfältig ausgewählt werden müssen ...

Beim Vergleich von Vor- und Nachbedingung zeigt sich, daß dieser Algorithmus die Variablen x und y (stets) miteinander vertauscht, also der bekannten Vorgehensweise des direkten Vertauschens

... ; merk : = x ; x := y ; y := merk ; ...

als Programmausschnitt mit einer zusätzlichen Hilfsvariablen merk gleichwertig ist. Unter Beachtung gültiger Variablenbelegungen bei der Vorbedingung (z.B. reelle Zahlen oder Integer-Werte) sagt man auch, die sich aus dem Beweisverfahren ergebende Nachbedingung sei später die **Zusicherung** dafür, daß der Algorithmus x mit y vertauscht.

Stets gültige Vorbedingungen (in erster Linie sind das Werte BOOLEscher Ausdrücke, der Programmstart oder ähnliches) werden als true bezeichnet. Aus ihnen folgt fallweise eine Nachbedingung, die analog mit true und eventuell näherer Beschreibung gekennzeichnet wird: Auch hierzu ein Beispiel:

IF a > 0 THEN b := a ELSE b := - a ;

wird etwa wie folgt behandelt:

(* a > 0 *)	b := a ;	(* b > 0 *)
(* a ≤ 0 *)	b := - a ;	(* b ≥ 0 *)

Zusammenfassend liefert die bedingte Anweisung ...

(* true, d.h. a beliebig *)   IF a > 0 THEN b := a ELSE b := - a ;   (* b = |a| *)

... demnach offenbar den Betrag von a.

Ganz ähnlich läßt sich z.B. zeigen (Übung!), daß die folgende Anweisung das Maximum max (a, b) von a und b bestimmt:

IF a >= b THEN m := a ELSE m := b ;

Ein anderes, sehr einfaches Beispiel: Gegeben sei für nicht-negative x und y die Routine

```
x := a ;  y := b ;
WHILE y > 0 DO BEGIN
             x := x + 1 ; y := y - 1
             END ;
z := x ;
writeln (z) ;
```

die unter Beachtung der Voraussetzungen offenbar die Summe x + y zum Ergebnis hat. Das kann man ausprobieren, aber auch allgemein zeigen:

Ist $y = 0$, so wird die Schleife nicht durchlaufen; $z := x$ ist dann schon $x + y$. Im anderen Fall $y > 0$ betrachten wir den Term $z := x + y$ von Anfang an, also aus Sicht der Vorbedingung. Die Schleife wird mindestens einmal durchlaufen ...

(* $z := a + b$ *) Ausführen der Schleife ... (* $z = a + 1 + b - 1 = a + b$ *)

Demnach ist z eine sog. **Schleifeninvariante**, bleibt konstant. Auch nach Verlassen der Schleife hat also z den Wert $x + y$ (anfangs). (Übrigens: z ist hier nur zum Erkennen dieser Invariante eingeführt; einfacher wäre writeln (x) !)

Ein schwierigeres Beispiel liefert die sog. Fellachenmultiplikation: *)

```
x := a ;  y := b ; z := 0 ;
WHILE x > 0 DO BEGIN
            IF odd (x) THEN z := z + y ;
            y := 2 * y ;  x := x DIV 2
            END ;
writeln (z) ;
```

y wird fortgesetzt verdoppelt, x entsprechend halbiert ...   Vor Eintritt in die Schleife hat der Term $z + x * y$ mit $z = 0$ den Wert $a * b$. Ist x von Anfang an Null, so wird die Schleife nicht ausgeführt und $z = 0$ als Produkt ausgegeben. Wir vermuten also, daß der Wert von $z + x * y$ bei Schleifendurchläufen nicht verändert wird, somit zu Ende des Algorithmus (dann $x = 0$) das Produkt $z = a * b$ ausgibt: Um den Nachweis zu erbringen, daß der Term $z + x * y$ die Schleifeninvariante ist, machen wir eine Fallunterscheidung beim Durchlauf der Schleife:

x ungerade ...	x gerade ...

Der Wert von $z + x * y$ ändert sich **schrittweise** ($\rightarrow$) zu ...

$z := z + y$;	$z := z + y$; nicht ausgeführt
$\rightarrow z + y + x * y$	$\rightarrow z + x * y$
$\quad\quad\quad y := 2 * y$;	$y := 2 * y$;
$\rightarrow z + y + x * 2 * y$ (!)	$\rightarrow z + 2 * x * y$
$x := x$ DIV 2 ; (d.h. $x := (x - 1) / 2$!)	$x := x$ DIV 2 ; (d.h. $x := x / 2$!)
$\rightarrow z + y + (x - 1) * y = z + x * y$	$\rightarrow z + x * y$

Damit ist alles bewiesen: Denn die zusammenfassende Vorbedingung

(* $V : z + x * y = a * b$ mit $x > 0$ *)

geht in beiden Fällen nahtlos in

(* $P : z + x * y = a * b$ mit $x = 0$ *)

über. z liefert also bei nicht negativen a, b stets das Produkt $a * b$.

---

*) auch „ägyptisches Multiplizieren, russisches Bauernrechnen": Der Algorithmus wird in [D], S. 66 ff ausführlich untersucht.

Untersuchen wir nunmehr (nach [M] , S. 51, das Programm ist auf Disk) einen komplizierteren Algorithmus genauer, das **Berechnen von Primzahlen**:

```
(* True : Alle zulässigen Eingabefälle für anf und ende: natürliche Zahlen ... *)
REPEAT
    readln (anf) ; readln (ende)
UNTIL (anf > 5) AND (ende > anf) ;
(* ... liefern stets die Nachbedingung ende > anf > 5 *)
```

Zur nunmehr folgenden Anweisung **IF NOT odd (anf) THEN anf := anf + 1 ;** unterscheiden wir die Vorbedingung nach zwei Fällen ...

```
(* anf := 2 * k  *)     (* anf := 2 * k + 1  *)
```

Beidemale kommt die Nachbedingung (* anf = 2 * k + 1 *), also stets ein ungerades anf ≥ 7 . Zusammenfassend haben wir daher bis jetzt

```
(* true *)
... Vorprogramm ...
(* 7 ≤ anf = 2*k + 1 ≤ ende *)
```

Diese Bedingung findet wegen der Zuweisung **zahl := anf ;** Eingang auf den Laufparameter zahl der folgenden WHILE-Schleife, die offenbar mindestens einmal durchlaufen wird. Es zeigt sich, daß diese Schleife auf zahl wie ein Primzahlfilter wirkt, die Primzahleigenschaft also die **Schleifeninvariante** darstellt:

```
(* V : ende ≥ zahl = 2 * k + 1 ≥ 7 * )
WHILE zahl <= ende DO
    BEGIN
    ... (* Wegen V mindestens ein Durchlauf *)
    END ;
```

Wir betrachten daher jetzt den dort vorhandenen Block ... genauer, auf den sich die eben angeschriebene Vorbedingung überträgt, wobei wenigstens ein Durchlauf der nicht abweisenden REPEAT-Schleife erfolgen muß.

```
(* ende ≥   zahl = 2 * k + 1   ≥ 7 * )
wurzel := sqrt (zahl) ; teiler := 3 ; prim := true ;
(* zahl = 2 * k + 1 und Teiler d, beide ungerade, sind gesetzt *)
REPEAT
(* entweder zahl MOD d <> 0 oder aber zahl MOD d = 0 *)
    IF zahl MOD teiler <> 0  THEN teiler := teiler + 2
                            ELSE prim := false
        (* dann fallweise entweder    d = d + 2 und zahl (noch) prim
                            oder aber   zahl nicht prim *)
UNTIL (teiler > wurzel) OR NOT prim ;
(* und somit bei diesem oder einem der nächsten Durchläufe ...
        entweder     d > sqrt (zahl) und zahl (endgültig) prim
        oder aber    zahl nicht prim,  damit jedenfalls Terminiertheit des Blocks!  *)
(* Mithin erfolgt mit ... *)
```

```
IF prim THEN writeln (zahl : 8) ;
(* ... die Ausgabe von zahl, falls Primzahl, sonst aber nichts  *)
zahl := zahl + 2 ;
(* Wiederholung der While-Schleife oder Ende des Algorithmus *)
```

Da die WHILE-Schleife für eine weitere zahl := zahl + 2 nur dann durchlaufen wird, wenn deren Wert ende nicht übersteigt, terminiert der Algorithmus insgesamt auf jeden Fall und liefert genau die Primzahlen von anf bis ende (beide Werte fallweise eingeschlossen), sofern die Annahme stimmt, daß eine (ungerade) Zahl, die keine (ungeraden) Teiler bis sqrt (Zahl) aufweist, tatsächlich eine Primzahl ist.

Diese Annahme begründet die Mathematik mit der Überlegung, daß eventuelle Teiler d mit sqrt (zahl) $< d \le$ zahl sich bereits durch einen kleineren Gegenteiler $d_1 \le$ sqrt (zahl) nach der Formel d * d_1 = zahl verraten müßten, dieser Teiler also vom Algorithmus vorab gefunden würde und daher mit zahl keine Primzahl vorliegt.

Insgesamt ist daher ohne (!) Testlauf bewiesen, daß das vorstehende Programm **alle Primzahlen** im Intervall [anf ... ende] liefert, **und nur genau diese.** Dies könnte man für den Primzahlalgorithmus zusammenfassend so schreiben:

```
(* true für natürliche Zahlen ... *)
BEGIN
REPEAT
   ...
UNTIL ...
...
WHILE ...
...
END.
(* Ausgegeben werden Primzahlen von ... bis ... , und nur solche! *)
```

Unser ausführlich dargestelltes Beispiel zeigt, daß die Verifikation von nicht-trivialen Algorithmen bis ins Detail ziemlich aufwendig ist; man beschränkt sich daher meistens auf wesentliche (und kritische) Teilalgorithmen.

Als weiteres Beispiel (nach D. Herrmann) werde folgender Programmausschnitt betrachtet:

```
(* Vorgabe: x > 0, natürliche Zahl *)
y := x DIV 10 ;
WHILE y > 0 DO BEGIN
                x := x - 9 * y ;
                y := y DIV 10
                END ;
writeln (x) ;
```

Er soll für natürliche Zahlen x zur Anwendung kommen. Durch Probieren findet man, daß die Quersumme von x berechnet wird.

Der Algorithmus beruht darauf, daß man die Quersumme QS einer (natürlichen) Zahl n rekursiv bestimmen kann aus der Summe der Einerstelle n MOD 10 (das ist die „letzte" Ziffer als Zahl) und der Quersumme des Restes n DIV 10 „vorne", also jener Zahl y , die aus allen vorne verbleibenden Ziffern gebildet wird.

> **QS (n) := n MOD 10 + QS (n DIV 10) .**

Ein Beispiel für diese Rekursionsformel: n = 12345, Einerstelle 5 merken, QS = 5, Rest vorne 1234 weiterbehandeln: QS = QS + 4 = 9 ...

Schreibt man den Wert x MOD 10 der Einerstelle von x als Differenz x - 10 * y zum bereits gefundenen y, so ergibt sich die Quersumme von x (rekursiv) in der Form

> **QS (x) := QS (y) + x - 10 * y .**

Sind x wie y anfangs größer Null, so kann dies als Eintrittsbedingung in die Schleife nach der Zuweisung y := x DIV 10 ; (Abtrennen der vorderen Zahl) gewählt werden, als Vorbedingung zum Ausführen der Schleife.

Wir ersetzen dort jetzt rechts x durch x - 9 * y und y durch y DIV 10 :

> **QS (y) + (x - 9 * y) - 10 * y**
>
> **= QS (y DIV 10) + x - 9 * (y DIV 10) - 10 * (y DIV 10)**
>
> **= QS (y) + (x - 10 * y)   + y - 10 * y   (= x, wenn y = 0 !)**

d.h. der Reihe nach: die Quersumme des vorderen (neuen, verkürzten) Restes, die neue Einerstelle und die Zehnerstelle, also zusammen wiederum QS (x): Der Term **QS (x)** ist also hier die **Schleifeninvariante** beim Schleifendurchlauf.

Die Endbedingung y = 0 der Schleife ergibt nach einigen Durchläufen mit x > 0 also die Nachbedingung QS (x) = x als Wert des Terms, den Output der vollständig abgearbeiteten Schleife. Damit ist der Algorithmus als erfolgreich zum Berechnen der Quersumme erwiesen. Klar ist, daß er terminiert, denn mit jedem Schritt wird eine Ziffer von x „abgearbeitet", x wird immer kürzer. Hat x nur eine Ziffer, so wird die Schleife überlaufen und x als Quersumme direkt ausgegeben.

Als eigene kleine Übung können Sie noch den folgenden Programmausschnitt betrachten, der für ganze Zahlen m und d mit m ≥ d > 0 getestet werden soll. Man findet schnell, daß z zu Ende der Sequenz den Wert m DIV d annimmt und m selber dann auf m MOD d steht ...

```
z := 0 ;
WHILE  m >= d DO BEGIN
                m := m - d ;  z := z + 1
                END ;
writeln (z) ;
```

Als Schleifeninvariante stellt sich hier der Term   m + z * d   heraus.

Die Verifikation *) eines Algorithmus im obigen Sinne ähnelt mathematischen Beweismethoden und zeigt die Herkunft der Informatik aus der Mathematik. Ein weiteres Beispiel finden Sie ab S. 116. Die Bemühungen gehen dahin, diese Methoden zu systematisieren und schließlich maschinell ausführen zu lassen.

Liefert ein Programm falsche Ergebnisse, so liegt dies eigentlich immer am Programm, nicht an der Maschine (die rechnet normalerweise immer „richtig").

Betrachten wir einmal folgendes Programm zur näherungsweisen Berechnung der konvergenten Summe

$\Sigma\ 1/n^2$ über n = 1, 2, 3, ...

der inversen Quadrate. Deren Wert ist seit EULER **) bekannt : $\pi^2/6$.

```
PROGRAM unendliche_summe ;
VAR sneu, salt, eps : real ;
                n : integer ;

BEGIN
n := 1 ; sneu := 1 ; eps := 1.0E-9 ;
REPEAT
    n := n + 1 ;
    salt := sneu ;  sneu := salt + 1 / n / n ;
UNTIL abs (sneu - salt) < eps ;
writeln ('Summenwert ', sneu : 10 : 8 ) ; writeln (n, ' Summanden.') ; readln
END .
```

---

*) Die Verifikation wird sehr ausführlich in [D] behandelt.

**) Leonhard Euler (1707 - 1783), einer der führenden Mathematiker (Algebra, Analysis, Zahlentheorie) seiner Zeit aus der berühmten sog. Basler Schule der Bernoullis, einer ganzen Dynastie bedeutender Mathematiker: Nach Verweigerung einer Professorenstelle 1727 an der dortigen Uni ging er, gerufen von Zarin Katharina, nach St. Peterburg, wo er auch begraben ist. Den o.g. Summenwert findet man heute am einfachsten über die Fourier-Entwicklung der periodisch fort-zusetzenden Funktion y := x * (π - x) für $0 \leq x \leq \pi$ an der Stelle x = 0.

Das Programm meldet bei Ende 31.631 Summanden. Verkleinert man eps auf 1.0E-10, so steigt das Programm mit der Fehlermeldung DIVISON BY ZERO aus: n wird jetzt nämlich weit größer als 32.767, damit zunächst negativ (- 32.768), und dann schließlich -2, -1, 0 . Dies liegt nicht am Algorithmus, sondern an dessen Implementation unter Pascal auf einem bestimmten Prozessor, genauer an der Typenvereinbarung Integer und dem daraus resultierenden internen Vorgehen des (zyklischen) Weiterzählens.

Numerische Rechenfähigkeiten einer Maschine sind also beim Programmieren ebenfalls zu berücksichtigen; sie können Fehlerquellen darstellen, die mit dem Algorithmus im Programm bestenfalls mittelbar etwas zu tun haben. Betrachten wir dazu im Integer-Bereich unter TURBO Pascal die Ausgabe

```
writeln ( a * b / c ) ;
```

mit den Werten a := 3200, b := 50 und c := 40. Der Term a * b / c wird von links nach rechts abgearbeitet, d.h. a * b liefert zunächst das Produkt 160 000, im Integer-Bereich zyklisch dargestellt als 29 296, und damit nach dem Dividieren durch c das „nach außen" völlig falsche Ergebnis 732.40.

Versucht man jedoch stattdessen die Ausgabe

```
writeln (a / c * b) ,
```

so ergibt sich richtig 4000, wegen a / c = 80, und dies danach mal 50 ... Sofern es also triftige Gründe gibt, im Integer-Bereich Kettenrechnungen durchzuführen, muß auf jeden Fall die Reihenfolge der Berechnungen beachtet werden. Eine Fülle entsprechender Überlegungen findet man in [D].

Im Zusammenhang mit Tabellen spielt die FOR-Schleife eine herausragende Rolle: Ihre Implementierung in TURBO Pascal ist „ungenau", d.h. der Umgang damit nicht ohne Tücken. Testen Sie dazu das folgende Listing und denken Sie über die Ergebnisse und deren Konsequenzen für eigene Programme nach:

```
PROGRAM schleife ;
VAR i : integer ;
BEGIN
FOR i := 1 TO 10 DO BEGIN
            write (i : 5) ;
            (* Setzen Sie der Reihe nach jeweils genau eine der
            folgenden Zuweisungen hier ein ...
            i := 10 ;  i := 11 ; i := i + 1 ; i := i - 1; i := i + 2 ;  .... *)
            END ;
writeln ;  writeln ('Laufvariable steht auf ', i) ;  readln
END .
```

3 Algorithmen

Drahtauf, drahtab füttert uns Software
mit fremden Einsichten,
statt uns dazu anzuhalten,
unsere eigenen zu entwickeln. *)

Dieses Kapitel behandelt in loser Folge verschiedene Algorithmen, die bei unterschiedlichsten Aufgabenstellungen anfallen.

TURBO Pascal stellt einige Zahlentypen wie Integer, Longint oder Real zur Verfügung, die im allgemeinen zur Bearbeitung von Aufgaben ausreichen. Von Haus aus ist damit die exakte Berechnung von Produkten besonders großer Ganzzahlen oder auch Potenzen wie z.B. 2^n allerdings nicht möglich.

Bei solchen Aufgaben kommt man aber mit passenden Feldern weiter. Es sei z.B.

12.345.678 * 90.123.456 = 1.112.635.168.023.168

als Produkt zweier großer Ganzzahlen exakt zu berechnen. Dies leistet:

```
PROGRAM multiplikation_grosser_zahlen ;
USES crt ;
CONST k = 80 ;                 (* oder entsprechend größer *)
TYPE            feld = ARRAY [1 .. k] OF integer ;

VAR     feld1, feld2, feld3 : feld ;
            wort1, wort2 : string ;
                i, n : integer ;
```

---

*) [S] mahnt auf S. 183, sich eigene Problemlösungen zu erarbeiten.

```
PROCEDURE eingabe (was : string ; VAR wohin : feld) ;
VAR i, n, ziffer, code : integer ;
BEGIN
n := k ;
FOR i := length (was) DOWNTO 1 DO BEGIN
        val (was [i], ziffer, code) ;
        IF code <> 0 THEN halt ;
        wohin [n] := ziffer ;
        n := n - 1
                                        END;
FOR i := 1 TO n DO wohin [i] := 0
END ;

PROCEDURE ausgabe (wer : feld) ;
VAR i, n : integer ;
BEGIN
i := 1 ;
WHILE wer [i] = 0 DO i := i + 1 ;
FOR n := i TO k DO BEGIN
        write (wer [n]) ;
        IF ((n - k) MOD 3 = 0) AND (n <> k) THEN write ('.')
                END ;
writeln
END ;
BEGIN                           (* ------------------------------------------- *)
clrscr ;
FOR i := 1 TO k DO feld1 [i] := 0 ;              (* Initialisierung ! *)
feld2 := feld1 ;  feld3 := feld1 ;
write ('Erster Faktor ... ') ;  readln (wort1) ;
eingabe (wort1, feld1) ;
writeln ;  write ('Zweiter Faktor ... ') ; readln (wort2) ;
eingabe (wort2, feld2) ;
IF length (wort1) + length (wort2) > k
   THEN writeln ('Mindestens ein Faktor ist zu groß ... !')
   ELSE BEGIN
        ausgabe (feld1) ;  writeln (' * ') ;
        ausgabe (feld2) ;  writeln (' = ') ;
        n := 1 ;                        (* Führende Nullen abtrennen *)
        WHILE feld2 [n] = 0 DO n := n + 1 ;
        REPEAT
            FOR i := 1 TO k DO                  (* Multiplizieren *)
            feld3 [i] := feld3 [i] + feld1 [i] * feld2 [n] ;
            FOR i := k - 1 DOWNTO 1 DO
                BEGIN                           (* Übertrag *)
                feld3 [i] := feld3 [i] + feld3 [i+1] DIV 10 ;
                feld3 [i+1] := feld3 [i+1] MOD 10
                END ;
            IF n < k THEN FOR i := 1 TO k DO            (* Verschieben *)
                            feld3 [i] := 10 * feld3 [i] ;
            n := n + 1
        UNTIL n > k ;  ausgabe (feld3)
        END   (* ; readln *)
END .                           (* ------------------------------------------- *)
```

Das Programm simuliert das übliche Verfahren der stellenweisen Multiplikation: Die Zwischenergebnisse werden durch Übertrag im Feld von rechts nach links von den Einern zu den Zehnern usw. schrittweise dargestellt, bis das Endergebnis gefunden ist:

```
12345  *  67 =
------------------
```

6	12	18	24	30	erster Schritt : 12345 mal 6
7	4	0	7	0	zweiter Schritt: Übertrag links ← rechts
					d.h. bis jetzt 12345 * 6 = 74070
70	40	0	70	0	dritter Schritt: Verschieben, mal 10
					d.h. bis jetzt 12345 * 60 = 740700,
					noch ohne Übertrag dargestellt.
77	54	21	98	35	vierter Schritt: addiere dazu 12345 mal 7
82	7	1	1	5	letzter Schritt: Übertrag links ← rechts

Ergebnis jetzt durch Auslesen von links nach rechts : 827115 oder 827.115

Da die Einzelmultiplikationen vom Typ Integer nie zu groß werden, ist das Endergebnis auch ohne Übertrag nach dem dritten Schritt stets richtig. Mit $k = 80$ wie im Programm können offenbar immerhin noch Zahlen miteinander multipliziert werden, deren Produkt höchstens 81 bis 82 Stellen ergibt.

Von großem Interesse sind stets **Primzahlen**; zunächst stellen wir ein extrem schnelles Programm vor, das alle kleinen Primzahlen von 2 bis 255 berechnet. Es benutzt u.a. Operationen auf Mengen und die besonders schnelle WHILE-Schleife.

```
PROGRAM primzahlen_schnell ;
USES crt ;
VAR    prim : SET OF 2 .. 255 ;
           n, p : integer ;
           i : integer ;

BEGIN                                    (* ----------------------------------------------- *)
clrscr ;  writeln ('Primzahlliste bis 255 ... ') ;  writeln ;
prim := [2, 3] ;  n := 5 ;
WHILE n < 255 DO BEGIN
     p := 3 ;
     REPEAT
       IF n MOD p = 0 THEN p := 1 ELSE p := p + 2
     UNTIL (p * p > n) OR (p = 1) ;                     (* Ein solches p ist prim! *)
     IF p <> 1 THEN prim := prim + [n] ;
     n := n + 2
                    END ;
p := 2 ;
REPEAT
  IF p IN prim THEN write (p : 5) ;  p := p + 1
UNTIL p = 255 ;
readln
END .                               (* ----------------------------------------------- *)
```

Baut man die Idee aus, so können auf diese Weise sehr schnelle Suchprogramme bis hin zu einer bestimmten Obergrenze erstellt werden. Statt des Füllens einer Menge (was nur bis 255 möglich ist), wird dann ein entsprechender Array benutzt. Solche Lösungen finden Sie im Buch [M] des Verfassers, aber auch im Listing von S. 47 weiter hinten. Programme nach diesem Muster sind allerdings auf den Zahlenbereich Longint beschränkt, können also Primzahlen bzw. entsprechende Tests zu gegebenem n jenseits von 2.1 Milliarden nicht mehr bearbeiten. In solchen Fällen hilft ein Ausweichen auf „zerlegende" Darstellungen großer Zahlen mittels Strings:

Das folgende Listing demonstriert eine Methode, große Primzahlen bis 999.999 ohne den Typ Longint zu berechnen. Vergrößert man die in der Deklaration erkennbaren Speicher auf String [10] bzw. String [20], so können mit dem modifizierten Programm (in dem alle Zahlen als Longint gerechnet und abgelegt werden) Primzahlen bis ca. 10^{18} berechnet werden! Der Speicher primar ist dabei ebenfalls zu vergrößern und außerdem longint zu deklarieren.

```
PROGRAM primtafel ;
USES crt ;
VAR   i, k, pruef, rest, num, code, gross, zaehler  : integer ;
                platz : real ;
             hdt, tsd : string [3] ;
             zahl, bis : string [6] ;
                primar : ARRAY [1 .. 3245] of integer ;

PROCEDURE feldaufbau ;
BEGIN
primar [1] := 2 ;  primar [2] := 3 ;  primar [3] := 5 ;
pruef := 7;  k := 3 ;  i := 1 ; writeln ('Etwas warten .... !') ;
REPEAT
   REPEAT
      i := succ (i)
   UNTIL (sqr (primar[i]) > pruef) OR (pruef MOD primar[i] = 0) ;
   IF pruef MOD primar[i] <> 0 THEN BEGIN
                k := succ (k) ;  primar [k] := pruef
                            END ;
   pruef := pruef + 2 ;  i := 1
UNTIL pruef > 30000 ;
clrscr ;  writeln ('Die Primzahlen bis 30.000 sind ... ') ;
FOR i := 1 TO 80 DO write('=') ;
FOR i := 1 TO k DO BEGIN
                write (primar[i] : 8) ;
                IF i MOD 200 = 0 THEN BEGIN
                   delay (500) ;  clrscr
                                  END
                            END ;
writeln ; FOR i := 1 TO 80 DO write ('=') ; writeln ;  write (k, ' Primzahlen.') ;
writeln (' - Dies sind alle unterhalb Wurzel aus 1.000.000 ... ') ;  writeln
END ;
```

```
BEGIN                                  (------------------------------------------ *)
clrscr ;  feldaufbau ; zaehler := 0 ;
writeln ('Liste : Beide Werte ungerade > 1000 eingeben ....') ;  writeln ;
write   ('Primzahlen von ... ') ;  readln (zahl) ;
write   ('        bis ... ') ;  readln (bis) ;  writeln ;
REPEAT
      k := 1 ;  val (zahl, platz, code) ;
      REPEAT
            val (copy (zahl, 1, 1), num, code) ;
            rest := num MOD primar[k] ;
            FOR i := 2 TO length (zahl) DO BEGIN
                          val (copy (zahl, i, 1), num, code) ;
                          rest := (rest * 10 + num) MOD primar[k]
                                    END ;
            k := succ (k)
      UNTIL (rest = 0) OR (primar [pred (k)] > sqrt (platz)) ;
      IF rest <> 0 THEN BEGIN                             (* Primzahl! *)
                          write (zahl : 8) ;  zaehler := zaehler + 1
                                    END ;
      val (copy (zahl, length (zahl)-2, 3), num, code) ;
      num := num + 2 ;
      str (num MOD 1000, hdt) ;
      FOR i := 1 TO 3 - length (hdt) DO hdt := '0' + hdt ;
      val (copy (zahl, 1, length(zahl) - 3), gross, code) ;
      str (gross + (num DIV 1000), tsd) ;  zahl := tsd + hdt
UNTIL zahl = bis ;
writeln ; writeln ; write (zaehler, ' Primzahlen.') ; writeln  (* ; readln *)
END .                                  (* ------------------------------------------ *)
```

Beachten Sie beim Testen die Restriktionen zur Eingabe: Wenigstens vierstellige Zahlen müssen eingegeben werden, Unter- und Obergrenze der Liste sind aus Bequemlichkeit (da als Strings eingegeben, nicht als Zahlen) zwingend ungerade! Das Programm ist sehr schnell:

Es benötigt zum Berechnen der ersten 3.245 Primzahlen (ohne deren Anzeige, die erst danach beginnt), auf einem Pentium nur Bruchteile einer Sekunde. Am oberen Ende des Intervalls kurz vor der Million werden in jeder Sekunde an die 30 Primzahlen oder mehr ermittelt. Der eingangs angedeutete Ausbau des Programms sei als Aufgabe offengelassen: Jedenfalls muß die Divisorliste der kleinen Primzahlen verlängert werden, und der Divisionsalgorithmus ist auf die vorderen Stellen (in Dreiergruppen) auszubauen.

Primzahlen werden in modernen Verschlüsselungsverfahren gerne zum Codieren von Texten benutzt; bekannt ist das in der **Kryptologie** entwickelte sog. RSA-Verfahren, das auf PCs wegen der benötigten sehr großen Primzahlen nur exemplarisch laufen kann. Es wird in [M], S. 216 ff näher beschrieben. Doch schon im Altertum wurde das nach Gajus Julius Caesar (- 100 bis - 44) benannte austauschende **Verschiebungsverfahren** ...

```
PROGRAM tauschalphabet ;
USES crt ;
VAR  c, code : char ;
      i, delta : integer ;
BEGIN
clrscr ;
REPEAT
    write ('Auf welchen Buchstaben soll A verschoben werden? ') ;
    readln (c) ;  c := upcase (c)
UNTIL c IN ['A' .. 'Z'] ;
clrscr ;
delta := ord (c) - 65 ;
FOR c := 'A' TO 'Z' DO write (c, ' ') ; writeln ;
FOR i := 1 TO 26 DO write ('--') ;  writeln ;
FOR i := 0 TO 25 DO write (chr (65 + (delta + i) MOD 26), ' ') ;
writeln ;  writeln ;  writeln ('Texteingabe ... ') ;
writeln ;
REPEAT
    c := upcase (readkey) ;
    i := 65 + (ord (c) - 65 + delta) MOD 26 ;
    IF i IN [65 .. 91] THEN write (chr (i), ' ')
                       ELSE write (' - ')
UNTIL c = '*' ;
writeln ;  writeln ;  writeln ('Ende ... ')
(* ; readln *)
END .
```

... eingesetzt, das aus heutiger Sicht freilich äußerst primitiv und leicht zu knacken ist. Es bietet gerade mal 25 Möglichkeiten und ist **monoalphabetisch**, d.h. jedem Buchstaben eines Textes wird stets derselbe neue Buchstabe zugeordnet.

Monoalphabetisch verschlüsselte Texte sind sehr leicht zu entschlüsseln (passiver Angriff), nämlich durch systematische Probierverfahren schon bei relativ kurzen Textausschnitten.

Die statistische Mindestlänge eines Chiffretextes, der nur eine einzige sinnvolle Klartextinterpretation zuläßt, nennt man **Unizitätslänge** U. Für das Verfahren nach Caesar liegt aufgrund empirischer Versuche und theoretischer Überlegungen U etwa beim Wert vier bis fünf: Im Deutschen gibt es bereits einige wenige so kurze Wörter, die mit zwei verschiedenen Caesar-Codes auf dasselbe Geheimwort abgebildet werden, z.B. die Wörter ABER und NORD mit den relativen Zeichenabständen 1/2/5/18, bezogen auf das jeweils erste Zeichen, wobei auf Z wieder zyklisch A folgt .

Das folgende Verfahren ist ebenfalls ein **Substitutionsverfahren**, d.h. Urtext und Geheimtext haben dieselbe Länge. Es ist jedoch **polyalphabetisch**, und damit ähnlich allen Verfahren mit sog. Schlüsselwörtern (siehe [M], S. 103 ff), jedoch weit komplexer.

Man wählt eine Verschiebung, die je nach Position des Zeichens im Text diesem immer wieder ein anderes Zeichen zuordnet, wobei ein trickreicher Zuordnungsalgorithmus den geheimen Schlüssel darstellt. Als solcher kommt ein Ausschnitt aus einer Liste großer Primzahlen in Frage. Das folgende Listing ist prototypisch:

Sender wie Empfänger benutzen dasselbe Programm; unbedingt geheimhalten muß man nur die durch (***) markierten Zeilen. Werden sie bekannt, so ändert man sie entsprechend den Bemerkungen weiter unten ab.

Zunächst werden die ersten 16.000 Primzahlen aufgebaut. Dann wird das Datenfile eingelesen; seine Länge ist die Konstante beim Übertragungsprozeß, d.h. Original- wie Geheimtext sind gleich lang. In der Zeile i := filesize (data) MOD 10.000 wird dies an beiden Enden des Kanals ausgenützt. Mit ± prim [i] MOD 255 wird das erste Zeichen verschoben, beim Codieren bzw. Decodieren.

Über die Zeile i := (i + prim [i]) MOD 15.998 wird auf reichlich undurchsichtige Weise irgendeine nächste Primzahl aus der Liste angesteuert usw. Es wird also ein von der Länge des Files abhängiger Ausschnitt aus der Primzahlliste (mit Lücken!) zum Codieren verwendet, und es ist problemlos, diese Auswahl in den beiden angesprochenen Zeilen durch einen weit komplizierteren Algorithmus absolut undurchsichtig zu beeinflussen ...

```
PROGRAM chiffrieren_mit_primzahlen ;
USES crt ;
VAR        prim : ARRAY [1 .. 16000] OF longint ;
           n, p : longint ;
            i, k : longint ;
       data, code : FILE OF char ;
      was, wohin : string [20] ;
            c, d : char ;
BEGIN                            (* ---------------------------------------- *)
clrscr ;
writeln ('Der Primzahlfilter wird aufgebaut ... Ende abwarten.') ;
prim [1] := 2 ;  prim [2] := 3 ;  n := 5 ;  i := 2 ;
WHILE i <= 15999 DO BEGIN
        p := prim [2] ;  k := 2 ;
        WHILE (p * p <= n) AND (p > 1) DO BEGIN
             IF n MOD p = 0 THEN p := 1
                             ELSE BEGIN
                                k := k + 1 ;  p := prim [k] ;
                                END
                                END ;
        IF p <> 1 THEN BEGIN
                     i := i + 1 ;  prim [i] := n
                     END ;
        n := n + 2
        END ;
write (chr (7)) ; writeln ('Primfilter aktiviert ... - Taste - ') ; clrscr ;
```

```
REPEAT
  writeln ; writeln ; write ('Datenfile c)odieren oder d)ecodieren ... ? ( E)nde ) ') ;
  readln (d) ; d := upcase (d) ;
  CASE d OF
  'C': BEGIN
        write ('Zu codierendes Textfile angeben .... ') ; readln (was) ;
        write ('Zielfile *.CCC spezifizieren........ ') ; readln (wohin)
      END ;
  'D': BEGIN
        write ('Geheimes Quellfile *.CCC angeben ... ') ; readln (was) ;
        write ('Zielfile (offener Text) angeben .... ') ; readln (wohin)
      END ;
  END ;
  IF d IN ['C', 'D'] THEN BEGIN
  assign (data, was) ;  reset (data) ;
  assign (code, wohin) ;  rewrite (code) ;
  i := filesize (data) MOD 10000 ;                              (***)
  REPEAT
     read (data, c) ;
     IF d = 'C' THEN c := chr (ord (c) + prim [i] MOD 255) ;    (***)
     IF d = 'D' THEN c := chr (ord (c) - prim [i] MOD 255) ;    (***)
     i := (i + prim [i]) MOD 15998 ;                            (***)
     write (i : 10) ;              (* Zum Test auf Zyklenlänge des Filters *)
  UNTIL EOF (data)
                            END
UNTIL d = 'E' ;
END .                        (* ----------------------------------------- *)
```

Der einfachste Algorithmus für ein Codierungs-Filter wäre

i := filesize (data) MOD 15999 ; i := i + 1 MOD 15999 ;

Diese Zeilen benutzen die komplette Primzahlliste zyklisch, was 16.000
Codierungen möglich macht, die man bei grundsätzlichen Vermutungen zum
Verfahren mit einigem Zeitaufwand vielleicht noch aufbrechen könnte.

Mit den Zeilen (***) scheint das unmöglich, insbesondere bei einer viel längeren
Primzahlliste bzw. einem späten Ausschnitt aus einer solchen. Mit der zusätzlichen
Testzeile write (i : 10) sieht man, daß keineswegs alle 16.000 Primzahlen benutzt
werden, sondern nur ein kleiner Teil, so um die hundert. Das ist die Unizitätslänge
des Verfahrens. Einige Versuche mit abgeänderten Moduln (10.000 bzw. 15.998)
oder gar Abhängigkeit der Moduln von der Filelänge (gewisse Primteiler davon!)
machen den Code ziemlich fest, solange diese Zeilen geheim bleiben.

Indirekt wird also der Schlüssel mit der Filelänge übertragen und vom gleichen
Algorithmus auf beiden Seiten ausgewertet. Damit einwandfrei bzw. überhaupt
decodiert werden kann, müssen Text wie Geheimtext unbedingt gleiche Länge
haben, andere Übertragungsfehler liefern nur einzelne falsche Zeichen. Es wäre
übrigens auch möglich, die richtige Textlänge verschlüsselt mit zu übertragen.

Weit längere Textstücke zum Knacken sind erforderlich, wenn kompliziertere Verschiebetechniken angewandt werden (z.B. je zwei benachbarte Zeichen gemeinsam oder dgl.). Jetzt könnte man das spezifische Buchstabenspektrum einer Sprache ausnutzen, das durch sog. Cliquenbildung mit Gruppen von Buchstaben (siehe dazu die PC-Zeitschrift DOS, Heft 10/95, S. 244 ff.) effektiv eingesetzt werden kann. Natürlich gibt es auch hiergegen Sicherungsmethoden, z.B. mit sog. Vigenère-Tabellen, sehr verfeinerte Vorgehensweisen, die ebenfalls von Schlüssel-wörtern ausgehen.

Ein weiterer Schwachpunkt bei vielen „amateurhaft" eingesetzten Verfahren ist die Tatsache, daß in Texten gewisse Wiederholungen wie z.B. Grußformeln, Anreden u. dgl. meist sehr leicht zu erkennen sind und somit als wirkungsvoller Ansatzpunkt für die Entschlüsselung dienen können.

Schließlich spielt die **Redundanz** eines Textes eine wesentliche Rolle: Endungen wie z.B. -en, -er, und -te bzw. Doppellaute wie ei, ie, ch, st (zusammen Bigramme genannt) erleichtern bei längeren Texten die Entschlüsselung in jedem Fall. Manipuliert man also den Originaltext entsprechend, so wird die spätere Ent-schlüsselung des zugehörigen Geheimtextes sicherlich um einiges schwieriger:

In dr dtsch Sprch knn rd ein Vrtel allr Bchstbn one wtrs wgglss wrden, one dß bei eingr Übng die Vrstndlchkt ds Txts druntr leid. Wrd dser Txt mt dr Mthod vn S.15 dr Brschür cdirt, so erschnt ds Knckn dr Nchrcht in vrtrtbrer Zt fst ausichtsls, insbesd wnn mn dbei auf glche Bchstbnhäfgkt achtt und nchr nr Endgen mit -en usw. wglßt. Snnvll wär es dbei, die Wrtzwschräum ncht mt Blnk zu knnzeich, sndrn dafür z.B. abwchslnde Zeich zu vrwnd, die im Txt snst ncht vorkmm, wie *, § u .dgl.

Dieser gekürzte Text ist noch flüssig und durchaus eindeutig lesbar. Wird er nach unserer Primzahlmethode verschlüsselt, so läßt sich mit dem entsprechenden Geheimtext nicht mehr viel anfangen: Man erkennt keine Wortzwischenräume, und Häufigkeitabellen für Buchstaben greifen nicht. Absolut geheim bleiben muß natürlich der im Programm benutzte Schlüssel, hinter dem sich ein komplexes polymorphes Verfahren verbirgt.

Die Kryptologie war ursprünglich eine fast ausschließlich bei Militärs und Geheim-diensten gepflegte Wissenschaft. Die Entwicklung und zunehmende Verbreitung ganz neuer Kommunikationstechnologien mit allerhand Sicherheitsbedürfnissen hat aber das zivile Interesse nachhaltig gefördert.

Die folgende Abb. zeigt den klassischen Weg der Nachrichtenübermittlung mit allen Charakteristika: Ein Brief garantierte durch die Unterschrift Gewißheit beim Empfänger über den Absender (Authentizität); mittels verklebtem Umschlag, Poststempel samt Datum usw. war sichergestellt, daß die Nachricht unverändert blieb (Integrität). Schließlich mußte noch der eigentliche Transportweg gewissen Standards genügen, notfalls kam ein direkter Bote zum Einsatz.

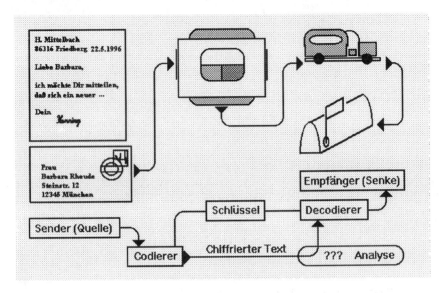

Abb.: Klassischer bzw. moderner Nachrichtenweg

Die Schwachstelle moderner Nachrichtenübertragung (mit Fax, digitalem Telefon) ist wie schon früher der Postweg, der Kanal : Die Kryptologie beschäftigt sich mit Analyseprozessen auf dem irgendwie abgefangenen Text. Wesentliches Ziel ist es, mit geeigneten Codierungen passive Angriffe zu vereiteln: den Text zu entschlüsseln und/oder den (die) Schlüssel zu finden.

Aktive Angriffe versuchen, die weitergeleitete Nachricht zu verfälschen (Integrität der Nachricht) oder gar den Absender zu fingieren, eine erfundene Nachricht zu produzieren, an die der Adressat glauben soll. Gegenmittel ist die digitale Signatur, ein mit der Nachricht gelieferter Herkunftsnachweis, der für Echtheit bürgt: In unserem Fall könnte dies eine ebenfalls (aber anders) codierte Information z.B. über die codierte Textlänge und den Absender sein, die der Nachricht mitgegeben wird. Entsprechungen im klassischen Fall wären besonderes Vertrauen in die Person des Boten oder (wie historisch oft berichtet) das Vorzeigen eines ganz persönlichen Gegenstands des Absenders bei Übergabe der Nachricht.

Mit Blick auf das **Buchstabenspektrum** (siehe [M], S. 234) einer Sprache läßt sich leicht ein Programm erstellen, das in einem vorgegebenem unkomprimierten Text zunächst die n häufigsten Buchstaben z_1, ..., z_n bestimmt (sinnvoll sind Werte von n bis etwa fünf oder sechs) und dann durch ein Zufallsverfahren teilweise so entfernt, daß der komprimierte Klartext vor der Verschlüsselung diese Buchstaben nur noch etwa so oft wie den nächsten Buchstaben z_{n+1} enthält - und zwar alle diese etwa gleich oft - und damit sogar die gewählte Sprache ziemlich verschleiert. Das folgende Listing leistet diese „ausgleichende" Komprimierung:

```
PROGRAM komprimiere_text ;
USES crt ;
TYPE zeichen = RECORD
                    a : char ;
                    b : integer
                    END ;
VAR     f : ARRAY [1 .. 26] OF zeichen ;
     komp : ARRAY [1 .. 6] OF integer ;
     i, k, n : longint ;              was : string [24] ;
        test : FILE OF char ;         c : char ;
           w : boolean ;              merk : zeichen ;
           r : integer ;              ausgabe : boolean ;
BEGIN                        (* -------------------------------------------------------------- *)
clrscr ; write (' Zu komprimierender Text .. ') ;  readln (was) ;
assign (test, was) ;  reset (test) ;
FOR i := 1 TO 26 DO BEGIN
                    f [i].a := chr (64 + i) ;  f [i].b := 0
                    END ;
k := 0 ;
REPEAT
     read (test, c) ;  k := k + 1 ; n := ord (c) ;
     IF n IN [65 .. 90] THEN f [n - 64].b := f [n - 64].b + 1 ;
     IF n IN [97 ..122] THEN f [n - 96].b := f [n - 96].b + 1 ;
     IF (n IN [65 .. 90]) OR (n IN [97 .. 122]) OR (n = 32) THEN write (c)
UNTIL EOF (test) ;
close (test) ;
clrscr ;  writeln (' ', k, ' Zeichen gelesen ... ') ;
n := 0 ;
FOR i := 1 TO 26 DO n := n + f [i].b ;
writeln ('    ... davon ', n, ' Textzeichen ohne Umlaute') ;
writeln ('    ... und ', (k - n) / k * 100 : 3 : 0, ' % Steuerzeichen.') ;
writeln ;  w := false ;
WHILE w = false DO BEGIN
 w := true ;
 FOR i := 1 TO 25 DO BEGIN
     IF f [i].b < f [i + 1].b THEN BEGIN
        merk := f [i] ;  f [i] := f [i + 1] ;  f [i + 1] := merk ;
        w := false
                                    END
                    END
                    END ;
FOR i := 1 TO 26 DO write (' ', f [i].a, '...', f[i].b : 5, f[i].b / n * 100 : 6 : 1, '   ') ;
writeln ;
writeln ('Teilweise zu entfernen sind die Buchstaben ... ') ;
FOR i := 1 TO 5 DO BEGIN        (* die ersten fünf Buchstaben nach Häufigkeit *)
           komp [i] := f [i].b - f[6].b ;
           write (f [i].a, ' ', komp [i], '-mal   ')
                    END ;
writeln ;  readln ;
assign (test, was) ;  reset (test) ; randomize ;
REPEAT
     read (test, c) ;  n := ord (c) ;  ausgabe := true ;
     IF (n IN [65 .. 90]) OR (n IN [97 .. 122]) OR (n = 32)
```

```
          THEN BEGIN
              FOR i := 1 TO 4 DO   (* statt 4 max. 5 *)
              IF upcase (c) = f[i].a  THEN BEGIN
                                      ausgabe := false ;
                                      r := 2 * random (komp [i]) ;
                                      IF r < komp [i] THEN write (c)
                                      END ;
              IF ausgabe THEN write (c) ;
              END
      UNTIL EOF (test) ;
      close (test)  (* ; readln *)
      END .                      (* ------------------------------------------------------- *)
```

Kommt der häufigste Buchstabe f [1].a = e/E z.B. f [1].a = 300-mal vor, liegt s/S aber erst an sechster Stelle mit dem Häufigkeitswert 100, so muß e/E ca. 200-mal entfernt werden. Deshalb erhält komp [1] den Wert f [1].b - f [6].b = 200.

In der späteren Leseschleife wird beim Erkennen des Zeichens e/E die Variable r auf einen Zufallswert von 0 ... 299 (Vorkommen von e/E) gesetzt und für den Fall, daß zufällig r < 200 (Überschuß) gilt, das Zeichen e/E entfernt. Wegen der Maximalgrenze für dieses r von rd. 300 wird die Abfrage in ca. 2/3 der Fälle positiv ausfallen ... Da nun e/E 300-mal vorkommt, wird es demnach in rund 2/3 der Fälle entfernt, also ca. 200-mal!

Im Deutschen sind die häufigsten sechs Buchstaben e, n, t, i, r und s. Mit dem eingetragenen Wert 4 bei FOR i := 1 TO 4 ... werden die **vier** häufigsten Buchstaben so reduziert, daß sie etwa so oft auftreten wie das Zeichen der Häufigkeitsklasse **sechs**, dessen Häufigkeit mit dem Zeichen fünf weitgehend übereinstimmt. Berücksichtigt werden im Beispiel nur die angloamerikanischen Buchstaben, also keine Umlaute, Ziffern, Satzzeichen u. dgl.

Ein schnell getippter Mustertext sah bei einem Testlauf mit Zwischenräumen, aber ohne deutsche Umlaute, Ziffern und Satzzeichen (die das Testprogramm ja ignoriert) als verkürzter Klartext (und hier etwas gegliedert) so aus:

Das Vrfahr vo Ceasar s mooalphabtisch
dh jdem Buchstab es xts wrd derselbe eue Buchstab zugorde
Das Vrfahr aus dr Broschr hingegen ist polyalphabisch
Bd Vrfahren sid Substtuiosverfahrn
Urtx ud Geheimex hab dislb Lnge
Letztres gilt auch fr Traspositosvrfahr
Dabi blib di ursprglche Buchsabn rhalen werd aber umgstllt
zB ganz prmv rckwrs lesn permutir o dgl
Mooalphabeisch vrschlsselt Txte sid ia leicht zu enschlssel
nmlch duch systmasch Probirverfahre von relatv kurzn Txtausscht
Di staissch Mdestlnge ds Chffrxs dr ur izige Klartextinterpraion zul nenn ma ...

Abb.: Ein Text, in dem e, n, t, i, r und s etwa gleichhäufig sind

Mit etwas Mühe und Kenntnis von Fachbegriffen ist das trotz etlicher Fremdwörter noch ganz gut lesbar und offenbar bis auf unwesentliche Mehrdeutigkeiten ...

> blib (in Zeile sieben) ... bleibt, blieb oder z.B. auch beleibt
> ds (letzte Zeile) ... das, dieses oder des ...
> in der letzten Zeile ist nach ur (= nur) das Wort eine vollständig ausgefallen ...

... inhaltlich richtig zu vervollständigen, notfalls durch Studium des Textumfelds. Es ist in diesem Text u.a. auch von Transpositionsverfahren die Rede, d.h. Verschlüsselungstechniken, bei denen die Zeichen des Textes umgestellt werden: Am einfachsten wäre Rückwärtslesen, sehr kompliziert hingegen Permutieren!

Unsere verkürzte Klartextform hat für die folgende Verschlüsselung den Vorteil, die häufigsten sechs Buchstaben ziemlich gleich oft zu enthalten, was ein Knacken des entsprechenden Geheimtextes ganz erheblich erschwert. Dieser läßt weiter kaum noch einen Schluß auf die verwendete Sprache zu.

In der Anwendung wird der als File vorliegende Text zunächst zum Zwischenfile komprimiert, das man in einem Editor von Hand an jenen Stellen leicht korrigiert, wo die Verständlichkeit nicht mehr gegeben erscheint oder explizit hergestellt werden muß: Das ändert aber die vorab korrigierte und eingestellte Buchstabenhäufigkeit praktisch nicht. Erst dann wird codiert, als File zum Senden ...

Das Lösen **linearer Gleichungssysteme** (siehe dazu [M], S. 83) ...

$$c_{11} x_1 + c_{12} x_2 + ... + c_{1n} x_n = b_1 ;$$

$$c_{21} x_1 + c_{22} x_2 + ... + c_{2n} x_n = b_2 ;$$

$$...$$

$$c_{n1} x_1 + c_{n2} x_2 + ... + c_{nn} x_n = b_n ;$$

... per Hand ist i.a. aufwendig und ziemlich nervtötend. Solche Aufgaben können mit dem nachfolgenden Programm angegangen werden. Es beruht darauf, daß das lineare System durch geeignete Manipulationen der einzelnen Gleichungen (neue Linearkombinationen $z_n := u * z_n + v * z_k$ von Zeilen) solange umgeformt wird, bis aus der quadratischen Koeffizientenmatrix C eine Dreiecksmatrix entstanden ist. Dann ist die Angabe der Lösung X „von unten her" sehr einfach.

Einzugeben ist die Matrix C der linken Seite des Gleichungssystems C * X = B, ferner der Spaltenvektor B rechts. Sofern die Zeilen links voneinander linear unabhängig sind (die Mathematiker sagen, C habe den „vollem" Rang: det C $\neq$ 0), hat das System eine eindeutige Lösung. Im Laufe der Programmausführung wird diese Voraussetzung überprüft und gegebenenfalls mit einem entsprechendem Hinweis abgebrochen.

Benannt ist das Verfahren nach Carl Friedrich Gauß (1777 - 155), einem der größten Mathematiker aller Zeiten, nicht nur im deutschsprachigen Raum:

```
PROGRAM gauss ;                              (* Eliminationsverfahren nach Gauß *)
USES crt ;                          (* Zum Lösen linearer Gleichungssysteme bis c x c *)
CONST c = 10 ;
VAR a        : ARRAY [1 .. c, 1 .. c] OF real ;           (* Koeffizientenmatrix *)
    b, x     : ARRAY [1 .. c] OF real ;        (* Vektor rechte Seite und Lösung *)
    t, n, i, k, j : integer ;
    m, s, f      : real ;
    u, v         : integer ;

PROCEDURE lesen ;
BEGIN
FOR i := 1 TO n DO BEGIN
   FOR k := 1 TO n DO BEGIN
                       u := wherex ;  v := wherey ;
                       readln (a [i, k]) ;  gotoxy (u + 6, v)
                       END ;
   write(' rechts  ') ;  readln (b [i])
                    END
END ;

PROCEDURE tauschen ;
BEGIN
t := i ;
REPEAT
   t := t + 1
UNTIL (a [t, i] <> 0) OR (t = n + 1) ;
IF t = n + 1 THEN BEGIN
               writeln ('System unterbestimmt : ABBRUCH') ;  halt
               END
          ELSE FOR k := 1 TO n DO BEGIN
                 m := a [t, k] ; a [t, k] := a [i, k] ;  a [i, k] := m
                                END ;
m := b [t] ; b[t] := b [i] ;  b[i] := m
END ;

PROCEDURE dreieck ;
BEGIN
FOR i := 1 TO n - 1 DO BEGIN
      IF a [i, i] = 0 THEN tauschen ;
      FOR j := i + 1 TO n DO BEGIN
                       f := a [j, i] / a [i, i] ;
                       FOR k := i TO n DO
                             a [j, k] := a [j, k] - f * a [i, k] ;
                       b [j] :=  b [j] - f * b [i]
                       END
                  END
   END ;
```

```
PROCEDURE ausgabe ;
BEGIN
FOR i := 1 TO n DO writeln ('x (', i, ') = ', x [i] : 7 : 2)
END ;

BEGIN                          (* ------------------------------ Hauptprogramm ------ *)
clrscr ;
writeln ('Eliminationsverfahren nach Gauß:') ;
writeln ('=================================') ;  writeln ;
write   ('Grad n < ', c+1, ' des Systems ... '); readln (n) ;
writeln ;
writeln ('Eingabe der Koeffizienten des Systems ... ') ; writeln ;
lesen ; clrscr ;
dreieck ;
writeln ('Ergebnis ... ') ; writeln ;
IF a [n,n] = 0 THEN BEGIN
                       writeln ('unterbestimmt ...') ;
                       readln ;  halt
                       END ;
x [n] := b [n] / a [n, n] ;
FOR i := n - 1 DOWNTO 1 DO BEGIN
    s := 0 ;
    FOR k := i + 1 TO n DO s := s + a [i, k] * x [k] ;
    x [i] := (b [i] - s) / a [i, i]
                       END ;
ausgabe ;
readln
END .                          (* ----------------------------------------------------- *)
```

Natürlich kann man ohne weiteres $c > 10$ wählen, nur wird dann die Eingabe der Koeffizienten unübersichtlich. Außer über die Umformung des Systems $C * X = B$ in eine Dreiecksform $D * X = B_1$ gibt es auch die Möglichkeit, das System durch Invertieren der regulären quadratischen Matrix C in eine Form

$X = C^{-1} * B$ (wegen Einheitsmatrix $E = C^{-1} * C$, links)

zu bringen, indem man zur Matrix C die sog. inverse Matrix C^{-1} bestimmt, siehe weiter unten. Das Produkt $C^{-1} * B$ (Matrix mal Spaltenvektor B, Ergebnis ist der Spaltenvektor X) ist leicht zu berechnen, allgemein das Produkt P

$P := A * B$

zweier Matrizen, sofern es erklärt ist. Für die Koeffizienten p_{ik} einer solchen Produktmatrix P gilt die Formel

$$p_{ik} := \sum_s a_{is} * b_{sk} \quad \text{(für } i := 1, \dots n, k := 1, \dots, m) ,$$

die erkennen läßt, daß das Produkt A * B nur dann erklärt ist, wenn die Spalten-zahl s des linken Faktors A mit der Zeilenzahl s des rechten Faktors B übereinstimmt (die sog. Verknüpfungsbedingung, Verkettungsregel). Das Ergebnis ist eine Matrix P mit n Zeilen des linken und m Spalten des rechten Faktors:

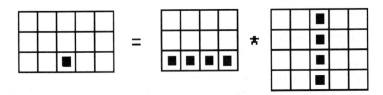

Abb.: Matrizenprodukt und Verkettungsregel : P (3, 5) = A (3, 4) * B (4, 5)

Schematisch dargestellt ist ein Beispiel mit i := 1 ... 3 und k := 1 ... 5 mit dem Laufbereich s := 1 ... 4 . Da die beiden Matrizen A und B nicht notwendig quadratisch sein müssen, ist klar, daß für ein Produkt A * B keineswegs Kommutativität A * B = B * A gelten muß: B * A ist im skizzierten Beispiel ja nicht einmal erklärt. Aber auch für quadratische Matrizen A und B gilt nur in Ausnahmefällen A * B = B * A .

Die Formel der vorigen Seite unten wird vom nachfolgenden Programm ab-gearbeitet. Wegen der Eingabe über den Bildschirm ist eine Begrenzung auf max. zehn Zeilen bzw. Spalten vorgesehen.

```
PROGRAM matrix_multipliktion ;
USES crt ;
VAR         fakl, fakr, ergeb : ARRAY [1 .. 10, 1 .. 10] OF integer ;
    i, k, r, zeile, spalte, rechts : integer ;
                        sum : integer ;
BEGIN                                    (* --------------------------*)
clrscr ;
write ('Wieviele Zeilen hat der Faktor links?   ') ; readln (zeile) ;
write ('        ... und wieviele Spalten?   ') ; readln (spalte) ;
writeln ('Der rechte Faktor hat damit ', spalte, ' Zeilen.') ;
write ('Wieviele Spalten hat der Faktor rechts? '); readln (rechts) ;
clrscr ;
(* Die folgenden Eingaben könnten per Prozedur zusammengefaßt werden *)
writeln ('Eingabe linker Faktor ... ') ;
FOR i := 1 TO zeile DO BEGIN
    FOR  k := 1 TO spalte DO BEGIN
            gotoxy (7 * k, i + 3) ; readln (fakl [i, k])
                        END;
        writeln
                END ;

writeln ('Eingabe rechter Faktor ... ') ;
```

```
FOR i := 1 TO spalte DO BEGIN
    FOR k := 1 TO rechts DO BEGIN
            gotoxy (7 * k, i + 10) ;  readln (fakr [i, k])
                            END ;
    writeln
                    END ;
writeln ;  writeln ('Ergebnis ... ') ;  writeln ;
sum := 0 ;
FOR i := 1 TO zeile DO BEGIN
    FOR k := 1 TO rechts DO BEGIN
            sum := 0 ;
            FOR r := 1 TO spalte DO BEGIN
                    sum := sum + fakl [i, r] * fakr [r, k] ;
                    ergeb [i, k] := sum
                                END ;
            write (ergeb [i, k] : 8)
                            END ;
    writeln
                    END  (* ;  readln *)
END .
                                            (* ------------------------- *)
```

Mit einem weit aufwendigeren Programm lassen sich quadratische Matrizen C invertieren, sofern C^{-1} existiert (d.h. det $C \neq 0$). Ein geeigneter Algorithmus beruht darauf, daß ein lineares Gleichungssystem

$$C * X = Y \quad \text{oder anders geschrieben} \quad C * X = E * Y$$

durch eine Reihe von Zeilenmanipulationen schrittweise in

$$C^{-1} * C * X = E * X \quad = X = \quad C^{-1} * E * Y = D * Y$$

verwandelt wird, links also die diagonale Einheitsmatrix hergestellt wird. Man löst sozusagen nach X auf. Rechts ergibt sich dann, falls vorhanden, $C^{-1} = D$. Am Beispiel n = 3 sieht das so aus:

c_{11}	c_{12}	c_{13}	1	0	0
c_{21}	c_{22}	c_{23}	0	1	0
c_{31}	c_{32}	c_{33}	0	0	1

wird nach und nach in

1	0	0	d_{11}	d_{12}	d_{13}
0	1	0	d_{21}	d_{22}	d_{23}
0	0	1	d_{31}	d_{32}	d_{33}

verwandelt, indem man passende Vielfache einer Zeile weiter oben von allen Zeilen weiter unten abzieht. Das folgende Listing führt diesen Algorithmus schrittweise vor. Die entsprechende Prozedur zeigen erklärt die jeweils erforderlichen drei

Schritte (Zeilenaustausch, falls notwendig, dann Division, danach passende Sub-
traktionen) für jeden der n Durchgänge; sie kann für praktische Anwendungen
später aus dem Programm gestrichen werden.

```pascal
PROGRAM matrix_invertieren ;
USES crt ;
CONST g = 3 ;                              (* Größe der quadratischen Matrix *)
VAR      m : ARRAY [1 .. g, 1.. 2 * g] OF real ;
         a : ARRAY [1 .. 2 * g] OF real ;
      fak : real ;
   i, k, s, z : integer ;
      ende : boolean ;

   PROCEDURE zeigen (r : integer) ;     (* nur zum Vorführen des Verfahrens *)
   VAR u, v : integer ;
   BEGIN
   writeln ('Schritt ', r, ' im Durchgang ', k) ;
   FOR u := 1 TO g DO BEGIN
       FOR v := 1 TO 2 * g DO write (m [u, v] : 9 : 2) ;  writeln
                   END ;  readln
   END ;

BEGIN                                    (* ----------------------- *)
clrscr ;
FOR i := 1 TO g DO
    FOR k := 1 TO g DO BEGIN
                   gotoxy (9 * k, 2 * i) ;  readln (m [i, k])     (* Eingabe *)
                   END ;
clrscr ;  writeln ('Ausgangsmatrix') ;  writeln ;
FOR i := 1 TO g DO BEGIN
    FOR k := 1 TO g DO write (m [i, k] : 10 : 2) ;
    writeln
                   END ;

FOR i := 1 TO g DO FOR k := g + 1 TO 2 * g DO              (* Systemaufbau *)
    IF i + g = k THEN m [i, k] := 1 ELSE m [i, k] := 0 ;

k := 1 ;   (* Nr. des Durchgangs *)
REPEAT
   ende := false ;  i := k - 1 ;
   REPEAT
      i := i + 1
   UNTIL (m [i, k] <> 0) OR (i > g) ;              (* Zeile anfangs <> 0 suchen *)
   IF i = g + 1
     THEN ende := true
     ELSE BEGIN                               (* und fallweise vertauschen *)
          FOR s := 1 TO 2 * g DO BEGIN
              a [s] := m [k, s]; m [k, s] := m [i, s]; m [i, s] := a [s]
                   END
          END ;
   zeigen (1) ;
```

```
IF NOT ende THEN BEGIN                    (* Zeilenanfang auf Eins normieren *)
    FOR s := 2 * g DOWNTO 1 DO m [k, s] := m [k, s] / m [k, k] ;
    zeigen (2) ;
    FOR z := 1 TO g DO
        IF z <> k THEN BEGIN                           (* Subtraktionen *)
            fak := m [z, k] ;
            FOR s := 1 TO 2 * g DO
                m [z, s] := m [z, s] - fak * m [k, s]
            END ;
        END ;
    zeigen (3) ;
    k := k + 1
UNTIL (k > g) OR ende ;
IF NOT ende
    THEN BEGIN
        writeln ('Invertierte Matrix ... :') ;  writeln ;
        FOR i := 1 TO g DO BEGIN
            FOR k := g + 1 TO 2 * g DO write (m [i, k] : 9 : 2) ;  writeln
            END
        END
    ELSE writeln ('Nicht invertierbar!') ;
readln
END .                                      (* ------------------------ *)
```

Verfolgen Sie einen Programmlauf mit g = 3 am Beispiel der (3,3)-Matrix:

1	0	1			2	-2	-1
2	-1	0	zur Invertierten		4	-5	-2	.
-3	2	2			-1	2	1

Zur Probe können Sie diese beiden Matrizen miteinander von Hand multiplizieren, was E ergeben muß. Wegen

$$C^{-1} * C = C * C^{-1} = E \quad \text{(für alle C, sofern invertierbar)}$$

ist das Produkt unabhängig von der Reihenfolge der Faktoren.

Hingegen ist z.B. die (3,3)-Matrix

1	2	3
4	5	6
7	8	9

nicht invertierbar: Nach dem zweiten Durchlauf wird die dritte Zeile zur Nullzeile, denn die dritte Zeile kann als sog. Linearkombination zweimal zweite Zeile minus erste Zeile gewonnen werden: Diese Matrix hat - wie die Mathematiker sagen - nur den Rang zwei.

Im nächsten Kapitel wird ein sog. **Hexdump-Programm** zum Studium von Maschinenprogrammen vorgestellt, es läßt sich selber entwickeln:

```
Welches Maschinenfile *.EXE ... kp04hexd.exe
Filelänge von kp04hexd.exe in Byte : 6576
```

```
   0   4D 5A B0 01 0D 00 53 00    17 '   .    MZ::   S     ♪ é é½
  16   00 40 00 00 41 01 00 00    1C   ◡       @ A      └    D
  32   49 00 00 00 5B 00 00 00    6C  ◡0      I  [        `    e
  48   78 00 00 00 7D 00 00 00    8    00     x  }       é    æ
  64   9F 00 00 00 A4 00 00 00     ·   00     f  ñ       ╜   ┼
  80   D6 00 00 00 DB 00 00 00       ◡ 00     π  ■       ±    ÷
  96   08 01 00 00 15 01 00 00    ◡0 00          §       "    0
 112   35 01 00 00 3A 01 00 0C    00 00     5   :        D    I
 128   53 01 00 00 A4 01 00 0     00 00     S   ñ        ┌    ╥
 144   D0 01 00 00 D5 01 00 '  1 00 00     ╜   F        ÷    √
 160   2C 02 00 00 31 02 00    J2 00 00     ,   1        s    x
 176   7D 02 00 00 95 02 0C    02 00 00     }   ò        Ü    f
 192   BC 02 00 00 C1 02 C   . 02 00 00     ╝   ┴        ╟    ■
 208   E3 02 00 00 E8 02     D 02 00 00     π   Φ        °    2
 224   02 03 00 00 1C 03    ↓9 03 00 00              └    !    I
 240   4E 03 00 00 53 0`    8C 03 00 00     N   S        ç    î
 256   AD 03 00 00 B2 '   , C9 03 00 00     ¡   ╟        ╖   ╟
 272   CE 03 00 00 D3    0 F2 03 00 00     ╫   ╜         φ    ≥
 288   1C 04 00 00 2┘   ◡0 56 04 00 00     └   !        &    V
 304   5E 04 00 00 6    00 09 00 4C 00     ^   g        ╝      L
 320   24 00 4C 00      : 00 01 00 AE 00     $ L 7 L    ; L    «
 336   1B 01 AE 00    .E 00 E1 0A AE 00     « ► «      ╟ « ß «
 352   F7 0A AE 0C    00 00 00 00 00 00     ≈ « ■ «

 368   20 57 65     ◡ 61 73 63 68 69 6E     Welches   Maschin
 384   65 6E 66    .5 58 45 20 2E 2E 2E     enfile *  .EXE ...
 400   20 0E 4     67 65 20 76 6F 6E 20     Filelä   nge von
 416   0B 20 '     20 3A 20 55 89 E5 31     in Byt   e : Uĕσ1
 432   C0 9A    ┗ 4C 00 BF 32 77 1E 57     ╚Ü= « Ü╟╟   L ┐2w▲W
 448   BF 0C    A 01 07 AE 00 9A FE 05     ┐   W1╚P  Ü « Ü■
```

Abb.: Hexdump-Programm von S.79, auf sich selber angewandt ...

Ganz links ist der MC-Code in TURBO 7.0 fortlaufend numeriert, beginnend mit dem ersten Byte \$4D an der **Position Null**. Es folgt \$5A. Diese beiden Zeichen stehen für den DOS-Entwickler **M**ark **Z**bikowski von Microsoft.

An achter Stelle findet sich das Byte \$17, d.h. 23, an neunter Stelle 0. Daraus liest man über 23 + 10 * 0 = 23 die Länge des Headers in Vielfachen von 16 Byte ab. Daher ist nach der 23. Zeile eine Leerzeile eingeschossen: Der eigentliche Code beginnt also an Position 368 = 23 * 16 = 368 mit \$20, dem 369. Byte. \$20 = 32 ist die Stringlänge des ab \$57 eingetragenen Klartextes „Welches Maschinenfile ...", der im rechten Fenster ausgegeben wird.

**Wenn wir uns in Netze einwählen,
verlieren wir die Fähigkeit,
spontane Beziehungen
zu wirklichen Menschen aufzubauen. *)**

**Dieses Kapitel behandelt verschiedene Manipulationen an Files bzw. Dateien,
einige mehr aus theoretischem Interesse, andere sehr praxisbezogen.**

Um sehr viele Files auf einem Datenträger unterzubringen, werden Verdichtungs-
programme eingesetzt, sog. „Zipper". Eine gängige **Komprimierungsmethode**
besteht darin, in Binärfiles der Typen *.EXE, *.COM, *.BMP (Bilder) usw.
Zeichenwiederholungen neu zu verschlüsseln. - Sei

... A B C D D D D D D D E F F G ... (Bytes!)

ein Ausschnitt aus einem solchen File. Man wählt irgendein seltenes Zeichen als
sog. Marker, z.B. X. Der obige Ausschnitt wird dann wie folgt komprimiert:

... A B C X 7 D E ...

d.h. die Sequenz n mal D (hier mit n = 7) wird durch den Marker, die Anzahl der
Wiederholungen und das zu wiederholende Zeichen ersetzt, also stets drei Byte.
Da nur für n > 3 eine echte Komprimierung eintritt, kann für n $\leq$ 3 der
entsprechende Ausschnitt des Originals einfach abgeschrieben werden, um das File
lokal nicht zu verlängern. Die Fortsetzung wäre also

... A B C X 7 D E F F G ...

---

*) [S], S. 94. In *c't magazin für computer technik*, 12/1996, S. 88 ff findet sich ein
aktuelles Interview mit Stoll: 'Das Internet wird uns noch weiter verblöden.'

Kommt im Originalfile das Zeichen X nie vor, so kann mit dieser Vorschrift auch eindeutig dekomprimiert werden. Es muß nun überlegt werden, wie der Fall zu behandeln ist, daß das File den Marker X als Zeichen aufweist. Eine Lösung besteht darin, unabhängig von der Länge n einer solchen Sequenz X n X zu schreiben, was allerdings für n ≤ 2 zu einer lokalen Verlängerung des Files führt. (Man wählt daher ein seltenes Zeichen als Marker, z.B. { = Byte 123.) Ein derart komprimiertes File ist immer noch eindeutig zu dekomprimieren.

In Bildfiles z.B. gibt es auch sehr lange Sequenzen mit n > 255: Diese müssen mit zwei oder noch mehr Dreierschlüsseln abgelegt werden, da ja alle Zeichen als Bytes interpretiert werden, eine Zahl > 255 also falsch decodiert würde.

Ob der folgende Komprimierer einwandfrei arbeitet, ist leicht zu testen: Ein damit komprimiertes und danach wieder dekomprimiertes File des Typs *.EXE muß als Maschinenprogramm einwandfrei arbeiten, irgendein Bild *.BMP wieder „das alte Bild" ergeben ...

```
PROGRAM filekomp ;                        (* file.exe >>> file.kkk >>> file.exe *)
USES crt ;

VAR        feld : ARRAY [1 .. 255] OF byte ;
          ein, aus : FILE OF byte ;
         i, n, final, mk  : byte ;        a, b, d : byte ;
     nameein, nameaus : String [12] ;
           wo, wohin : longint ;
                c : char ;

PROCEDURE komp ;
BEGIN
clrscr ;
write ('Welches Binärfile komprimieren? ') ;  readln (nameein) ;
write ('Wie soll das Ergebnis heißen?  ') ;  readln (nameaus) ;
assign (ein, nameein) ;  reset (ein) ;
assign (aus, nameaus) ;  rewrite (aus) ;
final := 0 ; wo := 0; wohin := 0 ;
writeln ;  writeln ('Gelesen ... ') ;
REPEAT
   WHILE NOT eof (ein) AND (final < 255) DO
   BEGIN
   final := final + 1 ;  wo := wo + 1;
   read (ein, feld [final])
   END ;
   gotoxy (15, 5) ;  clreol ;  gotoxy (15, 5) ;  write (wo) ;
   n := 1 ;
   WHILE (feld [1] = feld [n + 1]) AND (n < final) DO n := n + 1 ;
   IF feld [1] = mk THEN BEGIN
                    write (aus, mk) ;
                    write (aus, n) ;  write (aus, mk) ;  wohin := wohin + 3
                    END
                ELSE BEGIN
```

```
                    IF n > 3 THEN BEGIN
                      write (aus, mk) ;  write (aus, n) ;  write (aus, feld [1]) ;
                      wohin := wohin + 3
                                    END
                             ELSE BEGIN
                                    FOR i := 1 TO n DO write (aus, feld [1]) ;
                                    wohin := wohin + n
                                    END
                    END ;
        gotoxy (15, 6) ;  clreol ;  gotoxy (15, 6) ;  write (wohin) ;
        FOR i := 1 TO final - n DO feld [i] := feld [n+i] ;
        final := final - n
  UNTIL eof (ein) AND (final = 0)
  END ;


  PROCEDURE dekomp ;
  BEGIN
  write ('Welches File dekomprimieren?  ') ; readln (nameein) ;
  write ('Wie soll das Ergebnis heißen? ') ; readln (nameaus) ;
  assign (ein, nameein) ;  reset (ein) ;
  assign (aus, nameaus) ;  rewrite (aus) ;
  REPEAT
      read (ein, a) ;
      IF a <> mk THEN write (aus, a)
                 ELSE BEGIN
                       read (ein, b) ;  read (ein, d) ;
                       FOR i := 1 TO b DO write (aus, d)
                       END
  UNTIL eof (ein)
  END ;
  BEGIN                          (* -------------------------------------------- *)
  clrscr ; mk = 123 ;                     (* { kommt sehr selten vor *)
  writeln ('File(de)komprimierer ... ') ;
  write   ('K)omprimieren oder D)ekomprimieren? ') ; readln (c) ;
  c := upcase (c) ;
  IF c = 'K' THEN komp ;
  IF c = 'D' THEN dekomp ;
  close (ein) ;  close (aus) ;
  writeln ;  writeln ('File (de)komprimiert . .. ') ;
  readln
  END .                          (* -------------------------------------------- *)
```

Während Maschinenprogramme mit dieser Methode nur geringfügig komprimiert werden (um 10 %), ist der Effekt bei Bildfiles mit oft mehr als 50 % beträchtlich. Im Extremfall (d.h. eine einfarbige Fläche) wird ein VGA-Bild (156 KB) auf 2 KB (= 156 : 255 * 3) komprimiert. - Das Handling kann natürlich noch verbessert werden, etwa im Blick auf eine Abfrage, ob die behandelten Files schon existieren usw. Auch wäre die Bearbeitung einer kompletten Disk über die Directories wünschenswert. - Eine professionelle Lösung aus dem Praktikum (von Hartmut Beckmann, München 1996) mit einem sog. Archiv-File wird auf Disk mitgeliefert.

Die folgende, ebenfalls aus dem Praktikum stammende Lösung ist bereits in dieser Richtung ausgebaut: Das Programm ist kommandozeilenorientiert, aus der IDE heraus also nur mit der Option *Programmparameter* unter *Start* voll lauffähig: Ein Aufruf unter DOS lautet z.B. ZIPPER BILD.VGA <Return> . Als Marker wird chr (155) eingesetzt.

```pascal
PROGRAM zipper ;                              (* von Simon Drexl, IF072A, SS 1996 *)
USES dos, crt, graph ;

VAR i, ii, iii                   : longint ;
    x, y, treiber, mode          : integer ;
    a, b, taste, zeichen, marker : char ;
    quelle, ziel                 : file of char ;
    quell_datei, ziel_datei      : string [12] ;
    options                      : string ;
    feld                         : array [0 .. 255] of longint ;
    dirinfo                      : searchrec ;
    warnung, skip, zip_datei     : boolean ;

PROCEDURE quell_datei_oeffnen ;
BEGIN
assign (quelle, quell_datei) ; {$I-} reset (quelle); {$I+}
IF ioresult <> 0 THEN BEGIN
    writeln ('Quelldatei nicht gefunden.') ;
    sound (100); delay (500); nosound; halt
                END
            ELSE BEGIN
                   writeln ('Quelldatei " ', quell_datei,' " gefunden. ') ;
                   x := wherex ; y := wherey
                END
END ;
PROCEDURE ziel_datei_oeffnen ;
BEGIN
assign (ziel, ziel_datei) ; {$I-} reset (ziel); {$I+}
IF ioresult <> 0  THEN rewrite (ziel)
  ELSE BEGIN
       IF warnung THEN
           BEGIN                                (* Warnung vor Überschreiben an *)
           write   ('Zieldatei  " ', ziel_datei,' " existiert bereits,') ;
           writeln ( ' Datei(en) überschreiben? J/N :') ;
           REPEAT
               taste := readkey; taste := upcase (taste)
           UNTIL (taste = 'J') OR (taste = 'N') ;
           writeln ;
           IF taste = 'N' THEN halt ;           (* weitermachen oder beenden *)
           rewrite (ziel)                       (* Datei neu anlegen *)
           END
       END ;
warnung := false ;                              (* Warnung vor Überschreiben aus *)
x := wherex ;  y := wherey                      (* Position für Ausgabe merken *)
END ;
```

```
PROCEDURE datei_komprimieren ;
BEGIN
quell_datei := dirinfo.name ;                    (* Hole Quelldateiname aus Record *)
ziel_datei  := paramstr (2) ;                    (* Hole Zieldateiname aus Parameter *)
FOR i := 1 TO length (ziel_datei) DO             (* Upcasefkt. für Zieldateiname  *)
     ziel_datei [i] := upcase (ziel_datei [i]) ;
IF quell_datei = ziel_datei then exit ;          (* ZIP-Datei nicht komprimieren *)
IF quell_datei = 'SDZIP.EXE' then exit ; (* Komprimierprogramm nicht kompr. *)
ziel_datei_oeffnen ; quell_datei_oeffnen ;
i := filesize (ziel) ;                           (* Ende der Zieldatei feststellen *)
seek (ziel, i) ;                                 (* Ende zum Anhängen anwählen *)
FOR i := 0 TO 12 DO                     (* ZIP-Datei-Kennung in Zieldatei schreiben *)
     write (ziel, marker) ;
FOR i := 0 TO 12 DO                        (* Quelldateiname in Zieldatei schreiben *)
     write (ziel, quell_datei [i]) ;
WHILE NOT eof (quelle) DO
   BEGIN
     i := 1 ; read (quelle, a) ; b := a ;              (* lese erstes Zeichen in a *)
     WHILE NOT eof (quelle) AND (a = b)  AND (i <= 255) DO
         BEGIN
         inc (i) ; read (quelle, b)      (* lese zweites Zeichen auf b solange a = b *)
         END ;
     dec (i) ;                                          (* Zähler korrigieren *)
     IF (i <= 3) AND NOT (a = marker)        (* Zähler < 3 und keine Komp-Zeichen *)
        THEN BEGIN
             seek (quelle, filepos (quelle) - i) ;      (* Dateizeiger korrigieren *)
             write (ziel, a)                         (* Schreibe Quelle sofort ins Ziel *)
             END ;
     IF (i = 155) AND (a = marker)          (* da sonst auf "øøø" komprimiert wird *)
        THEN BEGIN                             (* und somit als neuer Dateianfang *)
             writeln ;  writeln ;
             writeln ('Datei "', quell_datei, '" läßt sich nicht komprimieren') ;
             sound (100) ;  delay (500) ; nosound ; halt ;  halt
             END ;
     IF (i > 3) OR (a = marker)               (* Zähler > 3 oder Kompr.- Zeichen  *)
        THEN BEGIN
             seek (quelle, filepos (quelle) - 1) ;      (* Dateizeiger korrigieren *)
             write (ziel, marker) ;          (* schreibe Komprimierungs-Zeichen *)
             zeichen := chr (i) ;            (* Umwandlung Zähler zum Schreiben *)
             write (ziel, zeichen) ;  write (ziel, a)        (* Anzahl / Buchstaben *)
             END ;
     gotoxy (x, y) ;
     write ('Von Gesamtgröße ', dirinfo.size, ' Byte ', filepos (quelle),
             ' Byte gelesen, und in ', filepos (ziel), ' Byte gepackt') ;
     END ;
   writeln ; writeln ; close (quelle) ; close (ziel)
END ;

PROCEDURE datei_entkomprimieren;
BEGIN
quell_datei := dirinfo.name ;     (* Hole Quelldateiname aus Record  und öffne *)
quell_datei_oeffnen ; writeln ;
WHILE NOT eof (quelle) DO                                  (* bis ZIP-Dateiende *)
```

```
BEGIN
skip := false;                    (* Dateiende innerhalb ZIP-Datei nicht erreicht  *)
FOR i := 0 TO 12 DO               (* prüfen, ob richtiges ZIP-Dateiformat *)
   BEGIN
   read (quelle, zeichen) ; (* falls 13 mal das Zeichen "ø" dann ZIP-Datei   *)
   IF zeichen <> marker THEN BEGIN
      writeln ('ZIP-Datei nicht erkannt') ;  halt
                           END ;
   END ;
FOR i := 0 TO 12 DO BEGIN          (* Dateinamen der komp. Datei ermitteln *)
   read (quelle, zeichen) ; ziel_datei [i] := zeichen
                  END ;
writeln ;  writeln ('Zieldatei ', ziel_datei, ' erkannt') ;
warnung := false ;                (* Warnung für Überschreiben ausgeschaltet *)
ziel_datei_oeffnen ;
WHILE NOT (eof (quelle)) AND NOT (skip) DO  (* bis ZIP-Dateiende  *)
   BEGIN      (* oder Dateiende einer kompr. Datei innerhalb der ZIP-Datei *)
   read (quelle, a) ;
   IF (a <> marker) THEN          (* Falls kein Kompr-Z. dann unbearbeitet *)
      write (ziel, a);
   IF (a = marker) THEN           (* falls Komprimierungs-Zeichen *)
      BEGIN           (* Anzahl nach Komp.-Zeichen lesen, verwandeln ... *)
      read (quelle, a) ;  i := ord (a) ;
      read (quelle, a) ;                       (* lese Buchstabe *)
      IF (a =  marker) AND (i = 155) THEN      (* falls Buchstabenanzahl und *)
         BEGIN                    (* Buchstabe = "ø" dann setze SKIP *)
         skip := true;                       (* für innerhalb Datei erreicht *)
         seek (quelle, filepos (quelle) - 3)       (* Korrigiere Dateizeiger *)
         END
                     ELSE
         FOR ii := 1 TO i DO write (ziel, a) ;      (* schreibe Buchstabe i-mal *)
      END ;
   gotoxy (x, y) ;
   write ('Von Gesamtgröße ', dirinfo.size, ' Byte ', filepos (quelle),
             ' Byte gelesen, und in ', filepos(ziel), ' Byte entpackt')
   END ;
   close (ziel) ; (* Entkompr. einer Datei innerhalb der ZIP-Datei beendet *)
   writeln
   END ;
close (quelle) ;                            (* Entkomprimierung der ZIP-Datei beendet *)
writeln ;  writeln
END ;

PROCEDURE kommandozeile ;
BEGIN
clrscr ;
IF (paramcount < 1) OR  (paramcount > 2) OR  (paramstr(1) = '/?')
THEN BEGIN
   writeln ('Programmaufruf zum Komprimieren   : SDZIP <Datei> <ZIP-Datei>') ;
   writeln ('Programmaufruf zum Entkomprimieren: SDZIP        <ZIP-Datei>') ;
   writeln ;  writeln ('Wildcards "*.*" sind bei <Datei> möglich.') ;
   halt
   END
```

```
ELSE BEGIN
    IF quell_datei = ziel_datei THEN exit ;          (* falls Dateiname doppelt *)
    findfirst (paramstr (1), archive, dirinfo) ;     (* schreibe Quelldatei in Record*)
    IF doserror <> 0 THEN BEGIN
                            writeln ('Quelldatei nicht gefunden') ;
                            sound (100) ; delay (500) ;
                            nosound ;
                            halt
                            END ;
    IF paramcount = 1 THEN datei_entkomprimieren ;
    IF paramcount = 2 THEN                           (* Zwei Dateien angegeben *)
        WHILE doserror = 0 DO                        (* Quelldatei vorhanden *)
        BEGIN
        datei_komprimieren ;
        findnext (dirinfo)
        END ;
writeln ; writeln ('Mit "ESC" verlassen')
        END
END ;


PROCEDURE tastatur ;
BEGIN   REPEAT   taste := ReadKey  UNTIL taste = #27   END ;

BEGIN                               (* -------------------------------------------- *)
marker  := 'ø' ;                              (* Komprimierungs-Zeichen *)
warnung := true ;                             (* Warnung vor Überschreiben ein *)
skip  := false ;                  (* Dateiendekennung innerhalb der ZIP-Datei aus *)
kommandozeile ;                               (* Kommandozeile auswerten *)
tastatur                                      (* Tastatureingaben festlegen *)
END .                               (* -------------------------------------------- *)
```

Einen noch besseren Effekt erzielt man, wenn der Komprimierer aus dem vorliegenden File zunächst ein Zeichen mit möglichst geringem Vorkommen ermittelt, dieses als Marker verwendet und dem komprimierten File z.B. als erstes Zeichen zum Entschlüsseln voranstellt. In diesem Header könnte auch der alte Name des Files untergebracht und beim Dekomprimieren wieder restauriert werden. - Die weiter vorne zitierte Lösung geht in dieser Weise vor.

Übliche umgangssprachliche Texte aus Textverarbeitungen können von beiden Programmen offensichtlich nicht wesentlich komprimiert werden: Denn häufige Zeichenwiederholungen sind kein Charakteristikum solcher Texte, von Blanks einmal abgesehen. Dagegen können Listings aus Programmiersprachen mit relativ wenigen Sprachbausteinen durchaus effizient verdichtet werden: Für immer wieder auftretende reservierte Wörter und Standardbezeichner führt man Abkürzungen ein. Die entsprechende Vergleichsliste im folgenden Programm ist erweiterbar. Man beachte, daß einheitliche Schreibweisen groß / klein der Wörter vorausgesetzt werden.

```pascal
PROGRAM daten_de_kompressor ;
USES crt ;                          (* Verkürzt Pascal-Quelltexte um ca. 30 Prozent. *)
            (* Komprimieren von *.PAS-Files zu *.KPR, dek. ----> *.DKP = *.PAS *)
                        (* Mit Directory-Routine für ganze Disketten ausbaubar ... *)
CONST  liste = 80 ;
exch : ARRAY [1..liste, 1..2] OF string [12] =

    ( ('readln',      "a'),    ('read',        "b'),    ('writeln',      "c'),
      ('write',       "d'),    ('append',      "e'),    ('assign',       "f'),
      ('blockread',   "g'),    ('blockwrite',  "h'),    ('chain',        "i'),
      ('close',       "j'),    ('erase',       "k'),    ('execute',      "l'),
      ('rename',      "m'),    ('reset',       "n'),    ('rewrite',      "o'),
      ('seek',        "p'),    ('dispose',     "q'),    ('freemem',      "r'),
      ('getmem',      "s'),    ('mark',        "t'),    ('release',      "u'),
      ('maxavail',    "v'),    ('memavail',    "w'),    ('crtexit',      "x'),
      ('crtinit',     "y'),    ('clreol',      "z'),    ('clrscr',       "A'),
      ('delline',     "B'),    ('gotoxy',      "C'),    ('insline',      "D'),
      ('lowvideo',    "E'),    ('normvideo',   "F'),    ('wherex',       "G'),
      ('wherey',      "H'),    ('chdir',       "I'),    ('getdir',       "J'),
      ('mkdir',       "K'),    ('msdos',       "L'),    ('delay',        "M'),
      ('fillchar',    "N'),    ('halt',        "O'),    ('move',         "P'),
      ('randomize',   "Q'),    ('rmdir',       "R'),
      ('ARRAY',       "S'),    ('BEGIN',       "T'),    ('CASE',         "U'),
      ('CONST',       "V'),    ('DOWNTO',      "W'),    ('ELSE',         "X'),
      ('FILE',        "Y'),    ('FORWARD',     "Z'),    ('END',          "0'),
      ('FUNCTION',    "1'),    ('GOTO',        "2'),    ('LABEL',        "3'),
      ('PROCEDURE',   "4'),    ('PACKED',      "5'),    ('PROGRAM',      "6'),
      ('RECORD',      "7'),    ('REPEAT',      "8'),    ('THEN',         "9'),
      ('TYPE',        "!'),    ('UNTIL',       "'),     ('WHILE',        "$'),
      ('WITH',        "%'),    ('external',    "&'),    ('        ',      "Ó'),
      ('        ',    "ß'),    ('        ',    "Ô'),    ('        ',      "Ò'),
      ('integer',    '°ü'),    ('boolean',    '°ä'),    ('char',        '°~'),
      ('USES',       '°ö'),    ('string',     '°é'),    ('gotoxy',      '°Ü'),
      ('FOR',        '°#'),    ('real',       '°<'),    ('VAR',         '°>')   ) ;
                        (* Liste kann modifiziert bzw. verlängert werden ... *)
TYPE stringtyp =  string [20] ;
VAR       test : integer ;
          lies : string [255] ;
          i, d : integer ;
          was : char ;
      quelle, ziel : text ;
      zielname, quellname : string [12] ;
BEGIN                                (* -------------------------------------------- *)
clrscr ;
gotoxy (10,  9) ;   write ('*.PAS ----> *.KPR ----> *.DKP = *.PAS') ;
gotoxy (10, 10) ;   write ('Komprimieren oder Dekomprimieren (K/D) ') ;
readln (was) ; was := upcase (was) ;
gotoxy (10, 12) ; write ('Quellfile eingeben : ') ;
readln (quellname) ;
IF was = 'K' THEN
      zielname := copy (quellname, 1, pos (#46, quellname) - 1) + '.kpr'
            ELSE
      zielname := copy (quellname,1,pos(#46, quellname) -1 ) + '.dkp' ;
```

```
assign (quelle, quellname) ;  {$i-} reset (quelle) ; {$i+}
IF ioresult <> 0 THEN BEGIN
                        writeln (' Kein File ...') ;
                        halt
                        END ;
assign (ziel, zielname) ; rewrite (ziel) ;
writeln ; writeln ;
IF was = 'K' THEN d := 1 ELSE d := 2 ;
WHILE NOT eof (quelle) DO
        BEGIN
        readln (quelle, lies) ;
        writeln (lies) ;
        FOR i := 1 TO liste DO BEGIN
            REPEAT
                test := pos (exch [i, d], lies) ;
                IF test <> 0 THEN BEGIN
                            delete (lies, test, length (exch [i, d])) ;
                            insert (exch [i, 3 - d], lies, test)
                            END
            UNTIL test = 0
                        END ;
        {$i-}  writeln (ziel, lies) ; {$i+}
        IF ioresult <> 0 THEN writeln ('Stop : Fehler beim Handling! ')
        END ;
close (ziel) ; close (quelle)
END .                        (* ------------------------------------------- *)
```

Eine praktisch interessante Aufgabe besteht darin, irgendein Maschinenfile so zu verändern, daß es nach Auslieferung nur mit einem persönlichen **Codewort** benutzt werden kann. Das frei wählbare Wort wird beim ersten Start des Benutzers erfragt und dann im Maschinenfile festgeschrieben, d.h. installiert. In Zukunft kann das (noch kopierfähige) Programm dann nur mit diesem Code gestartet werden, ist also ohne dessen Kenntnis praktisch wertlos.

Im nachfolgenden Listing dient dazu die Prozedur Codierung, die dem eigentlichen Programmbeispiel - das ist die Schleife in der vorletzten Zeile des Listings - vorangestellt wird. Die Prozedur Codierung hat nur lokale Variable und kann daher in jedes andere zu schützende Programm vor dem Compilieren direkt übernommen werden.

Sie nutzt aus, daß jedes MC-File unter DOS am Ende etliche Bytes aufweist, die ohne Einbuße der Startfähigkeit nachträglich überschrieben werden können, also für Zusatzinformationen zum Programm selber herangezogen werden können. Für den Fall, daß diese Bytes nicht ausreichen, läßt sich der Code durch geringfügige Änderungen im Quellprogramm (z. B. bei Klartexten o. dgl.) vor dem endgültigen Compilieren experimentell leicht so verändern, daß die Anzahl der freien Bytes etwas größer wird.

```pascal
PROGRAM code_start ;
USES crt ;
VAR i : integer ;                                        (* für Testprogramm *)

PROCEDURE codierung ;
VAR     data : file OF byte ;
            c : byte ;
            z : char ;
            n : longint ;
  wort, code : string [10] ;
            w : integer ;

    PROCEDURE neucode ;                                 (* Code (neu) eingeben *)
    BEGIN
    code := '' ;
    seek (data, n - 10) ;
    write ('(Neuen) Code eingeben >>> ') ;
    REPEAT
        z := readkey ;  write (z) ;  c := ord (z) ;
        IF c <> 13 THEN BEGIN   (* <> RETURN *)
                            code := code + z;
                            write (data, c)
                            END
    UNTIL c = 13 ;
    writeln ;  writeln ('Neuer Code : ', code) ; delay (2000) ;
    clrscr
    END ;

BEGIN
assign (data, 'CODE.EXE') ; reset (data) ;   (* Name, hier CODE.EXE,  beachten *)
n := filesize (data) ; code := '' ;
seek (data, n - 10) ; read (data, c) ;
IF c <> 0 THEN BEGIN (* Code gespeichert, auslesen *)
                code := chr (c) ;
                REPEAT
                    read (data, c) ;
                    IF c <> 0 THEN code := code + chr (c)
                UNTIL c = 0 ;
                w := 0 ;
                REPEAT
                    wort := '' ;  gotoxy (10, 10) ; clreol ;
                    REPEAT
                        z := readkey ;  write ('*') ;
                        IF ord (z) <> 13 THEN wort := wort + z ;
                    UNTIL ord (z) = 13 ;
                    w := w + 1 ;  clrscr ;
                UNTIL (w = 3) OR (wort = code) ;
                IF wort <> code THEN BEGIN
                                        close (data) ; halt
                                        END ;
                write ('Neuer Code erwünscht ... ? ') ;
                z := upcase (readkey) ;
```

```
            IF z = 'J' THEN BEGIN
                          neucode;
                          c := 0;
                          FOR i := 1 TO 10 - length (code)
                                     DO write (data, c);
                          END ;
                  writeln
                  END  (* OF if c <> 0 ... *)
              ELSE neucode ;
        close (data)
        END ;

BEGIN                                       (* -------------------- Test : main *)
clrscr ;
codierung ;
FOR i := 1 TO 10 DO writeln (i, ' ', i * i) ;          (* Testprogramm *)
END .                                       (* ----------------------------------- *)
```

Die Codierung wird wie gesagt zu Ende des Maschinenfiles abgelegt. Kennt man das Verfahren, so kann mit dem Hexdump-Programm (S. 79) das Maschinenfile gelesen und das Codewort leicht ausfindig gemacht werden. Um das Programm gegen solche Angriffe zu sichern, führt man besser eine Stringvariable

geheim := '0123456789' ;

z.B. der Länge 10 ein, die *irgendwo ins Programm* gesetzt wird, aber nie auf dessen Oberfläche auftaucht, also eigentlich überflüssig ist. Im vorläufig compilierten File *.EXE sucht man mit dem Hexdump-Programm deren genaue Lage n (die man über die 10 vorläufigen Zeichen leicht findet), trägt die Nummer vor dem endgültigen Compilieren in das Listing anstelle der Zeile n := filesize (data) ; ein und ersetzt seek (data, n - 10) ; durch seek (data, n) .

Unter Laufzeit des ersten Laufs wie hier wird dann jeweils der gewünschte Code eingetragen und auf die Länge 10 mit Nullen 0000... aufgefüllt. Suchen dieses Eintrags mit einem Hexdump-Programm ist fast aussichtslos, denn im fertigen MC-Code ist eine überflüssige Variable nur schwer auszumachen!

Wegen der „selbstzugreifenden" Zeile assign (data, 'CODE.EXE') ; ist übrigens zu beachten, daß irgendeine Kopie des Programms mit anderem Namen nicht mehr lauffähig ist!

Solche und ähnliche Manipulationen fertiger Maschinenprogramme von der Hochsprachenebene aus sind ein in jeder Hinsicht interessantes Thema (bis hin zur Konstruktion Viren-ähnlicher Programme, s. [M]).

Hierzu noch ein für die Praxis interessantes Beispiel:

Fertige Grafik-Software beinhaltet oft Programme, mit denen ein isoliert vorliegendes Bildfile (z.B. *.BMP aus Paint unter WINDOWS) zu einem „Selbstläufer" erweitert und dann durch Direktaufruf angezeigt werden kann. Der nachfolgende Quelltext gestattet dies für alle *.VGA-Bilder mit der Filelänge 153.600 Byte aus Turbo.

Das fertige Programm kopiert unter Auswechseln des Programmnamens (der ganz am Anfang zu finden ist) an sein Ende das gewünschte Bildfile und hat dann nach Start unter dem Namen des Bildfiles wegen der neuen Länge eine andere Ablaufsystematik.

Das compilierte Programm darf nicht aus der IDE heraus gestartet werden, nur direkt unter DOS. Da der Grafiktreiber EGAVGA.BGI eingebunden ist, wird er nicht mehr benötigt. Programm und Bildfile *.VGA müssen am selben Laufwerk vorhanden sein. In der vorliegenden Fassung ist das Programm auf die IDE von TURBO 6.0 eingestellt, für TURBO 7.0 folgen Anmerkungen nach dem Listing.

```
PROGRAM bildexec ;                    (* Verwandelt *.VGA-Bilder in *.EXE-Files *)
USES crt, graph ;

CONST  bufsize = 2048 ;                      (* Vielfaches von 128 = Sektorlänge *)
VAR        mode, driver, i : integer ;
           saved, written : word ;
                  n : longint ;
              egabase : byte absolute $A000:00 ;
                puffer : ARRAY [1 .. bufsize] OF byte ;
urdatei, neudatei, bilddatei : FILE ;
              kopie : FILE OF byte ;
                I, a : byte ;
                c : char ;
        name, bild, bildfile : string [12] ;

PROCEDURE treiber ; external ;                (* Name via BINOBJ.EXE *)
(*$L egavga.obj *)
(* Auf Disk als EGAVGA.666 bzw. *.777, je nach TURBO erst umtaufen *)


BEGIN                              (* -------------------------------------------------- *)
name := 'BILDEXEC' ;   (* Dieser Name wird unter Laufzeit im MC-Code
                          später gegen den Namen des Bildfiles ausgewechselt. *)
name := name + '.EXE' ;
assign (urdatei, name) ;  reset (urdatei) ;

(* Achtung: Beim Typ FILE Längenangabe in Vielfachen von 128 (Sektoren)! *)
IF 128 * filesize (urdatei) > 30000 THEN
    BEGIN                                     (* Ablauf als Bildfile *)
    driver := detect;
    IF RegisterBGIDriver(@treiber) < 0 THEN Halt ;        (* Einbinden *)
    initgraph (driver, mode, '') ;
```

```
n := 0 ;                                          (* Position des Bildbeginns *)
n := filesize (urdatei) - 153600 DIV 128 ;                    (* Typ File !!! *)
(* Ein Bild muß in einem Sektor beginnen, daher Filelänge n so
                              einrichten, daß 128 ein Teiler von n ist ! *)
seek (urdatei, n) ;
FOR i := 0 TO 3 DO BEGIN                              (* VGA-Bild laden *)
     port [$03C4] := $02 ;  port [$03C5] := 1 SHL i ;
     blockread (urdatei, egabase, 300, saved)
                   END ;
close (urdatei) ;
c := readkey ;
closegraph
END

                            ELSE

BEGIN                  (* einmaliger Ablauf als kurzes Generierungsfile *)
reset (urdatei, 1) ;                  (* Einteilung in Sektoren zu 128 Byte *)
clrscr ;
writeln ('Automatische Bildkonvertierung *.VGA in *.EXE ...') ;
write ('Welches VGA-Bild (Angabe ohne Extension *.VGA) konvertieren? ') ;
readln (bild) ;
bildfile := bild + '.EXE' ;
assign (neudatei, bildfile) ;
rewrite (neudatei, 1) ;                      (* In Vielfachen von 128 schreiben! *)
REPEAT
     blockread  (urdatei, puffer, bufsize, saved) ;
     blockwrite (neudatei, puffer, saved, written)
UNTIL (saved = 0) OR (saved <> written) ;
close (urdatei) ;

bild := bild + '.VGA' ;
assign (bilddatei, bild) ;
reset (bilddatei, 1) ;
REPEAT                                          (* VGA-Bild anhängen *)
     blockread  (bilddatei, puffer, bufsize, saved) ;
     blockwrite (neudatei, puffer, saved, written)
UNTIL (saved = 0) OR (saved <> written) ;
close (bilddatei) ;
close (neudatei) ;

                                  (* Mit neuem Typ lesen/schreiben *)
assign (kopie, bildfile) ;            (* und im MC-Code Name auswechseln *)
reset (kopie) ;
l := length (bildfile) - 4 ; i := 624 ;
seek (kopie, i) ;                    (* Turbo 6.0 i := 624; Turbo 7.0 i := 640 *)
write (kopie, l) ;              (* Länge des Namens, dann Name selber *)
FOR i := 1 TO l DO BEGIN
               a := ord (bildfile [i]) ;  write (kopie, a)
                   END ;
close (kopie)
END
END .                    (* ------------------------------------------------- *)
```

Methodisch hat dieses Programm durchaus Ähnlichkeit mit einem Virus. Das Arbeitsprinzip ist folgendes:

Wird Bildexec gestartet, so geht das Programm wegen der ziemlich kurzen Filelänge 26.240 Byte sogleich in den zweiten Programmteil: Es fragt nach einem Bildfile BILD.VGA (Test z.B. mit ANGKOR.VGA) und kopiert sich dann selber auf ein File BILD.EXE (also z.B. ANGKOR.EXE), dem es anschließend das eigentliche Bild anhängt. Ganz zuletzt wird dann am Anfang des neuen Files auf name := '.....' ; im Maschinencode BILDEXEC gegen BILD (hier also ANGKOR) ausgewechselt, dies positionsgenau ab Position 624 unter TURBO 6.0. - Erst wird die Länge des neuen Namens einkopiert (von 8 bei BILDEXEC auf z.B. 6 für ANGKOR zurückstellen), dann der neue Name.

Dabei ist zu beachten, daß die Funktion filesize beim unspezifizierten Filetyp FILE nicht dessen exakte Länge zurückgibt, sondern nur die besetzten Sektoren (zu je 128 Byte)! Dies zeigt der folgende Test:

```
PROGRAM laenge_eines_files_je_nach_typ ;
USES crt ;
VAR   datei_als : FILE ;     oder_aber : FILE OF byte ;
         BEGIN
assign (datei_als, 'BILDEXEC.EXE') ;  reset (datei_als) ;
writeln (filesize (datei_als)) ;
close (datei_als) ;
assign (oder_aber, 'BILDEXEC.EXE') ;  reset (oder_aber) ;
writeln (filesize (oder_aber)) ;
close (oder_aber) ; (* readln *)
END .
```

Filesize meldet bei Bildexec als untypisierte Datei FILE die Anzahl der belegten Sektoren mit $a = 205$, im Falle FILE OF Byte die Länge $n = 26\ 240 = 205 * 128$, was höchstens $a * 128$ wird ...

Bildexec selber bleibt für die nächste Anwendung natürlich unverändert. Das neue File ANGKOR.EXE kann jetzt unter DOS direkt gestartet werden. Es erkennt zunächst sich selbst, d.h. kann auf sein eigenes File auf der Peripherie zugreifen und findet, daß es weit länger geworden ist! Damit wird jetzt nur mehr der erste Teil des Programms ausgeführt, das Vorzeigen des Bildfiles ANGKOR, das am Ende der MC-Datei angehängt ist.

Damit der Bildanfang genau gefunden wird, muß der eigentliche MC-Code eine Länge haben, die durch 128 ohne Rest teilbar ist. Denn filesize arbeitet bei untypisierten Dateien eben nur sektorweise, und damit auch blockread (wie blockwrite) zum Einlesen des Bildes. Stimmt dies nicht, wird das Bild verschoben dargestellt.

Diese Längenbedingung ist bei der ursprünglichen Konzeption von BILDEXEC dadurch berücksichtigt worden, daß z.B. der Abfragetext am Anfang des Programms so geringfügig verlängert oder verkürzt wird, bis sich beim Compilieren unter TURBO 6.0 **exakt (!)** eine durch 128 teilbare Filelänge ergibt.

Anschließend wurde mit einem Hexdump-Programm die Position i := 624 zum Überschreiben gesucht und endgültig eingetragen, ehe das finale Compilat erstellt wird. Wenn Sie das File unter TURBO 7.0 compilieren wollen (das ergibt eine größere Länge in Byte), müssen Sie solange kleine Textänderungen vornehmen, bis sich wiederum eine durch 128 teilbare Länge des MC-Code ergibt, und dann die **Position i** suchen und eintragen (s.u.). Sie finden diese in der Hexaform

      08 / 42 49 4C 44 45 58 45 43 / 04 2E ... ,
      d.h. Länge 8 / B I L D E X E C / ....

am Anfang des MC. Der Wert i = 624 (Position von 08) unter TURBO 6.0 ergibt sich im Beispiel per Hexdump aus der Rechnung $(2 * 16 + 7) * 16$, zwei Blöcke des Headers mit je 16 Zeilen, dazu noch 7 Zeilen, alle jeweils mit 16 Werten. Länge 08 und Text / ... / werden unter Laufzeit überschrieben.

Das Programm nützt wiederum eine Schwäche von DOS aus:

Ein Maschinenprogramm der Ursprungslänge L bleibt lauffähig, wenn sein File nach dem DOS-Endesignal beliebig verlängert wird, hier durch ein Bildfile ANGKOR.VGA, das vom vorne stehenden MC ausgeführt werden kann. Im Header des Programms bleibt die eigentlich auszuführende Programmlänge L unter DOS erhalten, aber in der Directory wird die gesamte neue Länge eingetragen; Beispiel:

      File BILDEXEC.EXE, Directory :   Länge L = 26.240 (unter TURBO 6.0)

      Header   MC-Code beginnt mit ...
      - L ------   08 BILDEXEC ------------ Ende

anwenden auf ANGKOR.VGA mit der Länge 153.600. Die Eingabe erfolgt ohne *.VGA. Nach Ausführung von BILDEXEC ergibt sich das viel längere File ...

      File ANGKOR.EXE, Directory: Länge N = L + 153.600 = 179.840

      Header   MC-Code beginnt mit ...
      - L ------   06 ANGKOREC ---------- Ende VGA-Bild ---------------------------------

Ausgeführt wird immer noch das File bis Ende, aber es greift über den Namenseintrag ANGKOR ohne die Folgezeichen EC aus dem überschriebenen BILDEXEC wegen der Information 06 statt 08 auf das File hinter Ende punktgenau zu ... Das ist der Trick!

Bildexec benutzt statt des externen Treibers EGAVGA.BGI das eingebundene Objektfile EGAVGA.OBJ, das Sie je nach TURBO-Version als EGAVGA.666 oder EGAVGA.777 auf der Disk *) vorfinden und nur einmal beim Compilieren benötigen. Je nach Compiler-Version taufen Sie das eine oder andere vor dem Compilieren erst in EGAVGA.OBJ um.

Wenn Sie unter **TURBO 7.**0 compilieren:

Verkürzen Sie die beiden Anzeigetexte im Programm auf

```
writeln  ('Bildkonverter *.VGA zu *.EXE ... ') ;
write    ('Welches VGA-Bild (ohne *.VGA) ? ') ; ...
```

Beim Compilieren mit EGAVGA.777, umgetauft zu *.OBJ, ergibt sich jetzt die Filelänge 27.264, die wieder durch 128 teilbar ist. Für i findet man mit einem Hexdump des Compilats unter TURBO 7.0 den Wert 640 ... Das Exe-File des Bildes wird also etwas länger. Die i-Position ließe sich übrigens auch versionsunabhängig aus dem Programmheader auslesen, denn der Anfang des MC-Codes ist dort vermerkt.

Die Wirkung des Programms BILDEXEC.EXE ist natürlich von der TURBO-Version unabhängig.

Auf der Disk finden Sie eine sehr elegante, aber für dieses Buch zu umfangreiche Lösung derselben Aufgabe von Hartmut Beckmann (München), die mehrere Bildfiles gleichzeitig anhängen kann und dabei sogar noch erheblich komprimiert! Erst beim Start werden die einzelnen Bilder entzerrt und dann wie im Kino vorgeführt. Diese Lösung hat schon eine gewisse Ähnlichkeit mit dem Vorführen von komprimierten Video-Bildfiles unter Windows.

Unser oben entwickeltes Programm wechselt seinen Namen im MC aus; die folgende, deutlich kürzere Lösung derselben Aufgabe aus meinem Praktikum kopiert den „Vorführteil" des Programms unter neuem Namen um und hängt dann das Bildfile an, das bei diesem Vorgang bereits ein allererstes Mal angezeigt wird. Der Verfasser Jens Dietrich zeigt zugleich, wie man auf den Grafiktreiber durch Direkteinstellung mit Assemblercode verzichten kann.

Beim Compilieren seines Listings ist ebenfalls auf die TURBO Version zu achten; das Programm benutzt seine eigene File-Länge, die versionsabhängig ist und bei eventuellen Änderungen durch einen Versuch bestimmt werden muß, ehe das Programm „freigegeben" wird!

---

*) Wie Sie EGAVGA.OBJ selber erstellen, finden Sie in [M], S. 319 ff beschrieben. Auch die Handbücher von TURBO geben darüber Auskunft.

```
PROGRAM Auto_BILD_viewer ;                    (* SS 1996, IF072A, Jens Dietrich *)
USES dos ;
{ Bildbetrachter für VGA-Bilder, der die Bilddatei *.VGA an sich anfügt und als
  lauffähige EXE-Datei speichert }

VAR        Fname                   : STRING [14] ;
           BildPuffer              : ARRAY [0 .. 38400] OF BYTE;
           DateiPuffer             : ARRAY [1..2048] of BYTE ;
           Screen                  : BYTE ABSOLUTE $A000:00 ;
           i                       : INTEGER ;
     NumRead, NumWritten           : Word ;
     Bilddatei, Quelldatei, Zieldatei  : FILE ;


PROCEDURE SetVideoMode (ModeNr : Byte)   ; (*ASSEMBLER ;*)
                                   (* Initialisiert den Grafikmodus
                                      $12 = VGA 640x480 16 Farben
                                      $03 = CGA,EGA,VGA Text 80x25 *)
(* ASM
   MOV AL, ModeNr        (* Funktionsnummer nach AH *)
(* MOV AH, 00h           (* Modus ins AL-Register *)
(* INT 10h               (* BIOS-Aufruf über Interrupt 10h *)
(*END ;
(*-------------------------------------------------------------------*)

(*  Dieselbe Routine in Pascal, benötigt aber zusätzlich die Unit Dos  *)
VAR R : Registers ;
BEGIN
R.AH := 0 ;
R.AL := ModeNr ;
Intr ($10, R) ;
END ;

PROCEDURE ShowFile ;
(*     Zeigt das Bildfile an, welches hinter dem EXE.CODE liegt        *)
BEGIN
SetVideomode ($12);
Assign (BildDatei, paramStr(0));
Reset  (BildDatei,1);
Port [$03C4] := $02;
Seek (Bilddatei, 5360) ;          (* Länge von Bild.exe unter 7.0,   6.0 : nur 5040 *)
FOR i := 0 TO 3 DO BEGIN
     Port [$03C5] := 1 shl i ;
     BlockRead (Bilddatei, Bildpuffer [0], 300 * 128) ;              (* Fußnote *)
     move (BildPuffer [0], Screen, 38400) ;
                 END ;
Close (Bilddatei)
END ;
```

---

*) Auf die Variable Bildpuffer kann verzichtet werden; die beiden Anweisungen ersetzt man direkt durch Blockread (Bilddatei, Screen, 300 * 128) ; ohne move ...

```
PROCEDURE CopyFile ;
(*  Zuerst wird die Orginaldatei Bild.exe nach Bilddateiname.exe  *)
(*  kopiert und dann das Bildfile an die neue Datei angehängt      *)
BEGIN
Assign (Bilddatei, Fname);
{$I-} Reset (Bilddatei,1); {I+}
IF IORESULT = 0 THEN BEGIN
   Assign  (Quelldatei, 'bild.exe') ;  Reset   (Quelldatei,1) ;
   Assign  (Zieldatei, copy (Fname, 1, length (Fname) - 3) + 'EXE') ;
   Rewrite (Zieldatei, 1) ;
   writeln ('Copying ', FileSize (Quelldatei) + Filesize (Bilddatei), ' bytes ...') ;
   REPEAT
      BlockRead  (Quelldatei, DateiPuffer, 2048, NumRead) ;
      BlockWrite (Zieldatei, DateiPuffer, NumRead, NumWritten) ;
   UNTIL (NumRead = 0) or (NumWritten <> NumRead) ;
   Close (Quelldatei) ;
   SetVideomode ($12) ; Port [$03C4] := $02 ;
   FOR i := 0 TO 3 DO BEGIN
      Port [$03C5] := 1 shl i ;
      BlockRead (Bilddatei, BildPuffer[0], 300 * 128) ;
      move (BildPuffer [0], Screen, 38400) ;
      BlockWrite (Zieldatei, BildPuffer [0], 300 * 128) ;
                   END ;
   Close (BildDatei) ;  Close (Zieldatei)
                   END
                   ELSE write ('File not found !') ;
END ;

BEGIN                                 (* ---------------------------------- *)
Fname := paramStr (0);
IF copy(Fname,length(Fname)-7,length(Fname)) = 'BILD.EXE'
   THEN BEGIN
           write ('Bitte Filename eingeben : ') ;  readln (Fname) ;
           CopyFile ;
           END
   ELSE ShowFile ;
readln (Fname) ;  SetVideoMode (3)
END .                                 (* ---------------------------------- *)
```

Der Programmaufruf erfolgt z.B. als BILD APRASTER.VGA zum Erstellen eines lauffähigen Files, das später als APRASTER (*.EXE) gestartet wird.

Zum Anschauen von Maschinenfiles geben wir noch ein recht einfaches sog. **Hexdump**-Programm an. Ein nicht zu langes Binärfile (*.EXE, *.COM, Anfang von *.BMP u. dgl.) kann damit eingelesen und dann mit Benutzung der Pfeiltasten ↑ bzw. ↓ vorwärts und rückwärts durchmustert werden. Man könnte das folgende Listing professionell so ausbauen, daß auch ein positionsweises Überschreiben (d.h. verändern, „Patchen"), und danach wieder Abspeichern möglich wird.

```
PROGRAM hexdump ;                                           (* Abb. S. 60 *)
USES crt ;
VAR       a, b, h : byte ;          i, ende, merk : integer;
                f : FILE OF byte ; w : string [15] ;
                c : char ;          prog : ARRAY [0 .. 30000] OF byte ;

PROCEDURE einladen ;
BEGIN
clrscr ; write ('Welches Maschinenfile *.EXE ... '); readln (w) ;
assign (f, w) ; reset (f) ; ende := 0 ;
REPEAT
    read (f, prog [ende]) ; ende := ende + 1
UNTIL EOF (f) OR (ende > 30000);
close (f) ; writeln ('Filelänge von ', w, ' in Byte : ', ende)
END ;


BEGIN                                            (* ------------------------ *)
FOR i := 0 TO 30000 DO prog [i] := 0 ;  einladen ;
h := prog [9] * 10 + prog [8] ;  i := 0 ;
REPEAT
    merk := i ; window (1, 4, 7, 25) ; clrscr ;
    REPEAT
      IF i MOD 16 = 0 THEN writeln (i : 5) ;
       i := i + 1 ;  IF i = 16 * h - 1 THEN writeln
      UNTIL (i MOD 256 = 0) OR (i > ende + 256) ;

    i := merk ; window (9, 4, 57, 25) ;  clrscr ;
    REPEAT
        a := prog [i] MOD 16 ;  b := prog [i] DIV 16 ;
        IF b > 9 THEN write (chr (b + 55)) ELSE write (b) ;
        IF a > 9 THEN write (chr (a + 55)) ELSE write (a) ;
        write (' ') ;  IF i = 16 * h  - 1 THEN writeln ;
        i := i + 1 ;  IF (i + 8) MOD 16 = 0 THEN write (' ')
      UNTIL (i MOD 256 = 0) OR ( i >= ende + 257) ;

    i := merk ;  window (62, 4, 79, 25) ; clrscr ;
    REPEAT
        IF prog [i] > 14 THEN write (char (prog [i])) ELSE write (' ') ;
        IF i = 16 * h  - 1 THEN writeln ;        (* Ende Header *)
        i := i + 1 ;  IF (i + 8) MOD 16 = 0 THEN write (' ') ;
      UNTIL (i MOD 256 = 0) OR (i >= ende + 256) ;

    IF i MOD 256 = 0 THEN REPEAT
      c := readkey ;  IF keypressed THEN BEGIN
                        c := readkey ;
                        IF ord (c) = 72 THEN BEGIN
                                        IF i = 256 THEN i := 0 ;
                                        IF i > 511 THEN i := i - 512
                                        END
                                      END
                      UNTIL ord (c) IN [27, 72, 80]
  UNTIL (i >= ende + 257) OR (ord (c) = 27) ;
END .                                            (* ------------------------ *)
```

In drei Fenstern (Abb. S. 60) sehen Sie die Nummern der jeweiligen Zeilenanfänge, beginnend bei Null in 16-er Schritten, dann den entsprechenden Hexa-Ausschnitt des Files und rechts dessen „Übersetzung" in Zeichen. Damit keine unerwünschten Anzeigeeffekte auftreten, wird diese Übersetzung nur für Bytes > 13 (<Return>) durchgeführt. - Beachten Sie bei der Anzeige, daß das **erste Zeichen** als Zählung die **Position Null** aufweist.

Maschinenprogramme beginnen stets mit einem sog. Header, wobei die ersten beiden Byte 77 = $4D und 90 = $5A für M und Z stehen, die Initialen von Mark Zbikowski, einen der DOS-Entwickler.

Die Länge des Headers in Vielfachen von 16 Byte ist auf dem neunten und zehnten Byte vermerkt, was mit seek (f, 8) bzw. seek (f, 9) im Listing eingangs ausgelesen und auf h verarbeitet wird, um den eigentlichen Anfang des Maschinenprogramms dann in der Anzeige durch eine Leerzeile abzusetzen.

Jedes Maschinenprogramm endet mit einer Folge von Nullen, die einmal durch 02 unterbrochen wird. In diesem Bereich können ohne Probleme kleine Zusatzinformationen nach dem Compilieren versteckt werden, wie schon ausgenutzt. Ein File selber kann nachträglich auch durch Anhängen von weiteren Daten beliebig verlängert werden; dies haben wir eben in Bildexec.exe verwendet.

```
PROGRAM eingabe ;
USES crt ;
CONST geheim = 1234567 ;
VAR    tipp : char ;
       zahl : longint ;
   code, n : integer ;
       wort : string [10] ;

BEGIN                              (* ----------------------------------- *)
clrscr ;  n := 0 ;
REPEAT
   wort := '' ;
   gotoxy (10, 10) ; write ('Kennwort : ') ;  clreol ;
   gotoxy (21, 10) ;
   REPEAT
      tipp := readkey ;
      write ('*') ;
      IF ord (tipp) <> 13 THEN wort := wort + tipp
   UNTIL ord (tipp) = 13 ;
   val (wort, zahl, code) ;
   n := n + 1
UNTIL ((code = 0) AND (zahl = geheim)) OR (n > 2) ;
gotoxy (10, 10) ;  clreol ;
IF zahl = geheim THEN writeln ('Zahleneingabe okay ...')
                 ELSE writeln ('Kennwort falsch ...!') ;
readln
END .                              (* ----------------------------------- *)
```

Das vorstehende Listing zeigt, wie eine **Kennzahl als Code** verdeckt höchstens dreimal eingegeben werden kann. Man kann diese Routine zum Starten eines Programms benutzen. Bei einem Kennwort kann die Umwandlung in den Typ longint entfallen. Dann wird die Prozedur val (...) entbehrlich.

Diese Codierung (als Prozedur in einem Programm) kann mit dem Hexdump-Programm natürlich leicht aufgebrochen werden, da sie auf der Sprachoberfläche der Hochsprache gestaltet ist und keinerlei DOS-Tricks benutzt. Unser früheres Verfahren aus diesem Kapitel ist da weit besser ...

Da in diesem Buch - insb. im folgenden Kapitel - diverse interne Rechnerfunktionen von BIOS, DOS usw. verwendet werden, folgt hier eine kleine Übersicht öfter benötigter **Interrupts**. Die notwendige Registervariable der CPU zum Befehlstransfer wird von der Unit Dos z.B. mit VAR reg : registers; bereitgestellt. Grundmuster zum Einsatz ist stets

```
WITH reg DO BEGIN
            AH := ... ;     (* Eintragen der Werte nach CALL *)
            ...
            END ;
intr ($nn, reg) ;           (* Eintrag von CALL $nn *)
```

Danach folgt Abfragen und Verarbeiten der nach RETURN gegebenen Hinweise. Ist keinerlei Setzung von Registern erforderlich, so erfolgt der Aufruf des Interrupts direkt, anschließend eventuell die Abfrage der Rückgabewerte.

Seitenzahlen in der folgenden Liste verweisen auf Beispiele in diesem Buch.

Hardcopy der Bildschirmseite
CALL $05   Keine Übergaben, kein RETURN *)

Serielle Schnittstelle (RS 232) initialisieren   S. 146 ff
CALL $ 14   AH := $00 ; AL := $FF ;   AL setzt den Status.
             DX := $00 bzw. $01 ;   Kanal COM 1 bzw. COM 2.

Zeichen via COM 1 / 2 senden
CALL $14   AH := $01 ; AL := ord (Zeichen) ;
            DX := $00 / $01 ;   eingestellter Kanal

Zeichen via COM 1 / 2 empfangen
CALL $14   AH := $02; DX := $00 / 01;
RETURN   Byte := AL;   des gesendeten Zeichens

---

*) Aufruf also ganz direkt intr ($05 ; dummy) ; mit VAR dummy : registers ;

Parallele Schnittstelle (Centronics) initialisieren   S. 86 ff
CALL $17   AH := $01 ; DX := 0 ... 2 ;   entspricht LPT1: ... LPT3:

Zeichen via Centronics senden
CALL $17   AH := $00 ; DX := 0 ... 2 ;
              AL := ord (Zeichen) ;

Druckerstatus (Centronics) abfragen
CALL $17   AH := $02 ; DX := 0 ... 2 ;
RETURN   AH := Status mit diversen komplizierten Bitbelegungen. *)

Zeichen an den Drucker senden **)
CALL $21   AH := $05 ;   DL := ord (Zeichen) ;

Rechner neu starten (Bootstrap)
CALL $19

Maus initialisieren   S. 98 ff, S. 170
CALL $33   AH := $00 ;
RETURN   AX := $00 bzw. $FF ; Treiber fehlt bzw. installiert.
              BX := 0 ... 3 ; Anzahl der Maustasten

Mauszeiger ein- bzw. ausschalten
CALL $33   AH := $00 bzw. $02 ;   Mauszeiger ein- bzw. ausblenden.

Mausposition abfragen
CALL $33   AH := $05 ;
RETURN   posx := CX ;   kleinste Werte jeweils Null,
              posy := DX ;   größte je nach Karte (auch im Grafikmodus).
              AX := 0 ... 4 ; gedrückte Taste: 0 keine, 1 links, 2 rechts, 3 beide,
                             4 mittlere, falls vorhanden

Maus positionieren (z.B. zu Programmanfang)
CALL $33   AH := $04 ;
              CX := posx ; DX := posy ;   Auflösung der Karte beachten!

---

*) Einfacher ist die Byte-Abfrage über a := port [$379] mit einer Variablen a vom Typ Byte. Es gilt (durch Versuche feststellbar!) a = 233, alles okay; a = 135, Drucker aus; a = 71, Drucker an, aber off-line; a = 103 : kein Papier vorhanden.

**) also ohne write (zeichen) an die Standardschnittstelle (i.d.R. Centronics). Neue Zeile etc. muß programmiert werden. - Der Interrupt $21 ist ein sog. MS-DOS-Aufruf. Am Register AH wird (wie auch sonst) die passende Funktion übergeben, hier die DOS-Funktion $05, d.h. Zeichen senden.

Datum auslesen (aus dem rechnerinternen Kalender)
CALL $21   AH := $2A ;
RETURN   CX, DH, DL   liefern Jahr, Monat, Tag (insg. also das Datum).
                         AL steht für den Wochentag, 0 = Sonntag, ...
Datum setzen
CALL $21   AH := $2B ;
            CX := jahr ; DH := Monat ; DL := Tag ; *)

Zeit abfragen
CALL $21   AH := $2C ;
RETURN   CH, CL, DH liefern Stunden, Minuten und Sekunden.
            DL liefert die Hunderstelsekunden, sofern implementiert, sonst 0.
Zeit setzen
CALL $21   AH := $2D ;
            CH, CL, DH, DL wie eben
RETURN   AL := $00 bzw. $FF   Zeitsetzung übernommen bzw. wegen
                                 fehlerhafter Angabe(n) verweigert.

DOS-Versionsnummer
CALL $21   AH := $30 ;
RETURN   AL, AH, BH Haupt- und Unternummer bzw. Seriennummer

Aktives Laufwerk
CALL $21   AH := $19 ;
RETURN   Laufwerk := AL ; **)

Freier Platz am peripheren Speichermedium ***)
CALL $21   AH := $36 ; DL := 0 ... ;   0 = Default, 1 = A: , 2 = B: usw.
RETURN   AX   Sektoren pro Cluster, falls kein Laufwerk: $FFFF
            BX   freie Cluster   (BX * CX = freie Kapazität in Byte)
            CX   Byte pro Sektor (üblicherweise 512)
            DX   Cluster am Drive

---

*)   Werte dekadisch eingeben, werden intern hexadezimal verwandelt; dies gilt auch für alle sonstigen Hexa-Zahlen: Statt reg.ah := $2B ; ist ebenso reg.ah := 43 ; zulässig. Interessanter Nebeneffekt dieser Tatsache ist, daß man sich Hexazahlen $nn mit der Ausgabe writeln ($nn) ; dezimal umrechnen und ausgeben lassen kann.

**)   PROCEDURE active_drive ;   (* Uses dos im Hauptprogramm *)
      VAR reg : registers ; n : byte ;
      BEGIN
      reg.ah := $19 ; intr ($21, reg) ; (* satt intr ... kurz msdos (reg) ; *)
      write ('Aktiv ist derzeit Laufwerk ', chr (reg.al + 65), ':')
      END .

***) Falls Laufwerk AH leer, kommt Aufforderung zum Disk-Einlegen.

Hidden Files *)
CALL $21   DS := seg (name) ;
              DX := ofs (name) + 1 ;
              AX := $4301 ;
              CX := 0 bzw. 2, für Aufdecken bzw. Verstecken

Locked Files *)
CALL $21   DS := seg (name) ;
              DX := ofs (name) + 1 ;
              AX := $4301 ;
              CX := 0 bzw 1, Read/Write bzw. nur Read File

Als kleines Beispiel hier der Aufruf des Datums entsprechend S. 83 oben:

```
PROGRAM datumlesen ;
USES crt, dos ;
VAR reg : registers ;

BEGIN
clrscr ;
reg.ax := $2A00 ; intr ($21, reg) ;        (* bei $21 kürzer : msdos (reg) ; *)
write ('Heute ist ') ;
WITH reg DO BEGIN
    CASE al OF
    0 : write ('Sonntag') ;                1 : write ('Montag') ;
    2 : write ('Dienstag') ;               3 : write ('Mittwoch') ;
    4 : write ('Donnerstag') ;             5 : write ('Freitag') ;
    6 : write ('Samstag')
    END ;
    write (', der ', dl, '.') ;
    write (dh, '.', cx, '.')
    END ;
(* readln *)
END .
```

*) Hidden Files werden mit DIR nicht angezeigt; auf Locked Files kann nicht geschrieben und sie können nicht gelöscht (DEL) werden. Name ist eine Variable, die den Filenamen (u.U. mit vollständigem Pfad) enthält, also ein String. Dieser ist nach Eingabe mit name := name + chr (0) zu ergänzen. Hinter dem Eintrag 4 auf CX verbergen sich die (verdeckten) Systemfiles. Anwendungen z.B. in [M].

> Eine der großen Verheißungen der vernetzten Welt ist
> der schnelle Zugang zu gewaltigen Mengen an Information.
> Ich behaupte, daß diese bücherlose Bücherei
> ein Hirngespinst ist ... ([S], S. 257)

Dieses Kapitel enthält neben einigen DOS-hardwarebezogenen Routinen vor allem die Beschreibung eines kleinen Bausatzes für Steuerzwecke.

Wir beginnen mit einem Kurzprogramm, das den vorhandenen Prozessortyp ermittelt; es läuft erst ab Version 7.0 von TURBO. Entsprechende Abfragen werden dann benötigt, wenn - in seltenen Fällen - prozessorabhängige Routinen eingebaut werden sollen. Dies könnte aber z.B. auch dann notwendig werden, wenn irgendwelche Aktionen sehr geschwindigkeitsabhängig sind und entsprechend ausgeglichen werden sollen.

```
PROGRAM prozessor_test ;
{$N+}                                    (* schaltet 8087-Befehle ein *)
{$E+}                                 (* Linkt die Emulationsbibliothek *)
USES crt ;
VAR  x : single ;                        (* Erzwingt Coprozessorcode *)
         (* Die beiden unter TURBO 7.0 erklärten Systemvariablen test.... dürfen
            nicht deklariert werden, da sie sonst „überschrieben" sind und als
                                          normale Variable gelten. *)

BEGIN
clrscr ;                                  (* ------------------------ *)
writeln ('Pi auf 15 Stellen ...', pi) ;        (* Ausgabe im sog. extended Mode *)
x := 1 ;                               (* Erzwingt Emulation des Coprozessors *)
writeln ('und eine Zahl ....... ', x) ;
writeln ;

write ('Gefundener Prozessortyp ... ') ;
```

```
CASE test8086 OF
    0 : writeln ('8086') ;
    1 : writeln ('80286') ;
    2 : writeln ('80386 ff')
    END ;

write ('Dazu der Coprozessor   ... ') ;
CASE Test8087 OF
    0 : writeln ('nicht vorhandem') ;
    1 : writeln ('80807') ;
    2 : writeln ('80287') ;
    3 : writeln ('80387')
    END ;
readln
END .                                   (* ----------------------- *)
```

In der Unit Printer wird der Zugang zu Druckern geregelt; das geht aber auch direkt, also ohne diese Unit. Dann wird aber wegen der vordeklarierten Registervariablen die Unit Dos benötigt.

```
PROGRAM drucker_test ;
USES dos ;

FUNCTION ready : boolean ;
VAR reg : registers ;
BEGIN
reg.ah := $02 ; reg.dx := $00 ; intr ($17, reg) ;
ready := (reg.ah AND $90 = $90)
END ;

PROCEDURE print (c : char) ;
VAR reg : registers ;
BEGIN
reg.ah := $0 ;  reg.al := ord (c) ;  reg.dx := $0 ; intr ($17, reg)
END ;

VAR      c : char;
         i : integer ;
      wort : string ;

BEGIN                                      (* Demo zum Direktzugriff *)
IF ready THEN writeln ('Drucker on-line ...')
         ELSE writeln ('Drucker einschalten etc!') ;
wort := 'TEST' ;
FOR i := 1 TO length (wort) DO BEGIN
                        c := wort [i] ; write (c) ; print (c)
                        END ;
print (chr (13)) ;
(* Wagenrücklauf etc müssen eigens programmiert werden. *)
END .                              (* ----------------------------- *)
```

Unsere BOOLEsche Funktion ready ist schon false, wenn z.B. Papier fehlt. Es können noch weitere Zusatzinformationen abgefragt werden (siehe [M], S. 203).

Die sog. parallele **Centronics**-Schnittstelle, der übliche Anschluß von Druckern am PC, kann auch als Schnittstelle zum Steuern externer Geräte über ein einfaches Schaltkästchen eingesetzt werden. Zum Selbstbau nach dem skizzierten Plan benötigen Sie hauptsächlich folgende Teile, die zusammen um die 100 DM kosten:

CENTRONICS-Amphenol-Einbaubuchse (36-polig) *)	1 x
IC - Steuerbaustein 74LS04, dazu Sockel	1 x
Reed-Relais DA1-5V-D, Schließer, 5 Volt	6 x
Bananenstecker mit Einbaubuchse	12 x
Kleintrafo : 220 / 6 Volt, 150 mA	1 x
Gleichrichter : 12 V, 500 mA	1 x
Spannungsregler 7805CT : 5 V, 1 A	1 x
Elektrolytkondensator : 25 V, 100 µF	1 x

Dies alles bauen Sie nach dem folgenden Schaltplan auf einer kleinen Platine in ein Kästchen, zusammen mit einem Netzteil (oder auch 6-V-Batterie), damit der notwendige Betriebsstrom nicht aus dem Rechner „gezogen" werden muß:

Der Schaltplan beginnt links mit der Kabelbuchse und führt von dort mit sechsfacher Verzweigung über den Baustein 74LS04 zu den sechs Relais, dann weiter zu den Einbaubuchsen der Bananenstecker:

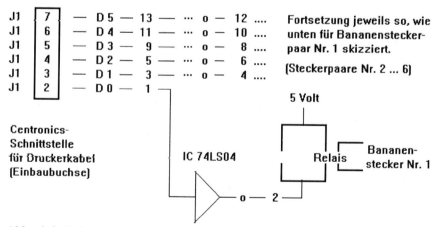

Abb.: Schaltplan zum Selbstbau der Steuereinheit

---

*) Dies ist die übliche Einbaubuchse (mit Klemmbügeln) in Druckern; das Druckerkabel kann dann zum Anschluß des Kästchens an den PC benutzt werden.

Die Komponente schaltet maximal sechs Relais (simultan oder parallel) und fragt Portzustände ab, die auf die Relais decodiert werden. Zwei weitere Relais könnten Sie sich über die Kontakte 8 und 9 der Schnittstelle in Fortsetzung der Schaltung am 74LS04 einfach realisieren. Der Modul entnimmt dem PC keinerlei Strom, so daß irgendwelche Garantieansprüche nicht gefährdet sind. Test wie Benutzung unseres Bausteins sollte dem Rechner auch bei Fehlfunktion nicht schaden; wir geben aber keine Garantie!

Zum Testen verwenden Sie das Listing der folgenden Seite. **Achtung**: Die Hardwarekomponente muß vor dem Booten des PCs angeschlossen und an die Betriebsspannung gelegt werden, damit die Ports vom Rechner erkannt werden.

Mit unserem Baustein können Sie externe Geräte wie z.B. Dia-Projektoren, Lichtquellen, Tonbandgeräte ... ein- bzw. ausschalten, d.h. programmgesteuert Aktionen auslösen. Sie werden selber bestimmte Möglichkeiten im Auge haben. Beispielsweise können Sie sich mit diesem sehr einfachen Baustein in kürzester Zeit selber eine Multivision mit bis zu sechs Projektoren realisieren, die allerdings nur weiterschalten kann. Dies ist über die Projektorfernsteuerbuchsen primitiv zu realisieren: Zwei Kontakte müssen kurzzeitig geschlossen werden; die anderen dienen meist zum Dimmen (stetigen Abdunkeln) der Projektorlampe.

In diesem Fall schreiben Sie sich ein Programm unter Benutzung der Routinen aus TESTPORT, das statt Handeingabe die gewünschten Projektornummern (bzw. deren Summe) und den Zeittakt bis zum nächsten Schritt aus einem File einliest und natürlich einen entsprechenden (einfachen) Editor zur Erstellung des Files enthalten muß ...

```
    Datensätze : (prnumsum, Wartezeit) / (prnumsum, Wartezeit) / ...
           z.B. : (19, 8000)   (* schaltet gleichzeitig 1,2,5 und wartet 8 Sekunden *)


    PROGRAM testport ;
    USES crt, dos ;
    VAR   kanal, nummer, summe : integer ;
                        x, y : integer ;
                        lpt : byte ; (* Welche Parallel-Schnittstelle ? *)
                        adr : integer ;


    BEGIN                              (* ----------------------------------- *)
    clrscr ;
    write ('Druckerport 1 ... 3 ') ; readln (lpt) ;
    CASE lpt OF
         1 : adr := $3BC ;
         2 : adr := $378 ;
         3 : adr := $278
         END ;
    writeln ('Test für Einzelkanäle ... ') ;
    writeln ('Testende mit Eingabe 0 ohne Kanalsequenz') ;
    writeln ('Sequenzende mit 0 nach Kanalsequenz') ;
```

```
writeln ;
REPEAT
    summe := 0 ;
    write ('Neue Sequenz ... Kanal (1 ... 6)    ') ;
    y := wherey ;  x := wherex ;

    REPEAT
        nummer := 0 ;    (* Jeden Kanal höchstens einmal eingeben! *)
        readln (kanal) ;
        gotoxy (x + 3, y) ;  x := x + 3 ;
        CASE kanal OF
            1 : nummer := 1 ;    (* Die Kanäle k = 1 ... 6 werden intern *)
            2 : nummer := 2 ;    (* auf die Nummern  2^(k-1)  umgesetzt. *)
            3 : nummer := 4 ;    (* Mehrere Kanäle parallel werden über  *)
            4 : nummer := 8 ;    (* die Summe ihrer Nummern aktiviert !! *)
            5 : nummer := 16 ;   (* z.B. Kanäle 1/2/5 :   nummer := 19; *)
            6 : nummer := 32
        END ;
        summe := summe + nummer
    UNTIL kanal = 0 ;            (* Sequenzende mit Kanalnummer 0 *)
writeln ;

IF summe > 0 THEN BEGIN         (* Schaltvorgang am Druckerport *)
    port [adr] := 0 ;
    port [adr] := summe ;       (* Relais zu *)
    delay (1500) ;              (* Schließzeit in Millisekunden *)
    port [adr] := 0 ;           (* Relais wieder geöffnet *)
                        END
UNTIL summe = 0 ;          (* Testende bei Eingabe 0 ohne Sequenz *)
writeln ('Testende ... ')
END .                     (* ----------------------------------- *)
```

Schließen Sie an die sechs Bananensteckerpaare z.B. kleine Glühlämpchen mit jeweiliger Stromversorgung an; zum Dauertest verwenden Sie:

```
PROGRAM langtest_druckerport ;
USES crt, dos ;
VAR                         lpt : byte ;   (* Druckerschnittstelle *)
                            portfound : boolean ;
    datreg, stareg, stereg, delaytime : integer ;

PROCEDURE assignport ;

CONST hdatreg : ARRAY [1 .. 3] OF integer = ($3BC, $378, $278) ;
      hstareg : ARRAY [1 .. 3] OF integer = ($3BD, $379, $279) ;
      hstereg : ARRAY [1 .. 3] OF integer = ($3BE, $37A, $27A) ;
VAR intestcon : byte ;
BEGIN
ddatreg := hdatreg [lpt] ; stareg := Hstareg [lpt] ; stereg := hstereg [lpt]
END ;
```

```
FUNCTION bin2hex (key : string) : byte ;

TYPE binhexrec = RECORD
                       bin : string [4] ;  hex : integer
                       END ;

     binhextyp = ARRAY [1 .. 16] OF binhexrec ;
VAR     i , j : byte ;
        binstr : string [4] ;
        hex : integer ;

CONST relation : binhextyp =
          ( (bin : '0000' ; hex : $0),  (bin : '0001' ; hex : $1),
            (bin : '0010' ; hex : $2),  (bin : '0011' ; hex : $3),
            (bin : '0100' ; hex : $4),  (bin : '0101' ; hex : $5),
            (bin : '0110' ; hex : $6),  (bin : '0111' ; hex : $7),
            (bin : '1000' ; hex : $8),  (bin : '1001' ; hex : $9),
            (bin : '1010' ; hex : $A),  (bin : '1011' ; hex : $B),
            (bin : '1100' ; hex : $C),  (bin : '1101' ; hex : $D),
            (bin : '1110' ; hex : $E),  (bin : '1111' ; hex : $F)  )   ;
BEGIN
bin2hex := 0 ; hex := 0 ;
FOR j := 1 DOWNTO 0 DO BEGIN
     IF j = 1 THEN binstr := copy (key, 1, 4) ;
               ELSE binstr := copy (key, 5, 4) ;
        FOR i := 1 TO 16 DO
          IF binstr = relation [i].bin
             THEN  hex := ($F * j + 1) * (relation [i].hex + hex)
                         END ;
bin2hex := hex
END ;

PROCEDURE writeport (busdata : byte) ;
BEGIN   port [datreg] := busdata   END ;

BEGIN                                   (* ---------------------------------------- *)
delaytime := 100 ;                      (* Schließzeit des Relais *)
clrscr ;  writeln ('Test läuft bis Tastendruck ... ') ;
lpt := 1 ; assignport ;                 (* Druckerport 1 >>> lpt := 1; *)
REPEAT
  writeport (bin2hex ('00000001')) ;    (* für sechs Kanäle *)
  delay (delaytime) ;
  writeport (bin2hex ('00000010')) ; delay (delaytime) ;
  writeport (bin2hex ('00000100')) ; delay (delaytime) ;
  writeport (bin2hex ('00001000')) ; delay (delaytime) ;
  writeport (bin2hex ('00010000')) ; delay (delaytime) ;
  writeport (bin2hex ('00100000')) ; delay (delaytime)
UNTIL keypressed ;
writeport (bin2hex ('00000000'))        (* Abschalten *)
END .                                    (* ---------------------------------------- *)
```

Und nun viel Spaß mit diesem Selbstbau!

Bei Kenntnis der Organisation der sog. Textseite des Rechners ist es möglich, Texte in beliebige Richtungen zu rollen. Man kopiert die gewünschten Byte ab Adresse $B800 direkt in den Speicher. Die Textseite umfaßt bei 25 Zeilen zu je 80 Zeichen insg. 4000 Byte: Dabei folgen ab $B800:00 jeweils anzuzeigendes Zeichen und dessen sog. Hintergrundattribut abwechselnd aufeinander.

In der Prozedur schieben des folgenden Listings werden daher nur die geraden Adressen $B800 : 00, ... : 02, ..., ... : 1998 angesprochen. Die im Programm fest eingestellte Zeilenlänge von 120 könnte natürlich variabel (> 80) gehalten werden.

```
PROGRAM bildschirm_rollen ;
USES crt ;
CONST    video = $B800 ;
         pufferl = 10000 ;          (* oder größer *)
         laenge = 120 ;             (* Veränderliche Zeilenlänge *)
VAR   textpuffer : ARRAY [0 .. pufferl] OF byte ;
              i, k : integer ;
      zeile, pos, last : integer ;
              c : char ;
           datei : FILE OF byte ;
              z : byte ;


PROCEDURE schieben ;          (* Bildschirmfenster am Hintergrundpuffer *)
BEGIN
FOR i := 0 TO 22 DO                   (* dies sind 23 Zeilen, max. 25! *)
     FOR k := 0 TO 79 DO
         mem [video : i * 160 + 2 * k] :=
             textpuffer [(zeile + i) * laenge + pos + k] ;
gotoxy (1, 25) ;
write (' Vier Pfeiltasten / Home / Pos1 / ESC :') ;
write (' Textanfang Zeile ', zeile : 5, '  Spalte ', pos : 2)
END ;


BEGIN                          (* ----------------------------------------------- *)
assign (datei, 'KP05TEXT.TXT') ; reset (datei) ;     (* Textbeispiel auf Disk *)
i := 0 ;
REPEAT                                      (* Hintergrundpuffer füllen *)
  read (datei, z) ; textpuffer [i] := z ;
  i := i + 1
UNTIL EOF (datei) ;
close (datei) ;
clrscr ;
zeile := 0 ;  pos := 0 ;
last := pufferl DIV laenge - 22 ;
schieben ;                                  (* Anzeige des Textanfangs *)

REPEAT                 (* Vorzeige-Editor mit ein  paar Funktionstasten *)
  c := readkey ;
  IF keypressed THEN BEGIN
     c := readkey ;
```

```
        CASE ord (c) OF

    71 : BEGIN   pos := 0 ;  zeile := 0 ; schieben    END ;      (* Home / Pos1 *)

    79 : BEGIN   pos := laenge - 80 ; zeile := last ; schieben  END ;     (* Ende *)

    72 : IF zeile > 0 THEN
                    BEGIN  zeile := zeile - 1 ; schieben  END ;    (* nach oben *)

    80 : IF zeile < last THEN
                    BEGIN  zeile := zeile + 1 ; schieben END ;   (* nach unten *)

    75 : IF pos > 0 THEN
                    BEGIN  pos := pos - 1 ;  schieben  END ;      (* nach links *)

    77 : IF pos < laenge - 80 THEN
                    BEGIN  pos := pos + 1; schieben END ;       (* nach rechts *)
    END (* OF case *)

                    END      (* OF keypressed *)
    UNTIL ord (c) = 27 ;                    (* ESC *)
    clrscr
    END .                        (* ------------------------------------------- *)
```

Auf den ungeraden Adressen $B800 : 01, ... : 03, ... , ... : 1999 (sie werden vom System automatisch auf die Offsets MOD 16 umgerechnet) liegen die soeben erwähnten Hintergrundattribute als Bytes 0 ... 255 für jeweilige Farbwerte von Hintergrund, Zeichen und deren Status (Blinken) , und zwar der Reihe nach. Den Zusammenhang erkennt man bei einem Testlauf des folgenden Programms.

```
PROGRAM hintergrundinfos ;
USES crt ;
CONST video = $B800 ;
VAR        i, s : integer ;
                 c : char ;
BEGIN
clrscr ; textcolor (15) ;  writeln ('Hintergrundattribut ... ') ; writeln ;
FOR i := 1 TO 70 DO write ('Text am Schirm ... ') ;
FOR i := 0 TO 256 DO BEGIN
          gotoxy (26, 1) ;  clreol ;  gotoxy (26, 1) ;  write (i) ;
          FOR s := 160 TO 1999 DO mem [video : 2 * s + 1] := i ;
          c := readkey
                    END ;
FOR s := 160 TO 1999 DO mem [video : 2 * s + 1] := 15   (* DOS-Rückstellung ! *)
END .
```

Da die Schleife erste bei 160 beginnt, werden Änderungen nur in den Zeilen 3 ff des Bildschirms ausgelöst.

Die Zustandsinformation steht beim Erstlauf mit dem eingestellten Standardwert von DOS (schwarzer Hintergrund) samt weißer Schrift vorgeführt. Zu beachten ist, daß der letzte Wert des Programms (z.B. bei Abbruch mit Ctrl-Break) auf der DOS-Ebene stehen bleibt, also dann z.B. eine neue Hintergrundfarbe mit blinkender Schrift fixiert ist. - Notfalls daher das Programm erneut bis zum Ende starten!

Kennt man diese Zusammenhänge, so lassen sich die Hintergrundattribute z.B. wie folgt ausnutzen: Wird auf einer Textseite ein Text mit der Maus markiert und dabei in neuer Farbe angelegt, so kann diese Information beim Durchmustern der Textseite im Speicher (also im Programmhintergrund) später dazu benutzt werden, unterlegten Text mausaktiv zu machen, also beim Anklicken zum Weiterschalten zu verwenden. - Anzumerken ist auch, daß jede solche Seite komplett (mit 4 KB) abgespeichert werden kann, die Informationen also dauerhaft in Dateien abgelegt werden können (Thema: Hypertext, siehe [M], S. 222).

Das „weiche" Rollen von Texten am Bildschirm pixelweise (nicht zeilenweise) ist weit hardwarenäher, also um einiges schwieriger, aber ebenfalls machbar. Hier ist ein solches Listing zum Experimentieren für Rollen vorwärts:

```
PROGRAM smooth ;                            (* nach DOS, 12/95 S. 204 *)
                   (* ... rollt den Bildschirm im Textmodus langsam nach oben *)
USES crt ;
VAR   f : text ;      s : string ;
      t : byte ;      c : char ;

PROCEDURE vpan (n : byte) ; assembler ;              (* vertical panning *)
asm
mov dx, 3D4h
mov al, 8
mov ah, n
out dx, ax
END ;

PROCEDURE error (n : byte) ;
BEGIN
write ('Error: ') ;
CASE n OF
1 : writeln ('Syntax : smooth <Anzeige-File>') ;
2 : writeln ('File <...> nicht gefunden ... ')
END ;
halt (n)
END ;
BEGIN                          (* ---------------------------------- *)
clrscr ;
IF paramcount = 0 THEN error (1) ;
assign (f, paramstr (1)) ;  (*$I-*) reset (f); (*$I+*)
IF ioresult <> 0 THEN error (2) ;
```

```
WHILE NOT EOF (f) DO BEGIN
      readln (f, s) ;
      IF wherey = 25 THEN FOR t := 0 TO 14 DO
          BEGIN
          vpan (t) ;
          WHILE port [$3DA] AND 8 = 8 DO ;
          WHILE port [$3DA] AND 8 = 0 DO ;
          delay (40)
          END ;
      vpan (0) ; writeln (s) ;
      IF keypressed THEN BEGIN
                          WHILE keypressed DO c := readkey;
                          c := readkey
                          END
                END ;
   close (f)
   END .                              (* ----------------------------------- *)
```

Der Start erfolgt aus der IDE entweder mit der Option *Parameterangabe*, oder unter DOS mit Zusatzangabe des Textfiles SMOOTH TEXT <Return>. Wenn es „ruckelt", spielen Sie mit den Schleifenparametern wherey = ... und t := ...

Auf der Disk befindet sich ein Info-Programm, das am Ende ein Fenster zentriert von der Mitte her schließt. Hier ist ein Demo der entsprechenden Routinen für solche Überblendungen:

```
PROGRAM fenster ;
USES crt ;
CONST          video = $B800 ;
VAR            c : char ;
        puffer1, puffer2 : ARRAY [1 .. 4000] OF byte ;
     zeile, spalte, k, ofs : integer ;

BEGIN                              (* --------------------------------------------- *)
clrscr ;
textcolor (black) ;   gotoxy (1, 10) ;          (* erste Seite unsichtbar beschriften *)
FOR zeile := 1 TO 4 DO FOR spalte := 1 TO 80 DO write ('*') ;
move (mem [video : 00], puffer1 [1], 4000) ;

clrscr ;   gotoxy (1, 2) ;                       (* dito zweite Seite beschriften *)
FOR zeile := 1 TO 23 DO FOR spalte := 1 TO 80 DO write ('A') ;
move (mem [video : 00], puffer2 [1], 4000) ;

clrscr ; textbackground (cyan) ; clrscr ;                  (* Eröffnungsseite *)
gotoxy (10, 11) ;  write ('Titelblatt ...') ;
c := readkey ;
FOR k := 1 TO 40 DO BEGIN                         (* erste Seite mittig öffnen *)
     FOR zeile := 1 TO 25 DO
```

```
                  FOR spalte := 40 - k TO 40 + k DO BEGIN
                        ofs := (zeile - 1) * 160 + (spalte - 1) * 2 ;
                        mem [video : ofs + 1] := 12 ;
                        mem [video : ofs] := puffer1 [ofs + 1]
                                         END;
               delay (100)
                          END ;
         c := readkey ;
         FOR spalte := 80 DOWNTO 1 DO BEGIN          (* zweite Seite links aufrollen *)
              FOR zeile := 1 TO 25 DO BEGIN
                    ofs := (zeile - 1) * 160 + (spalte - 1) * 2 ;
                    mem [video : ofs + 1] := 7 ;
                    mem [video : ofs] := puffer2 [ofs + 1]
                                     END ;
              delay (100)
                                    END ;
         c := readkey ;
         FOR zeile := 25 DOWNTO 1 DO BEGIN        (* erste Seite nach unten aufrollen *)
              FOR spalte := 1 TO 80 DO BEGIN
                    ofs := (zeile - 1) * 160 + (spalte - 1) * 2 ;
                    mem [video : ofs + 1] := 18 ;
                    mem [video : ofs] := puffer1 [ofs + 1]
                                     END ;
              delay (150)
                              END ;
         c := readkey ;
         textcolor (7) ;  textbackground (black) ;       (* DOS-Standard rückstellen !!! *)
         clrscr
         END .                              (* ------------------------------------------- *)
```

Beachten Sie die Rückstellung des DOS-Standards für den Fall, daß das Programm mit irgendwelchen Farbeinstellungen beendet wird, die anschließend unter DOS zu bisweilen äußerst kuriosen Farbkombinationen (bis hin zur Unsichtbarkeit) führen und u.U. nur durch Booten regeneriert werden könnten.

Die **Einstellung eines Druckers** wird in [M], S. 199 ff am Beispiel des Nadeldruckers NEC P6/7 erläutert. Da sich Laserdrucker immer mehr ausbreiten, seien diese Hinweise am Beispiel eines **Hewlett Packard LaserJet4L** *) aktualisiert.

In der Regel wird ein solcher Drucker unter einer Textverarbeitung eingesetzt, z.B. mit Microsoft Word unter WINDOWS (wie bei diesem Buch). Dann regeln Sie alle Einstellungen von Papierrand, Schriftart usw. aus den Menüs der Arbeitsumgebung heraus und haben keine Probleme.

---

*) Der LaserJet4L läuft im Gegensatz zu manchen anderen (billigeren) nicht nur unter WINDOWS, sondern auch unter DOS, kennt also eine Reihe von Standardschriften, die von dort aus ohne spezielle Treiber für Spezialschriften direkt einstellbar sind.

„Hardwarenäher" wird es dagegen, wenn Sie den Drucker direkt unter DOS einsetzen wollen, um

- einen Bildschirm als Hardcopy unmittelbar mit PrtScr auszudrucken
- oder unter Pascal den Drucker aus Programmen direkt zu steuern.

Leider (wie so oft) sind die notwendigen Informationen in den Handbüchern nur recht dürftig und für den Nicht-Profi sogar mangelhaft.

Zur **Steuerung von der Kommandoebene DOS** aus müssen Sie zunächst die auf drei Disketten u.a. mitgelieferte Software HP EXPLORER usw. in einem Unterverzeichnis Ihrer Festplatte installiert haben. (Das Handbuch beschreibt die Vorgehensweise.) Zur einfachen Bedienung im folgenden beschriebenen Dienstprogramms sollten Sie unmittelbar nach dem Booten des Rechners unbedingt die **Maus installieren**.

Wechseln Sie nunmehr zur individuellen Druckereinstellung in das Unterverzeichnis EXPLORER.4L und geben Sie auf der DOS-Kommandozeile

RCP4L \<Return>

ein ... der HP Laserjet4L schaltet sich danach On-Line und liefert die aktuellen Einstellungen an den Rechner ... Nach einiger Zeit erscheint am Bildschirm links das sog. Steuerfeld **Kategorien**, die aktuellen Druckereinstellungen stehen rechts. Die angezeigten Standardwerte sind wahrscheinlich

DIN A4 - Seite zu 64 Zeilen im Hochformat, ein Exemplar im Ausdruck.

Hier werden Sie vermutlich nichts verändern.

Sie können nunmehr per Maus links die Kategorie **Schrifttyp** anwählen. Einer üblichen Schreibmaschinenschrift entspricht Courier, Zeichendichte 10. **Achtung**: Je **größer** die Zeichendichte (cpi), desto **kleiner** die Schrift bei unverändertem Zeilenabstand.

Als **Zeichensatz** ist **PC-8 (Code Page 437)** zu wählen, nicht etwa die sog. Austauschtabelle ISO 21 German. Der PC-8-Zeichensatz entspricht den üblichen Tastaturcodes, insbesondere auch bei eigenen Programmen unter TURBO Pascal. Unter der Kategorie **Druckqualität** könnten Sie für erste Tests *EconoMode ein* wählen, das spart Toner. Wenn alles klappt, stellen Sie später mit einem neuen Aufruf von RCP4L auf den alten Wert *EnonoMode aus* zurück.

Mit der Option **Senden** schicken Sie nun alles zum Drucker; danach verlassen Sie die Dienst-Umgebung von RCP4L mit der Option **Ende**. - Jetzt ist der Drucker eingestellt.

Diese Druckereinstellungen für DOS bleiben solange bestehen, als Sie diese über das Kommando RCP4L nicht verändern. Aus einer Textumgebung wie Microsoft Word hingegen wird der Drucker mit den dortigen Einstellungen **temporär** initialisiert, läßt ihn also die DOS-Einstellung unter WINDOWS vorübergehend vergessen. Die RCP4L-Einstellung ist unter DOS später wieder da, auch wenn der Printer zwischenzeitlich ausgeschaltet war (aber im Sparbetrieb am Netz blieb)!

Ein sichtbarer Bildschirminhalt (Testen Sie z.B. mit DIR/w ...) kann nunmehr mit der Taste PrtScr jederzeit zum Drucker gesendet werden. Der Bildschirm wird, da das Ende einer Papierseite mit einer einzigen Bildschirmseite noch nicht erreicht ist, erst nach weiteren Hardcopies ausgedruckt. Wollen Sie nur die eine Bildschirmseite (sofort) ausgedruckt, so beenden Sie den Übertragungsprozeß durch kurzes Drücken der allgemeinen Bedientaste am Drucker: Dann kommt der gewünschte Bildschirmausdruck sofort, auch wenn der Papierbogen noch freien Platz enthält ...

Haben Sie in einem eigenen Pascal-Programm Textausgaben, so reicht die Einstellung nach obigem Muster aus der DOS-Umgebung solange aus, wie Sie in dem entsprechenden Dokument nur mit einer einzigen Schriftart, Größe usw. arbeiten wollen. Veränderungen können Sie aber durch **Direktsteuerung aus dem Programm heraus** ähnlich wie beim NEC usw. durch die PCL - Druckerbefehle der Printer Control Language von HP bewirken. Eine umfangreiche Liste mit allen verfügbaren Kommandos finden Sie im Teil D des Benutzerhandbuchs von HP, und zwar ab Seite D -3.

Angenommen, der Drucker steht aus dem Test wie eben noch auf Courier 10. Dann druckt das Programm ...

```
PROGRAM HP_LASERJET4L_test ;                          (* nicht auf Disk *)
USES printer ;
BEGIN
writeln (lst, 'Dies ist ein Druckertest.') ;
writeln (lst, chr (27) + chr (40) + chr (115) + chr (49) + chr (83)) ;
            (* Kommando wegen ESC und zugleich Leerzeile wegen writeln ... *)
writeln (lst, 'Dies ist ein Druckertest.') ;
            (* Kommando zum Auswerfen der (unvollständigen) Seite *)
write   (lst, chr (27) + chr (38) + chr (108) + chr (48) + chr (72))
END.
```

... nunmehr in Direktsteuerung des HP Laserjet4L schriftsteuernd aus dem Pascal-Programm heraus, also die erste Testzeile zunächst noch in voreingestellter Schriftart Courier, sodann die Zeile nochmals in *Courier kursiv*, und gibt dann das Papier automatisch aus, obwohl die ausgedruckte Seite nur wenige Zeilen aufweist. Im Beispiel ergibt sich ein Durchschuß als zweite Zeile aus dem ersten Steuerbefehl writeln (lst, chr (27) + ...) anstelle von write (lst, chr (27) + ...).

Die beiden hier verwendeten beiden sog. **Escape-Sequenzen** (chr (27) + ...)
finden Sie auf S. D-3 bzw. D-7 des Benutzerhandbuchs von HP unter

Schriftstil	**Kursiv**	**027**	**040**	**115**	**049**	**083**
Papierquelle	**Seite auswerfen**	**027**	**038**	**108**	**048**	**072**

explizit als Bestandteile der Printer-Control-Befehle aufgeführt. Sie könnten, wie
dort ersichtlich, auch als Tastenzeichenfolgen oder in Hexa-Form eingegeben
werden. - Das erwähnte Programm in [M], S. 199 ff können Sie sich nach diesem
Eingabemuster also ohne Probleme auch auf Ihrem Laserdrucker einrichten.

In diesem Zusammenhang sei auch auf die Frage eingegangen, wie man unter DOS
eine **Grafik** aus einem (eigenen) Programm mit der PrtScr-Taste unmittelbar
ausgeben kann: Das Dienstprogramm GRAPHICS (von der Systemdiskette)
leistet dies für sog. Epson-kompatible Drucker (also z.B. praktisch alle Nadel-
drucker) ohne weiteres; es muß nur nach dem Booten des Rechners resident
geladen werden. Bei Laser-Druckern funktioniert GRAPHICS in der Regel nicht
ohne Zusatzoptionen (Parameter):

Die neuen DOS-Versionen stellen mit HELP GRAPHICS <Ret> dar, wie für
moderne Laserdrucker Zusatzoptionen geschaltet werden können, die den Drucker
grafikfähig machen:

   GRAPHICS laserjet

lautet z.B. der Befehl zum Laden des residenten Programms für den LASERJET4L
von HP. Sie finden entsprechende Angaben im File GRAPHICS.PRO, das Sie mit
TYPE zur Anzeige bringen können. Wenn Sie Ihren Drucker nicht finden,
versuchen Sie testweise einen „verwandten" ...

Hier ist noch zusammenfassend ein kleines Programm, das alle Mausroutinen zum
Interrupt $33 enthält: Man kann sie bei Bedarf auskoppeln und als Prozeduren in
eigene Programme einbinden:

```
PROGRAM mausdemo ;
USES dos, crt ;
VAR reg : registers ;
        i : integer ;
BEGIN                                    (* --------------------------- *)
clrscr ;
reg.ax := 0; intr ($33, reg) ;

IF reg.ax = 0 THEN write ('Kein Maustreiber vorhanden ')
    ELSE BEGIN
        writeln ('Anzahl der Maus-Tasten ', reg.bx) ;
        reg.ax := 1 ;  intr ($33, reg) ;            (* Mauszeiger einschalten *)
```

```
        REPEAT
            reg.ax := 3 ; intr ($33, reg) ;                    (* Wo ist die Maus? *)
            gotoxy (10, 10); clreol ;                          (* x :  ... 632 *)
            write ('Position ', reg.cx, ' ', reg.dx) ;         (* y :  ...192 *)
            write (' gedrückte Taste ') ;
            CASE reg.bx OF                          (* Welche Taste gedrückt? *)
            1 : write ('links') ;
            2 : write ('rechts') ;
            4 : write ('Mitte')
            END ;
            delay (100)
        UNTIL keypressed ;
        FOR i := 0 TO 79 DO BEGIN               (* Mauszeiger positionieren *)
            reg.ax := 4 ;  intr ($33, reg) ;
            reg.cx := 8 * i ;  reg.dx := 8 * i MOD 200 ;
            delay (100)
            END ;
    delay (1000) ;
    reg.ax := 2 ;  intr ($33, reg) ;                (* Mauszeiger ausschalten *)
    delay (2000) ;
    END ;
    END .                                 (* ---------------------------- *)
```

Zum Testen des Programms soll ein Maustreiber (z.B. MOUSE.EXE) resident geladen sein; ist dies nicht der Fall, kommt gleich anfangs eine entsprechende Meldung. Bei Positionierungen und Abfragen der Maus ist zu beachten, daß im Textmodus je Zeichen bzw. Zeile stets um acht Pixels weitergerückt wird: Eine Abfrage auf das zweite Zeichen (Positionen 0, 8, ... 632 = 79 * 8 bei 80 Zeichen) in der dritten Zeile (Positionen 0, 8, ... 192 = 24 * 8 bei 25 Zeilen) des Bildschirms lautet also

```
reg.ax := 3 ; intr ($33, reg) ;
IF reg.cx = 8 AND reg.dx = 16 THEN ...
```

Im Grafikmodus werden entsprechend der Koordinatenbereiche in x und y z.B. im VGA-Modus Werte aus [0 ... 639, 0 ... 479] über die Register bearbeitet; ein Beispiel für einen eigenen Mauszeiger finden Sie im Kapitel neun über Grafik.

TURBO Pascal unterstützt im VGA-Modus unter Laufzeit nur eine einzige Grafik, während im niedriger auflösenden EGA-Modus mit setviewpage usw. zwei Bilder gehalten werden können. Benutzt man aber den Speicher des Rechners, so sind durchaus **zwei verschiedene VGA-Bilder** gleichzeitig einsetzbar. Für diesen Fall müssen entsprechend der folgenden Abb. sehr umfangreiche Adressbereiche bereitgestellt werden:

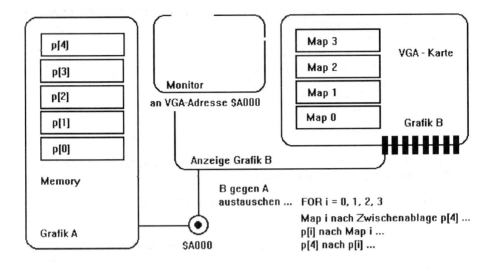

Abb.: Austausch zweier VGA-Grafiken über $A000

Eine Grafik wird als Bildfile direkt in den Speicher geladen (links), während die andere wie üblich über Adresse $A000 eingespielt wird und dabei gleichzeitig zu sehen ist. Nunmehr können die Maps unter Benutzung eines Zwischenspeichers der Reihe nach gegeneinander ausgetauscht werden.

Eine VGA-Grafik benötigt 156 KB, je Map also 38.400 KB. Die im Programm erkennbare Anfangsadresse $7000 (durch Versuche!) muß um jeweils 38.400 KB erhöht werden. d.h. $9600. Da jedes Segment aber 16 Byte im Offset enthält, unterscheiden sich die Basissegmentadressen nur um $9600 : $10 = $0960. Eine ungewohnte Division: Sie können das dezimal nachrechnen.

p [0] ... p [3] sind also die Anfangsadressen der Maps im Speicher (Abb. links), während ab p [4] der Zwischenspeicher angelegt wird. - Die erste Adresse muß so niedrig sein, daß p [4] nicht in den Bereich $A000 hineinreicht: Rechnen Sie ruhig mal aus, wo p [4] endet ... Außerdem ist durch Compilerbefehle zu sichern, daß genügend Heap frei ist: im Beispiel rund 355 KB.

Im Hauptprogramm gewinnt man außerdem Freiraum dadurch, daß möglichst viel als Prozedur ausgelagert wird, im Beispiel das Einschalten der Grafik.

Schließlich wäre noch zur Theorie anzumerken: Ohne den Zwischenspeicher p [4] wäre Bild B verloren, denn das Verschieben von A nach $A000 legt die Maps von A gleichzeitig schrittweise in die Grafikkarte, d.h. die einzelnen Maps von B müssen über p [4] gerettet werden.

```
PROGRAM direkt_bildladen_in_speicher ;   (* Programm nicht ! in IDE starten *)
(*$M 16348, 200000, 655360 *)
USES crt, graph ;
TYPE            name = string [12] ;
VAR             p : ARRAY [0 .. 4] OF integer ;
            egabase : byte absolute $A000:00 ;
        was1, was2 : name ;
             block : FILE ;
            saved : integer ;
                i : byte ;


PROCEDURE grafikinit ;                     (* als Prozedur, in anderem Sektor *)
VAR graphmode, graphdriver : integer ;
BEGIN
graphdriver := detect ;  initgraph (graphdriver, graphmode, ' ')
END ;


PROCEDURE bildload (datei : name) ;        (* für Vordergrundbild ohne Puffer *)
VAR    i : integer ;  block : FILE ;
BEGIN
assign (block, datei) ; reset (block) ;
FOR i := 0 TO 3 DO BEGIN
    port [$03C4] := $02 ;  port [$03C5] := 1 SHL i ;
    blockread (block, egabase, 300, saved)
                    END ;
close (block)
END ;


BEGIN                                (* ------------------------------------------------- *)
i := 0 ;  p [0] := $7000 ;    REPEAT                            (* Adressen setzen *)
                     i := i + 1 ;  p [i] := p [i - 1] + $0960
                     UNTIL i = 4 ;
clrscr ;
write ('Welche VGA-Grafik in den Vordergrund laden? ') ;  readln (was2) ;
write (' ... und welche Grafik in den Hintergrund? ') ;  readln (was1) ;
assign (block, was1) ;  (* Hintergrundbild ohne Anzeige in memory *)
reset (block) ;
FOR i := 0 TO 3 DO blockread (block, mem [p [i] : 00], 300, saved) ;
close (block) ;
grafikinit ;
bildload (was2) ;  (* Vordergrundbild / zweite Grafik anzeigen *)
REPEAT
    FOR i := 0 TO 3 DO BEGIN
        port [$03CE] := 4; port [$03CF] := i AND 3
        move (egabase, mem [p [4] : 00], 38400)                 (* alte Map retten *)
        port [$03C4] := $02; port [$03C5] := 1 SHL i       (* neue einschreiben *)
        move (mem [p [i] : 00], egabase, 38400) ;       (* Hintergrund einladen *)
        move (mem [p [4] : 00], mem [p [i] : 00], 38400)  (* Vgrund umkopieren *)
                    END ;
    write (chr (7)) ;  delay (2000)
UNTIL keypressed ;
closegraph
END .                          (* ------------------------------------------------- *)
```

Weniger zum Anzeigen zweier Bilder (das kann man nacheinander wie gewohnt durch Einladen), eher für allerhand Experimente zur Bildverfälschung usw. ist diese Idee interessant:

Sie können zweimal dasselbe Bild laden und in der FOR-Schleife des Listings durch alleinige Verwendung der beiden mittleren Zeilen zwei Maps desselben Bildes „übereinanderschieben", dies durch leichtes Verändern der Anfangsadresse in der Zeile move (mem [p [i] : 01], egabase, ...) ...   Natürlich gibt dann die REPEAT-Schleife keinen Sinn mehr ...

Laden Sie nur das sog. Hintergrundbild was1, so können Sie die Prozedur bildload und einige Zeilen des Hauptprogramms weglassen und folgende Schleife testen:

```
REPEAT
    FOR i := 0 TO 3 DO BEGIN
    port [$03C4] := $02 ; port [$03C5] := 1 SHL i ;
    move (mem [p[i] : 00], egabase, 38400)
                            END ;
    FOR i := 0 TO 3 DO p [i] := p [i] + $A ;
    delay (1000) ;
    port [$03C4] := $02 ;  port [$03C5] := 1 SHL i ;  cleardevice
UNTIL (p[0] > $7960) OR keypressed ;
```

Cleardevice arbeitet ohne vorheriges Einschalten einer Map nicht! - Die Routine bewirkt je Schleifendurchlauf ein Rollen des Bildes um zwei Zeilen nach oben:

Eine Bildzeile enthält 640 Pixels; auf einer Map sind das 640 Bit oder 80 Byte, dies durch 16 (Offset), also 5 Segmentbasis-Schritte: $A = 2 * 5, um soviel wird p [i] jeweils weitergesetzt. Ist p [0] um $960 angewachsen, so sind genau 480 Zeilen des Bildes durchlaufen, denn $960 = 2400 = 5 * 480 ...

Analog rückt ...

```
k := 0 ;
REPEAT
    ...
    FOR i := 0 TO 3 DO move (mem [p[i] : 01], mem [p[i] : 00], 38400) ;
    ...
    k := k + 1
UNTIL (k > 80) OR keypressed ;
```

... das Bild in 80 Schritten um jeweils 8 Pixels nach links. Zu Ende wird wieder das Bild angezeigt, aber jetzt fehlt die letzte Map. Das Rollen um jeweils nur eine Bildspalte ist aufwendiger, da in einem Byte von p[i] : offset ja acht Punkte verschlüsselt sind. Innerhalb eines Byte müssen also die Bitsetzungen um eine Position nach links verschoben werden, bei Übernahme eines Bit vom nächsten p [i] :

```
FOR i := 0 TO 3 DO
     FOR k := 0 TO 38399 DO
         mem [p[i] : k] := (mem [p[i] : k] SHL 1) + mem [p[i] : (k+1)] DIV 128 ;
```

An einer gewissen Position i : k bewirkt dies den Übergang von z.B.

0 1 1 0 / 1 0 1 1 // 1 0 0 0 / 1 1 1 1 zu

                 ←   ⌐

1 1 0 1 / 0 1 1 1   **0 0 0 1 /** ...

Der Übertrag läuft relativ langsam ab: Pro Bildverschiebung sind immerhin an die 160.000 Einzelschritte notwendig.

Ist der Rechnerzugang beim Booten von der Festplatte durch ein Paßwort *) geschützt, so kann man diesen Rechner gleichwohl mit einer Systemdiskette über das Laufwerk A: starten und sich dann zumindest in den Inhaltsverzeichnissen und ungeschützten Programmen etc. umsehen. Um dies zu verhindern, muß A: mechanisch (z.B. durch ein Schloß) abgeschottet sein.

Vielleicht möchten Sie einmal wissen, ob während Ihrer Abwesenheit jemand an Ihrem Rechner hantiert hat. Für diesen Fall binden Sie das folgende Programm mit einem unverfänglichen Namen als EXE-File in AUTOEXEC ein. Bei jedem Booten des Rechners wird dann die Zeit des Einschaltens registriert und protokolliert:

```
PROGRAM lauftest ;
USES dos;
VAR a, b, c, d : word ;
        liste : FILE OF word ;

BEGIN
getdate (a, b, c, d) ;
assign (liste, 'SCRIPT') ;  (*$I-*) reset (liste); (*$I+*)
IF IORESULT = 0 THEN seek (liste, filesize (liste))
                ELSE rewrite (liste) ;
write (liste, a) ;  write (liste, b) ;  write (liste, c) ;
gettime (a, b, c, d) ;
write (liste, a) ;  write (liste, b) ;  write (liste, c) ;
close (liste)
END .
```

Lesen können Sie das auf der Festplatte angelegte und hie und da einfach wieder zu löschende File SCRIPT (sonst wird es immer länger) mit dem Compilat von ...

---

*) Übrigens: Viele Paßwörter sind leicht zu erraten, d.h. wenig originell ...

```
PROGRAM lies ;
USES crt ;
VAR a, b, c : word ;
     liste : FILE OF word ;

BEGIN
clrscr ;
assign (liste, 'SCRIPT') ;  reset (liste) ;
writeln ('Einschaltprotokoll des Rechners ... ') ;
REPEAT
   read (liste, a) ;  read (liste, b) ; read (liste, c) ;
   write ('Tag/Monat/Jahr : ', c, '-', b, '-', a) ;
   read (liste, a) ;  read (liste, b) ;  read (liste, c) ;
   writeln ('    Uhrzeit : ', a, ':', b, ':', c)
UNTIL eof (liste) ;
close (liste)
END .
```

Mit passenden Routinen kann Script auch verdeckt („hidden File", s. S. 84) angelegt werden, so daß es mit DIR nicht unmittelbar erscheint. Vor jedem Zugriff (Lesen wie Schreiben) muß es dann aber „sichtbar" gemacht werden, danach wieder verstecken!

***

Zur Fußnote S. 231 : CETI (Communication with Extra Terrestrial Intelligence) ist das Kürzel für ein Programm der NASA, mit dem erstmals am 16.11.1974 über ein Radioteleskop bei Arecibo (Puerto Rico) knapp 3 Minuten lang versucht worden ist, Signale in den Weltraum zu senden, die andernorts (und zwar bei Messier 13, 25 000 Lichtjahre!) als Hinweis verstanden werden sollen, daß die Erde von intelligenten Wesen bevölkert ist ... Schon vorher ist mit den Sonden Pioneer 10 und 11 ähnliches versucht worden: Da diese Geräte von Menschenhand das Sonnensystem verlassen (haben) und u.U. irgendwann einmal von einer anderen Intelligenz entdeckt werden könnten, gab man ihnen Nachrichten in Gestalt von postkartengroßen Plaketten mit, die an der Cornell Universität (New York) entwickelt worden sind. Sie weisen neben Bildern von Menschen und Hinweisen auf unser Sonnensystem auch Strichfolgen auf, die als Binärzahlen gedeutet werden können. Man nimmt an, daß Mathematik als Ordnungs- und Beschreibungsprinzip „weltweite" Geltung hat und daher irgendwie verstanden werden könnte. 1977 ist mit Voyager 1 und 2 (welche Jupiter, Saturn und Uranus passieren und dann im fernen Weltall verschwinden) ähnliches versucht worden ...

6 Sortieren

Online-Kataloge sind wie Speisekarten:
sie machen Appetit, aber sie machen nicht satt.
Ich will das Buch lesen
und die Anliegen des Autors verstehen. ([S], S. 258)

Dieses Kapitel bringt einige Sortierroutinen, u.a. ein Listing, mit dem unter Benutzung der Peripherie sehr große Dateien bearbeitet werden können.

Zum Sortieren von Dateien gibt es verschiedene Algorithmen (von Bubblesort bis Quicksort), von denen einige in [M] vorgeführt werden. Diese Verfahren arbeiten auf Feldern, d.h. die jeweilige Datei ist mindestens temporär im Rechner. Damit ist die maximale Anzahl der sortierbaren Sätze von vornherein stark begrenzt. Wir werden uns daher ein Verfahren überlegen, wie eine beliebig große Datei durch Unterteilen in Abschnitte dort sortiert und sodann zusammengefügt werden kann.

Ehe wir aber eine solche Lösung unter Benutzung eines Laufwerks oder einer Festplatte exemplarisch angeben, sei zunächst das **Sortierproblem** von z.B. Namen und Adressen **mit deutschen Umlauten**, dem ß usw. angesprochen, eine Aufgabe, die mit dem angloamerikanisch orientierten ASCII-Code leider nicht zufriedenstellend gelöst werden kann: Denn *Müller* wird damit ganz an das Ende der M-Liste gestellt, wir hätten den Herrn aber gerne nach *Mueller* o. dgl., je nach Vorschrift, auf welchen Buchstaben das ü folgen soll. - Im Telefonbuch gibt es dafür übrigens Hinweise zum Suchen für die Umlaute, für Doppelnamen mit Bindestrich usw.!

Um die in Pascal vorgefertigen Rückgriffe auf den Code aller Zeichen mit der Vergleichsrelation < bzw. > beim Sortieren zu nutzen, kann man z.B. durch zeitweises Umschreiben einen Zwischencode generieren, der wiederum per ASCII sortiert, und danach diese Umschreibung rückgängig machen.

```
PROGRAM sort_umlaute ;
USES crt ;
CONST          h = 20 ;
VAR     i, k, ende : integer ;
                wort : ARRAY [1 .. h] OF string [20] ;
             eingabe : string [20] ;  sort : boolean ;

BEGIN                                    (* ----------------------------------- *)
i := 0;
REPEAT
   i := i + 1;  readln (eingabe);
   FOR k := 1 TO length (eingabe) DO BEGIN
       IF (ord (eingabe [k]) IN [60 .. 90]) OR (ord (eingabe [k]) IN [61 .. 122])
          THEN  eingabe [k]:= chr (2 * ord (eingabe [k]))
          ELSE CASE ord (eingabe [k]) OF
              142 : eingabe [k] := chr (131) ;     (* Ä *)
              153 : eingabe [k] := chr (159) ;     (* Ö *)
              154 : eingabe [k] := chr (171) ;     (* Ü *)
              132 : eingabe [k] := chr (195) ;     (* ä *)
              129 : eingabe [k] := chr (235) ;     (* ü *)
              148 : eingabe [k] := chr (223) ;     (* ö *)
              END ;
                                      END ;
    wort [i] := eingabe
UNTIL (i >= h) OR (eingabe [1] = '-') ;
writeln (chr (7)) ;
ende := i - 1 ;  sort := false ;                    (* Demo : Bubblesort *)
WHILE NOT sort DO BEGIN
       sort := true;
       FOR i := 1 TO ende - 1 DO
            BEGIN
            IF wort [i] > wort [i+1] THEN BEGIN
                     eingabe := wort [i] ; wort [i] := wort [i+1] ;
                     wort [i+1] := eingabe ; sort := false
                                      END
            END
                 END ;

FOR i := 1 TO ende DO BEGIN             (* Rücktransformation / Ausgabe *)
     eingabe := wort [i] ;
     FOR k := 1 TO length (eingabe) DO BEGIN
         CASE ord (eingabe [k]) OF
         131 : eingabe [k] := 'Ä' ;        159 : eingabe [k] := 'Ö' ;
         171 : eingabe [k] := 'Ü' ;        195 : eingabe [k] := 'ä' ;
         235 : eingabe [k] := 'ü' ;        223 : eingabe [k] := 'ö'
         ELSE  eingabe [k] := chr (ord (eingabe [k]) DIV 2) ;
         END
                                      END ;
    wort [i] := eingabe ;
    writeln (wort [i])
                 END ;
readln
END .                                    (* ----------------------------------- *)
```

Im vorstehenden Listing wird dies durch eine Verdoppelung der ASCII-Codes bewerkstelligt, mit einem Einsortieren der Umlaute Ä/ä, Ö/ö und Ü/ü hinter A/a, O/o und U/u: Man beachte bei der Programmentwicklung die ASCII-Codes ...

```
A  65 /  97        Ä  142 / 132
O  79 / 111        Ö  153 / 148
U  85/ 117         Ü  154 / 129 .
```

Auch das Zeichen ß (zwischen ss und st, es gibt kein großes scharfes ß) kann durch eine einfache Erweiterung der Abfragen entsprechend eingebaut werden.

Und nun zu unserem Sortieralgorithmus für sehr große Dateien: Solche Dateien werden in der Regel mit speziellen Baumstrukturen aufgebaut, die sodann entsprechende Suchalgorithmen zulassen (siehe dazu [M], insb. Kap. 22); es kann aber durchaus vorkommen, daß sehr große Dateien völlig ungeordnet anfallen und erst nachträglich mit geeigneten Algorithmen sortiert werden müssen.

Dies kann z.B. auf folgende Weise geschehen: Die ganze Datei wird in eine Anzahl (gleichgroßer) Blöcke derart zerlegt, daß jeder einzelne Block noch komplett im Speicher gehalten und dort für sich sortiert werden kann. Diese Blöcke werden der Reihe nach eingeladen, sortiert und danach auf der Peripherie „zwischengelagert":

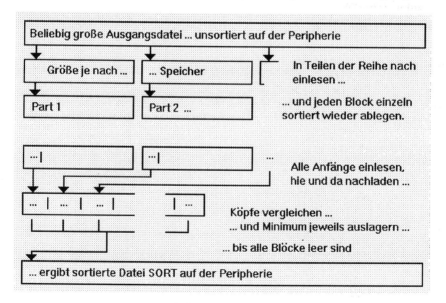

Abb.: Sortieren auf der Peripherie mit zwei Schritten

Ist die gesamte Datei auf diese Weise bearbeitet, werden die Anfänge der einzelnen ausgelagerten Blöcke eingelesen, miteinander verglichen und die Ergebnisse dazu benutzt, die nunmehr insgesamt sortierte Datei nach und nach hinauszuschreiben.

Wird ein eingelesener (Teil-) Block leer, so wird von außen nachgeladen. Man vermeidet damit das ständige Lesen von Einzelsätzen, gewinnt also enorm Tempo.

Das zugehörige Listing unten sortiert zur Demonstration 100.000 Zufallswörter. Das testhalber generierte File ZUFALL.TXT wird in 20 Partitionen Part1 ... Part20 zu je 5.000 Wörtern zerlegt, blockweise sortiert und wieder abgelegt. Dann werden diese 20 Files nach und nach (schubweise 50-mal) unter Setzung von Positionszeigern eingelesen und von vorne nach hinten am „Kopf" (dem nach und nach vordersten Element) verglichen. Das jeweils kleinste Element wird ausgelesen und abgelegt. Ergebnis: File SORT, vollständig sortiert. Offenbar stellt auch das Sortieren im Millionenbereich auf diese Weise keinerlei Problem dar.

Zum Sortieren der Teillisten wird Quicksort eingesetzt, der derzeit wohl schnellste Sortieralgorithmus auf Arrays. (Dazu mehr ab S. 114.)

Der Vorgang dauert auf einem 486-er Prozessor mit 33 MHz und einer Festplatte mit rd. 19 msec mittl. Zugriffszeit gerade mal ≈ 64 Sekunden, auf einem Pentium 133 MHz mit einer schnellen Festplatte (11 msec) nur noch ≈ 15 Sekunden, die Zugriffszeiten zum Lesen und Schreiben inbegriffen, was nicht vernachlässigt werden kann. Nicht gezählt ist natürlich die Generierungszeit für die Zufallsdatei aus Wörtern zu sechs Buchstaben. In [M], S. 418 werden zum Vergleich auch Zeitangaben für andere Sortierverfahren angegeben.

Beachten Sie, daß im Listing die Festplatte D: als „Arbeitsfläche" fest eingetragen ist und beim Test an etlichen Stellen u.U. geändert werden muß.

```
PROGRAM maximal_sort_peripherie ;
(*$S-*)                          (* Stack-Prüfung abschalten, Tempo! *)
USES crt, dos ;
CONST       g = 100000 ;         (* Länge des unsortierten Files *)
            c = 5000 ;           (* Länge der Partitionen *)
            d = 20 ;             (* Anzahl der Part.: d = g DIV c *)
            f = 20 ;             (* Anzahl der Parallelfelder, fest *)
            e = 100 ;            (* Kopflänge beim Vergleich, fest *)
            r = 50 ;             (* Maximalzahl der Schübe *)
                                 (* !!! Randbedingung r = c DIV e *)
TYPE    worttyp = string [6] ;
        feld = ARRAY [1 .. c] OF worttyp ;

VAR          l : longint ;    liste, part : FILE OF worttyp ;
           gen : worttyp ;
          name : string [9] ;     (* Für die Partitionen *)
             s : string [2] ;     (* ... und deren Nummer *)
       i, k, t : integer ;
          teil : feld ;
   zeiger, lade : ARRAY [1 .. f] OF integer ;
         suche : ARRAY [1 .. f] OF ARRAY [1 .. e] OF worttyp ;
          leer : boolean ;
```

```
PROCEDURE deltazeit (s : boolean);
VAR std, min, sec, hdt : word ;
BEGIN
IF s = false THEN settime (0, 0, 0, 0)
   ELSE BEGIN
          gettime (std, min, sec, hdt) ;
          writeln (' > Zeitbedarf min:sec:hund ... ', min, ':', sec, ':', hdt) ;
          write (chr (7))
          END
END ;

PROCEDURE quick (VAR a : feld ; unten, oben : integer) ;

    PROCEDURE sort (l, r: integer) ;
    VAR i, j : integer ;
       x, y : worttyp ;
    BEGIN
    i := l ;  j := r ;  x := a [(l + r) DIV 2] ;
    REPEAT
      WHILE a[i] < x DO i := i + 1;  WHILE x < a[j] DO j := j - 1;
      IF i <= j THEN BEGIN
                    y := a [i] ; a [i] := a [j] ; a [j] := y ; i := i + 1 ; j := j - 1
                    END
    UNTIL i > j ;
    IF l < j THEN sort (l, j) ;  IF i < r THEN sort (i, r)
    END ;

BEGIN   sort (unten, oben)   END ;                          (* OF quick *)

BEGIN                            (* ----------------------------------------------- *)
clrscr ;  writeln ('Ungeordnete Datei erzeugen ...') ;
assign (liste, 'D:\ZUFALL.TXT') ;  rewrite (liste) ;
randomize ; l := 0 ;
REPEAT
    l := l + 1; gen := '' ;
    FOR i := 1 TO 6 DO gen := gen + chr (65 + random (26)) ;
    write (liste, gen)
UNTIL l = g ;
writeln ('Datei generiert ... ') ; writeln ('Teilsortieren durch Partitionierung ... ') ;
deltazeit (false) ;
reset (liste) ;
FOR k := 1 TO d DO BEGIN
                    FOR t := 1 TO c DO read (liste, teil [t]) ;
                    quick (teil, 1, c) ;
                    str (k, s) ;  name := 'D:\PART' + s ;
                    assign (part, name) ;   rewrite (part) ;
                    FOR t := 1 TO c DO write (part, teil [t]) ;
                    close (part)
                    END ;
close (liste) ;
deltazeit (true) ;
writeln ('Sortieren durch Mischen der Teillisten') ;
writeln ('mit Ablage auf der Peripherie ...') ;
```

```
deltazeit (false) ;
assign (liste, 'D:\SORT') ;  rewrite (liste) ;

FOR k := 1 TO f DO BEGIN              (* erstmaliges Laden in den Vergleich *)
     str (k, s) ; name := 'D:\PART' + s ;          (* ergibt die Namen 'PARTk' *)
     assign (part, name) ; reset (part) ;
     FOR t := 1 TO e DO read (part, suche [k][t]) ;
     close (part) ;
     zeiger [k] := 1 ;
     lade [k] := 1
                    END ;
REPEAT
   leer := false ;  k := 1 ;
   WHILE (zeiger [k] > e) AND (k <= f) DO k := k + 1 ;
   IF k > f THEN leer := true
       ELSE BEGIN
               gen := suche [k] [zeiger [k]] ;
               i := k ;
               FOR k := 1 TO f DO
                     IF zeiger [k] < e + 1 THEN
                          IF suche [k] [zeiger [k]] < gen
                             THEN BEGIN
                                  gen := suche [k] [zeiger [k]] ;
                                  i := k
                                  END ;
               write (liste, gen) ;
               zeiger [i] := zeiger [i] + 1 ;
               IF zeiger [i] > e THEN
                   IF lade [i] < r  THEN BEGIN
                                  str (i, s) ;  name := 'D:\PART' + s ;
                                  (* writeln (name) ; *)
                                  assign (part, name) ; reset (part) ;
                                  seek (part, e * lade [i] - 1) ;
                                  FOR t := 1 TO e DO read (part, suche [i] [t]) ;
                                  close (part) ;
                                  lade [i] := lade [i] + 1;
                                  zeiger [i] := 1
                                  END ;
               END  (* OF ELSE BEGIN ... *)
   UNTIL leer ;
   close (liste) ;
   deltazeit (true) ;  (* readln *)
   END .                         (* --------------------------------------------- *)
```

Auf Disketten läuft das Programm sinnvoll nur mit zwei Laufwerken: Erstellen der
Datei ZUFALL.TXT (File von 700 KB) z.B. auf A:, dann partitioniert teilsortieren
von A: nach B:, Pause und Diskwechsel in A: Endsortieren von Disk B: nach A:
mit neuer (leerer) Disk ...

Geradezu elegant im Oberflächen-Design und algorithmisch schneller ist die folgende Lösung von R. Eiglmaier aus dem EDV -Praktikum an der FH München; er führt die einzelnen Schritte am Bildschirm sehr schön symbolisch vor.

Das Listing manipuliert ebenfalls 100.000 Wörter zu sechs Buchstaben, aber auf einer Textdatei. Auf dem vorgenannten 486-er ist es wegen der besseren Partitionierungen deutlich schneller (es dauert nur rd. 37 Sekunden), auf einem Pentium 133 MHz dagegen geringfügig langsamer ($\approx$ 17 Sekunden) als das erste Programm: Die enorm kurzen Arbeitszeiten werden von der ziemlich langsamen Ausgabe am Bildschirm schon kompensiert.

```
PROGRAM zufallswoerter_sortieren;    (* Eiglmaier Robert SS 1995  IF2A FHM *)
USES dos, crt ;

CONST ugnd = '_____' ;              (* Balken für Indikatoren *)
      ognd = '_____' ;

TYPE worttyp = string [6] ;
        feld = ARRAY  [1 .. 5000] of worttyp ;
        teil = ARRAY  [1 .. 100] of worttyp ;
        zeig = ARRAY  [1 .. 20] of byte ;

VAR    DAT : TEXT ;
       PART   : FILE OF feld ;           STUCK  : FILE OF teil ;
       puffer : feld ;                   basis  : ARRAY [1 .. 20] OF teil ;
       m, i, j  : word ;
          dn    : string ;
          quit  : boolean ;
       feldzeig, datzeig : zeig ;
               statzahl : byte ;
               compare : worttyp ;
               cmpzeig : byte ;
h1, m1, s1, hun1, h2, m2, s2, hun2, h3, m3, s3, hun3, ti1, ti2, ti3 : word ;

PROCEDURE quick (VAR a : feld; unten, oben : integer);   (* Quicksort *)

PROCEDURE sort (l, r : integer) ;
VAR i, j : integer ;
    x, y : worttyp ;
BEGIN   (* identisch mit der ersten Programmversion *)  END ;
BEGIN  sort (unten, oben)  END ;

PROCEDURE status ;
VAR x, y, m : byte ;
BEGIN
FOR x := 0 TO 3 DO FOR y := 0 TO 4 DO          (* Indikatoren für den *)
    BEGIN                                       (* Programmfortschritt *)
    m := x * 5 + y + 1 ;
    gotoxy (x * 20 + 2, y * 4 + 3) ; write (ugnd) ;
    gotoxy (x * 20 + 2, y * 4 + 3) ; write (copy (ognd, 1, datzeig [m] DIV 3)) ;
```

```
      gotoxy (x * 20 + 2, y * 4 + 4) ; write (ugnd) ;
      gotoxy (x * 20 + 2, y * 4 + 4) ; write (copy (ognd, 1, feldzeig [m] DIV 6))
     END
END ;

  PROCEDURE erzeugen ;                              (* erstellt die Zufallsdatei *)
  VAR i, j : longint ;
      b   : string [10] ;
      w   : string [50] ;
  BEGIN
  clrscr ; randomize ;
  writeln ('Zufallsdatei generieren ... ') :  writeln ;
  assign (DAT,'zufall.txt') ; rewrite (DAT) ;
  w := '' ;     { Indikator }
  FOR i := 1 TO 50 DO w := w + '_' ;
  write (w, chr (13)) ;
  FOR i := 1 TO 100000 DO BEGIN
                      b := '' ;
                      FOR j := 1 TO 6 DO b := b + chr (random (26) + 65) ;
                      writeln (DAT, b) ;
                      IF i MOD 2000 = 0 THEN write ('_')
                      END ;
  close (DAT)
  END ;

  BEGIN                              (* ------------------------------------- main *)
  erzeugen ; clrscr ; writeln ;
  writeln ('Zerlegen der Datei ZUFALL.TXT in 20 einzelne, sortierte Dateien ...') ;
  writeln ; assign (DAT, 'zufall.txt') ; reset (DAT) ;
  gettime (h1, m1, s1, hun1) ;              (* Anfangszeit registrieren *)
  FOR j := 1 TO 20 DO BEGIN
      FOR i := 1 to 5000 DO readln (DAT, puffer [i]) ;     (* 5000 Wörter einlesen *)
                                      (* Erzeugung des Pufferdateinamens: *)
      IF j < 10
      THEN dn := 'dat0' + chr (j + 48) + '.dat'
      ELSE dn := 'dat' + chr ((j DIV 10) + 48) + chr ((j MOD 10) + 48)  + '.dat' ;
      write ('Sortiere Daten für ', dn, '... ') ;
      quick (puffer, 1, 5000) ;              (* 5000 Wörter sortieren *)
      assign (PART, dn); rewrite (PART) ;
      write ('Schreibe Daten ... ') ;
      write (PART, puffer) ;
      close (PART) ;  writeln ('Fertig.')
              END ;   (* OF FOR  j := .... *)
  close (DAT) ;
  clrscr ; gettime (h2, m2, s2, hun2) ;        (* Zwischenzeit registrieren *)
  writeln ('Zusammensuchen der Wörter aus den 20 Pufferdateien in einer
                      Reihenfolge...') ;

  FOR i := 1 TO 20 DO BEGIN
      feldzeig [i] := 101 ;
              (* Feldzeiger aufs Ende, damit zunächst nachgeladen wird *)
      datzeig [i] := 0 ;                 (* Auf den ersten 100er Block zeigen *)
                  END ;
```

```
FOR i := 0 TO 3 DO
    FOR j := 0 to 4 DO BEGIN     (*  Bildschirm für Balkenanzeige vorbereiten *)
                        m := i * 5 + j + 1 ;
                        gotoxy (i * 20 + 2, j * 4 + 2) ; write ('Teildatei ', m)
                        END ;
status;
assign (DAT, 'zusort.txt') ;  rewrite (DAT) ;
REPEAT
    FOR j := 1 TO 20 DO
        IF ((feldzeig [j] > 100) AND NOT (datzeig [j] >= 50)) THEN
        BEGIN    { Dateinamen erzeugen: }
        IF j < 10 THEN dn := 'dat0' + chr (j + 48) + '.dat'
                ELSE dn := 'dat' +
                        chr ((j DIV 10) + 48) + chr ((j MOD 10) + 48) + '.dat' ;
        assign (STUCK, dn) ;
        reset (STUCK) ;
        seek (STUCK, datzeig [j]) ;
        read (STUCK, basis [j]) ;       (* die nächsten 100 Wörter laden *)
        close (STUCK) ;
        feldzeig [j] := 1 ;             (* Feldzeiger auf Feldanfang *)
        datzeig [j] := datzeig [j] + 1  (* Dateizeiger erhöhen *)
        END ;
    compare := '\\\\\\' ;               (* Liegt alphabetisch am Ende *)
    FOR i := 1 TO 20 DO
        BEGIN                   (* Das lexikografisch früheste Wort suchen *)
            IF ((feldzeig [i] <= 100) AND (basis [i] [feldzeig [i]] < compare))
            THEN BEGIN
                compare := basis [i] [feldzeig [i]] ;
                cmpzeig := i
                END
        END ;
    writeln (DAT, compare) ;        (* Dieses Wort in die Zieldatei schreiben *)
    feldzeig [cmpzeig] := feldzeig [cmpzeig] + 1 ;
    quit := true ;                 (* prüfen, ob alle Pufferdateien am Ende sind *)
    FOR i := 1 TO 20 DO IF feldzeig [i] <= 100 THEN quit := false ;
    statzahl := statzahl + 1;           (* alle 256 Durchläufe eine *)
    IF statzahl = 0 THEN status         (* Statusangabe ausgeben *)
UNTIL quit ;
gettime (h3, m3, s3, hun3) ;            (* Endzeit registrieren *)
status ;
                                        (* Zeitauswertung : *)
ti1 := hun1 + s1 * 100 + m1 * 6000 ;
ti2 := hun2 + s2 * 100 + m2 * 6000 ;
ti3 := hun3 + s3 * 100 + m3 * 6000 ;
writeln ;
writeln ('Zerlegung und Blocksortierung: ', (ti2 - ti1) / 100 : 5 : 2, ' Sekunden. ') ;
writeln ('Blockzusammenführung       : ', (ti3 - ti2) / 100 : 5 : 2, ' Sekunden. ') ;
writeln ('           gesamt     : ', (ti3 - ti1) / 100 : 5 : 2, ' Sekunden. ')
END .                           (* ------------------------------------------------------------ *)
```

Ein Sortierverfahren (auf einem Array) ist dann besonders effizient, wenn der Abstand der Feldindizes zweier jeweils zu vertauschender Elemente möglichst groß ist. Der rekursive **Quicksort**-Algorithmus (nach Hoare) hat diese Eigenschaft:

```
PROGRAM demo_quick_sort ;
USES crt ;
TYPE feld = ARRAY [1 .. 25] OF integer ;
VAR vorgabe : feld ;        z : integer ;     c : char ;

PROCEDURE quick (VAR a : feld ; unten, oben : integer) ;

  PROCEDURE sort (l, r: integer) ;
  VAR  i,  j : integer ;
       x, y : integer ;
  BEGIN
  i := l ;  j := r ;  x := a [ (l + r) DIV 2] ;               (* sog. mittleres Element *)
  writeln ; writeln ('Partitionieren ... ') ;
  textcolor (yellow) ;
  gotoxy (3 * l - 1, wherey) ;  write (a [i]) ;
  gotoxy (3 * j - 1, wherey) ;  write (a [j]) ;
  textcolor (1) ; gotoxy ( 3 * ((l + r) DIV 2) - 1, wherey) ; writeln (x) ;
  REPEAT
    WHILE a[i] < x DO i := i + 1 ;
    WHILE x < a[j] DO j := j - 1 ;
    IF i <= j THEN BEGIN
                 textcolor (11) ;
                 gotoxy (3 * i, wherey) ;  write ('↑') ;
                 gotoxy (3 * j, wherey) ;  writeln ('↑') ;
                 y := a [i] ; a [i] := a [j] ; a [j] := y ; i := i + 1 ;
                 j := j - 1;
                 textcolor (white) ;
                 FOR z := 1 TO 25 DO write (a[z] : 3) ;
                 writeln ;  c := readkey
                 END ;
  UNTIL i > j ;
  IF l < j THEN sort (l, j) ;
  IF i < r THEN sort (i, r)
  END ;

BEGIN  sort (unten, oben)  END ; (* OF quick *)

BEGIN                                          (* ----------------------------------- *)
clrscr ; randomize ; textcolor (white) ;
FOR z := 1 TO 25 DO BEGIN
                 vorgabe [z] := 10 + random (180) DIV 2 ;
                 write (vorgabe [z] : 3)
                 END ;  writeln ;
quick (vorgabe, 1, 25) ;
writeln ;
writeln (' Fertig ... ') ;
c := readkey
END .                                          (* ----------------------------------- *)
```

Mit dem vorstehenden Demo können Sie beim Sortieren gewissermaßen zu-schauen: Das Feld wird durch ein in der „Mitte" liegendes Element m in zwei Partitionen zerlegt; dabei kann man i.a. annehmen, daß dieses Element (statistisch) auch eine mittlere Größe hat, also nicht gerade besonders klein oder groß ist.

Man beginnt nun die linke Partition von links nach rechts (nach oben also) zu durchlaufen, die rechte Partition von rechts nach links, dies jeweils so lange, bis links ein Element a > m, rechts ein Element b < m gefunden wird. Diese beiden werden gegeneinander ausgetauscht und dann das Verfahren solange fortgesetzt, bis der linke Laufindex (steigend) den rechten (fallend) überschreitet:

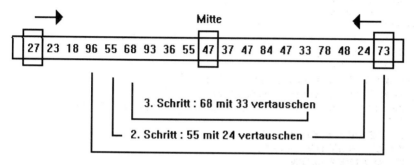

Abb.: Start von Quicksort: Erste Partitionierung des Feldes in zwei Abschnitte

Das Ergebnis eines solchen Durchlaufs auf einer Partition besteht darin, daß die großen Elemente mehr oder weniger nach rechts, die kleinen nach links gewechselt haben. Alle Elemente im neuen Teil links sind kleiner als die Elemente im neuen Teil rechts: Es sind zwei Partitionen entstanden, die jede für sich nach demselben Verfahren erneut unterteilt werden, um den Algorithmus über ein mittleres Element der jeweiligen Partition (rekursiv) fortzusetzen.

Das obige Programm führt diesen Algorithmus schrittweise vor und markiert die linke und rechte Grenze einer Partition gelb, die sog. Mitte blau, und dann die jeweils gefundenen Tauschpartner mit Pfeilen.

Schreibt man das Feld eingangs nicht per Zufall voll, sondern z.B. gesetzmäßig steigend 12, 14, 16, ...

vorgabe [z] := 10 + 2 * z ;

oder analog fallend 99, 98, 97 ... , so erkennt man an diesen Grenzfällen besonders gut das rekursive Vorgehen, wobei im ersten Fall ganz offenbar lediglich Prüfläufe ohne Vertauschungen vorgenommen werden.

Noch etwas Theorie: Zum Sortieren werden in der Regel zwei Schleifen benötigt, wie man auf S. 106 sehr gut erkennen kann. Der Zeitaufwand bei einfachen Verfahren wie Bubblesort ist bekanntlich von der Größenordnung N^2, wenn N die Anzahl der Elemente bedeutet. Kennt man aber Einschränkungen über die zu sortierenden Elemente, so reicht stets eine Schleife aus und der Zeitaufwand sinkt damit auf N, weit besser als bei Quicksort (etwa N * log N).

E.W. Dijkstra (siehe [D], S. 36 ff) formulierte dazu folgende Aufgabe: N ungeordnete Elemente in einem Feld gehören jeweils einer von drei Klassen an, z.B. rot, weiß oder blau (Fahne der Niederlande), oder bequemer 1, 2 oder 3. Ein Programm mit einer einzigen (!) Schleife soll dann die in der Abb. angegebene (natürliche) Reihenfolge erzeugen.

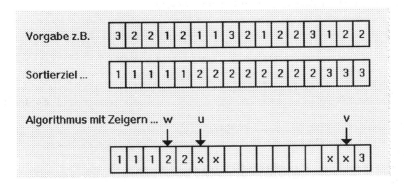

Abb.: Spezialfall zum Sortieren nach Dijkstra

Um einen entsprechenden Algorithmus zu finden, geht man am besten von einem bereits erreichten Zwischenzustand aus (Abb. unten):

Ein Zeiger w weist auf jenen Feldplatz, wo die schon umsortierten Elemente 2 beginnen, davor stehen nur Einser; zwei weitere Zeiger u und v mit u ≤ v markieren den noch unbearbeiteten mittleren Teil des Feldes. Hinter v beginnen die Einträge 3. Wir betrachten nun das Element x am Feldplatz mit der Nummer u:

- Handelt es sich um eine Eins, so vertauschen wir den Inhalt der Plätze u und w und setzen die beiden Zähler u und w je um eins höher.

- Handelt es sich um eine Zwei, so setzen wir einfach u um eins höher.

- Handelt es sich um eine Drei, so vertauschen wir den Inhalt der Plätze u und v und setzen v um eins herunter.

Man erkennt, daß damit wiederum der Zwischenzustand erreicht ist, aber etwas besser ... Solange u ≤ v gilt (WHILE ...), sind diese Schritte zu wiederholen.

Schließlich noch die Initialisierung der totalen Unordnung zu Anfang: Offenbar ist w = u = 1 und weiter noch v = N (≥ 1) zu setzen.

Dem Algorithmus ist auch leicht anzusehen, daß er auf jeden Fall terminiert: Die drei Vorschriften, von denen bei jedem Programmschritt genau eine ausgeführt werden muß, setzen entweder u um eins höher oder aber v um eins nach unten. Der Abstand von u nach v wird also um genau eins geringer, die WHILE-Schleife endet wegen der Anfangswerte von u und v nach exakt N Schritten. Im Sinne des Kapitels 2 ist damit der Algorithmus praktisch verifiziert.

Diese einfachen Überlegungen entwickeln den Algorithmus konstruktiv (wie geht man ingenieurmäßig vor), nicht analytisch (mit welchen Elementen unserer Sprache läßt sich das Problem lösen). Es ist jetzt leicht, ein entsprechendes Programm direkt anzuschreiben, in Pascal (oder was auch immer):

```
PROGRAM sonder_sort ;
USES crt ;
CONST    n = 50 ;
VAR      feld : ARRAY [1 .. n] OF integer ;
         u, v, w : integer ;                              (* Zeiger *)

         PROCEDURE tauschen (i, k : integer) ;
         VAR merk : integer ;
         BEGIN
         merk := feld [i] ; feld [i] := feld [k] ;  feld [k] := merk
         END ;

BEGIN                                                     (* ------------------ *)
randomize ; clrscr ;
FOR u := 1 TO n DO BEGIN                                  (* Demo *)
                feld [u] := 1 + random (3) ;  write (feld [u] : 2)
                END ;
writeln ;
u := 1 ;  w := 1 ;  v := n ;                              (* Initialisierung *)
WHILE u <= v DO BEGIN
                IF feld [u] = 1
                    THEN BEGIN
                        tauschen (u, w); w := w + 1; u := u + 1
                        END
                    ELSE IF feld [u] = 2 THEN u := u + 1
                                ELSE BEGIN    (* feld [u] := 3 *)
                                    tauschen (u, v) ; v := v - 1
                                    END
                END ;
FOR u := 1 TO n DO write (feld [u] : 2) ;
writeln ;
(* readln *)
END .                                                     (* ------------------ *)
```

Betont wird nochmals, daß sich die drei Anweisungen in der WHILE-Schleife gegenseitig ausschließen: Eine Schleife etwa nach dem Muster ...

```
WHILE u <= v DO BEGIN
              IF feld [u] = 1 THEN ...
              IF feld [u] = 2 THEN ...
              IF feld [u] = 3 THEN ...
              END ;
```

wäre grob falsch!

Zum Ansatz der Verifikation im Sinne von Kapitel 2: Dort spielte jeweils eine **Schleifenvariante** eine herausragende Rolle, ein Ausdruck, der vor und nach Durchlauf einer Schleife seinen Wert behielt: arithmetisch oder auch logisch. Im vorliegenden Fall ist die logische Bewertung P der Zeigerpositionen als Invariante zu sehen:

> w zeigt auf den Beginn der Zweier
>
> (P)   u und v mit $u \leq v$ markieren den unbearbeiteten Bereich,
>
> d.h. ab v + 1 stehen die Dreier.

Die Vorbedingung V zu Beginn des Programmlaufs ist w = 1, u = 1 mit v = n, d.h. alles unsortiert (und im nicht-trivialen Fall noch u < v). Die Nachbedingung N nach einem Schleifendurchlauf ist entweder

u := u + 1, eventuell dazu noch w := w + 1, v unverändert

oder aber

v := v - 1, u (und w) unverändert.

Stets gilt $w \leq u$. War vorher u < v, so gilt jetzt immer noch $u \leq v$, die Bewertung P bleibt bestehen und das Programm läuft weiter. War aber vorher u = v, so ist jetzt mit u > v das Programm am Ende, laut P gibt es keinen unbearbeiteten Bereich mehr: Das Feld ist sortiert.

Selbst mit elektronischen Verbindungen können Lehrer
nicht mit mehr als zwei Dutzend Schülern arbeiten.
So war es bei unseren Großeltern,
und so wird es auch bei unseren Enkeln sein. ([S], S. 176)

**In diesem Kapitel wollen wir uns mit Automaten befassen, ein interessantes
Thema, das auch in der Informatik eine wichtige Rolle spielt.**

Automaten gibt es schon lange. Während sie früher ein paar Knöpfe hatten und nur
ganz einfache Verrichtungen ausführten, sind es heute oft programmgesteuerte,
sehr komplexe Geräte. Jeder kennt und benützt im täglichen Leben verschiedene
Automaten: Waschmaschinen, Geschirrspüler, Münzfernsprecher usw. sind solche
Geräte, die aus der Sicht der Informatik eine Menge Gemeinsamkeiten haben.
Zunächst daher ein wenig Theorie: Ein (endlicher) **Automat** ist ein System, das
formal-abstrakt etwa so beschrieben werden kann:

Bedient wird der Automat jeweils durch eine gewisse Eingabe E_j ($j = 1, ..., k$); alle
solchen Bedienmöglichkeiten bilden eine (endliche) **Eingabemenge**. Die Elemente
dieser Menge werden oft Zeichen genannt, die Eingabemenge selber dann naheliegend das Eingabealphabet.

Es gibt eine (endliche) **Menge von (internen) Zuständen** Z_i ($i = 0, 1, ..., n$), unter
denen ein bestimmter als sog. Anfangszustand ausgezeichnet ist, etwa Z_0.

Abhängig vom jeweiligen Zustand und der Bedienung reagiert der Automat mit
einer Ausgabe, mit einem Ergebnis A_s ($s = 0, 1, ..., m$). Unter diesen kommt auch
A_0 vor, keine Reaktion. Bei jedem solchen Vorgang geht der Automat von einem
Zustand Z_{alt} in einen anderen Zustand über, den sog. Folgezustand Z_{neu}. Beide
sind Elemente der o.g. Zustandsmenge.

Diese dynamischen Zustandsänderungen eines jeden Automaten werden durch die **Übergangsfunktion** z geregelt:

$$z_{neu} := z\,(E_j,\ z_{alt})\ ,$$

beginnend mit dem Anfangszustand Z_0 und einer allerersten Eingabe. Das jeweilige Ergebnis (die Ausgabe) wird durch eine **Ergebnisfunktion** f beschrieben:

$$A_s := f\,(E_j,\,,\ z_{alt})\ .$$

Ist $A_s = A_0$, so erfolgte keine Zustandsänderung, d.h. $z_{neu} = z_{alt}$. Dann blieb der Automat ohne Reaktion: Er könnte z.B. „am Ende sein", leer, mit dem Programm fertig o.ä.

Sind die Anzahlen der möglichen Zustände, Eingaben und daraus abzuleitenden Ausgaben relativ klein, so kann ein solcher Automat statisch durch eine sog. **Automatentabelle** (Zustandstafel) beschrieben werden, während die dynamische Struktur besser durch ein Zustandsdiagramm zu charakterisieren ist.

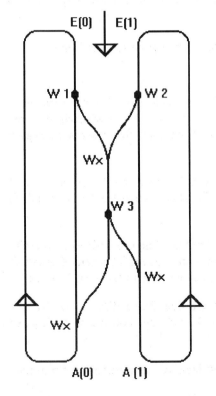

Damit einsichtig wird, wie ganz praktische Situationen abstrahiert und mit Methoden der Automatentheorie modellhaft untersucht werden können, folgendes Beispiel, das man mit einer Märklin-Eisenbahn (mit Schaltgleisstücken) durchspielen könnte: *)

Wir stellen uns entsprechend der Skizze ein einfaches Gleissystem vor, das von einem Zug jeweils von oben nach unten durchfahren wird. Vor der allerersten Einfahrt eines Zuges in den Bahnhof stehen alle Weichen auf „Geradeaus".

Die Weichen W 1, W 2 und W 3 sollen nun folgende Eigenschaft haben:

Jedesmal, wenn ein Zug eine solche Weiche überfährt, stellt diese sich anschließend um, also von „Geradeaus" auf „Abbiegen" oder umgekehrt, je nach vorheriger Stellung.

---

*) Erstmals in Mittelbach, *Simulationen in BASIC*, S. 66 ff (Teubner Stuttgart, 1984).

Die mit Wx kenntlich gemachten Weichen werden beim Überfahren jeweils aufgeschnitten, so daß der Zug nicht entgleist.

Beispiel: Der erste Zug komme über E (0) in die Station, fahre also bei W 1 geradeaus, wobei sich W 1 anschließend auf „Abbiegen" umstellt, und verlasse dann den Bahnhof über die Ausfahrt A (0) . Derselbe Zug kommt dann über E (0) wieder in den Bahnhof, biegt nun bei W 1 ab und verläßt mit Geradeausfahrt über W 3 die Station wiederum bei A (0), wobei sich beide Weichen W 1 und W 3 umstellen, die erste auf „Geradeaus", W 3 aber auf „Abbiegen" ...

Das Gleissystem läßt nur endlich viele Möglichkeiten von Durchfahrten zu. Man kann daher vermuten, daß nach einer gewissen Anzahl von Durchfahrten das Spiel wiederum mit

- **Einfahrt bei E (0)**
- **alle Weichen geradeaus**

beginnt (was tatsächlich nicht der Fall ist!). Zur genaueren Untersuchung kann man das entweder in Gedanken durchspielen oder aber systematisch (formal) unter-suchen. Für die zweite Variante führen wir eine Zustandsbeschreibung auf dem System in folgender Weise ein:

Mit Einstellungen 0 für Geradeaus bzw. 1 für Abzweigung soll das Tripel

(W1, W2, W3)

den Zustand der Station beschreiben, die offenbar höchstens $2^3 = 8$ verschiedene Zustände annehmen kann, von (0, 0, 0) bis (1, 1, 1) ...   Ob wirklich alle vor-kommen, klären wir in der Folge durch ein Programm für unseren nun ganz abstrakt zu formulierenden Automaten:

Dieser hat zwei Eingänge e = 0 oder e = 1, zwei Ausgänge a = 0 oder a = 1, und ziemlich wahrscheinlich maximal acht innere Zustände, auf jeden Fall nur endlich viele.

Wird das System in einem gewissen Zustand Z mit der Eingabe e bedient, so ergibt sich eine gewisse Ausgabe a, wobei diese vom augenblicklichen Zustand Z abhängt, der aufgrund unserer o.g. Regeln in einen neuen Folgezustand übergeht.

Der Automat beginnt mit der Eingabe e = 0 und dem Zustand (0, 0, 0), der ent-sprechend unserer Notation zur Ausgabe a = 0 und dem Folgezustand (1, 0, 0) führt.

Eine allererste Untersuchung kann mit dem folgenden, sehr einfachen Programm stattfinden:

```
PROGRAM stations_automat ;
   USES crt ;
   VAR        w : ARRAY [1 .. 3] OF integer ;
          e , a , i  : integer ;
       mittelfahrt : boolean ;

   BEGIN
   clrscr ;  FOR i := 1 TO 3 DO w [i] := 0 ;                    (* Anfangszustand *)
   REPEAT
      write ('Einfahrt ...' ) ;  readln (e) ;
      write (e : 2, ' ') ;  FOR i := 1 TO 3 DO write (w [i] : 3) ;
      IF e = 0 THEN
         IF w [1] = 0 THEN BEGIN
                             mittelfahrt := false ; w [1] := 1 ; a := 0
                             END
                        ELSE BEGIN
                             mittelfahrt := true ;  w [1] := 0
                             END ;
      IF e = 1 THEN
         IF w [2] = 0 THEN BEGIN
                             mittelfahrt := false ;  w [2] := 1 ;  a := 1
                             END
                        ELSE BEGIN
                             mittelfahrt := true ;  w [2] := 0
                             END ;
      IF mittelfahrt
         THEN IF w [3] = 0 THEN BEGIN
                             w [3] := 1 ;  a := 0
                             END
                        ELSE BEGIN
                             w [3] := 0 ; a := 1
                             END ;
      write (' ---> ') ;  FOR i := 1 TO 3 DO write (w [i] : 3) ;
      writeln (a : 5)
   UNTIL e = 9                                         (* Ausstieg mit Eingabe 9 *)
   END .
```

Durch Experimentieren mit diesem Programm erhält man die folgende Zustands-
oder **Automatentafel**:

Anfangszustand (W1, W2, W3) des Automaten							
Eingabe 000	001	010	011	100	101	110	111
0 100 / 0	101 / 0	110 / 0	111 / 0	001 / 0	000 / 1	011 / 0	010 / 1
1 010 / 1	011 / 1	001 / 0	000 / 1	110 / 1	111 / 1	101 / 0	100 / 1

Abb.: Automatentafel zum System „Bahnhof" von S. 120

Angegeben ist der zur entsprechenden Eingabe gehörende neue Zustand sowie hinter dem Schrägstrich die Ausgabe a . Aufgrund unseres Gleisbildes ist klar, was man auch in der Tafel erkennt: Für e = 0 wird die Weiche W 2 nie umgestellt, analog W 1 bei der Eingabe e = 1.

Wird unsere eingangs genannte Beispieleisenbahn sich selbst überlassen, d.h. die jeweilige Ausgabe als neue Eingabe gewählt, so ergibt sich folgende Sequenz

```
0  000
    0 ---> 100
        0 ---> 001
            0 ---> 101
                0 ---> 000
                    1 ---> 010
                        1 ---> 001
                            0 ...
```

die erkennbar nur fünf Zustände des Systems enthält und in eine Schleife führt, die dann einen bestimmten Durchfahrzyklus mit vier Zuständen darstellt. Entsprechend kann man einen Zug aus dem Anfangszustand 000 mit e = 1 sich selbst überlassen und damit in einen anderen Zyklus einmünden. Der Übergang von einem in den anderen Zyklus kann offenbar nur erreicht werden, wenn der bei z.B. a = 0 ausfahrende Zug nicht nach e = 0 zurückgeführt wird, sondern irgendwann auf irgendeine Weise nach e = 1. Auch dies ließe sich mit einer realen Bahnstrecke durch Zusammenführen der beiden Außenschleifen mit Weichen ausprobieren.

Nimmt man die Ausgabe nicht automatisch als Eingabe, sondern setzt man unabhängig von der jeweiligen Ausgabe stets dieselbe Eingabe, so bekommt man eine übersichtliche Darstellung als **Zustandsdiagramm** mit vier Zyklen, das sich aus der Automatentafel der vorigen Seite ableiten läßt:

An jedem Knoten der folgenden Abb. ist der Zustand eingetragen; im rechten Teil des Diagramms sind jene beiden Zyklen dargestellt, die sich aus dem Anfangszustand durch ständiges Eingeben von 0 oder aber von 1 durchlaufen lassen. Man erkennt, daß auf diese Weise die zwei Zustände 110 und 111 niemals erreicht werden.

Wechselt man in einem solchen Zyklus mit Anfangsknoten bei einem geeigneten Knoten (nicht jeder ist das!) einmal die Eingabe, so gerät man in einen der beiden anderen Zyklen, die wiederum durch ständiges Eingeben von immer 0 oder immer 1 durchlaufen werden können, aber niemals den Anfangszustand erreichen. Bei jedem Knoten ist durch einen Punkt markiert, wenn Ein- und Ausgabe auf einem Zyklus übereinstimmen:

Beispiel zum Lesen: Im Anfangszustand 000 stimmen die Eingaben mit den Ausgaben überein, während z.B. im Zustand 110 die Eingabe 0 zur Ausgabe 0 führt, die Eingabe 1 aber zur Ausgabe 0 wechselt.

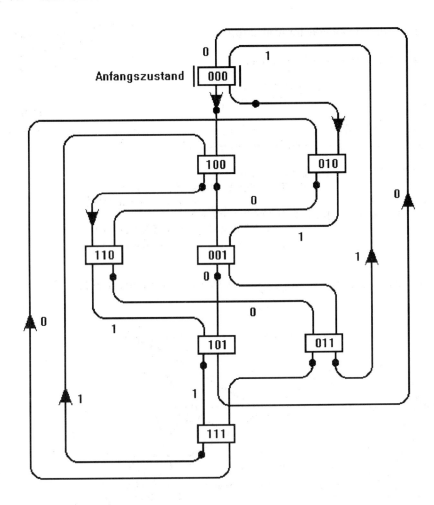

Abb.: Zustandsdiagramm zur Automatentafel von S. 122

Interessant wäre es natürlich, Ausgabe- bzw. Übergangsfunktion

a := a (Eingabe, alter Zustand)

z := z (Eingabe, alter Zustand)

in einer eher mathematischen Form darzustellen, was in unserem Programm leider nicht gerade der Fall ist. Ein- und Ausgaben mit den Werten 0 bzw. 1 sind eingängig, aber die Darstellung der Zustände mit Zahlentupeln 000 ... 111 ist schwerfällig. Diese können aber als Dualzahlen verstanden werden und stehen offenbar dezimal für 0 ... 7. Betrachtet man die Automatentabelle unter diesem Gesichtspunkt, so lassen sich die Gesetzmäßigkeiten komprimierter darstellen:

Die Ausgabefunktion a erkennt man sofort:

```
IF e = 0  THEN IF z IN [5, 7] THEN a := 1
                              ELSE a := 0
          ELSE IF z IN [2, 6] THEN a := 0
                              ELSE a := 1 ;
```

wobei nach dem jeweils zweiten ELSE auch a := e ; gesetzt werden kann. Die Zustandsänderungen sind komplizierter zu beschreiben:

```
IF e = 0 THEN IF z < 4 THEN z := z + 4
              ELSE IF z MOD 2 = 0 THEN z := z - 3
                                  ELSE z := (z + 3) MOD 8
         ELSE IF z IN [0, 1, 4, 5] THEN z := z + 2
                   ELSE IF z IN [2, 6] THEN z := z - 1
                                       ELSE z := z - 3 ;
```

Das Zustandsdiagramm der vorigen Seite läßt sich noch anders zeichnen:

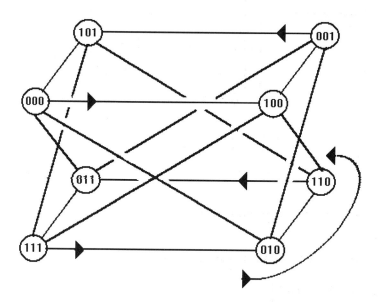

Abb.: Zweite Fassung des Zustandsdiagramms, Anfangszustand 000

Es ist gewissermaßen räumlich zu betrachten: Obere und untere Ebene des Quaders stellen je einen Null-Zyklus dar, d.h. von einem Zustand in den Folgezustand ist jeweils eine Null einzugeben. Gibt man jedoch eine Eins ein, so wechselt man die Ebene. Beispiel: Ausgehend von 100 (oben rechts) gelangt man mit 0 nach 001, dann wiederum mit 0 nach 101, mit 1 jedoch diagonal nach 110 in der unteren Ebene.

Einser-Zyklen sind demnach die vollständigen Umläufe auf Flächen-Diagonalen. Alle Bewegungen erfolgen von oben gesehen gegen den Uhrzeiger. Nicht erkennbar sind im Diagramm die jeweiligen Ausgaben, was man nach dem Muster der Abb. S. 124 ergänzen könnte.

Noch ein anderer Gesichtspunkt: Wählt man als Eingabe die jeweilige Ausgabe, so produziert der Automat bei einem Start mit der Eingabe 1 an den Knoten der oberen Ebene die vier auf 1 endenden „Wörter"

1, 01, 001, 0001

mit der Eigenschaft, daß eine Folge aus solchen Wörtern auch ohne Zwischenräume eindeutig decodierbar ist, selbst bei fehlerhafter Übertragung. Solche Codierungen sind von großem Interesse. Es gibt sie auch für mehr Zeichen: Der bekannteste ist der sog. Shannon-Fado-Code mit den neun Zeichen

00　01　100　10110　11000　11010　11100　11101　111110.

Automaten werden für verschiedenste Steuer- und vor allem Regelungsaufgaben eingesetzt: Während Steuerung nur Befehlsausführung in einer Richtung (u.U. ohne Beachtung der Folgen) darstellt, versteht man unter Regelung eine sinnvolle Steuerung mit Rückkoppelung der Wirkungen: Steuerbefehle werden unter Beachtung von Randbedingungen des Systemzustands automatisch festgelegt und dann ausgeführt. Direkte zusätzliche Eingriffe durch Steuern allein sind nur möglich, wenn sie systemverträglich sind.

Ein schon ziemlich komplexes Beispiel stammt aus der **Bilderkennung**, genauer der Verfolgung bewegter Objekte, z.B. bei Überwachungskameras. Dabei geht es uns nicht um richtige Mustererkennung: ein sehr aufwendiges und komplexes Teilgebiet *) mit Ergebnissen, die sich durchaus schon sehen lassen können, sondern nur darum, signifikante Veränderungen in einem Bild zu erkennen und auszuwerten. Beispielsweise soll eine Videokamera Bilder aufnehmen, wenn sich im Blickfeld Objekte bewegen.

Offenbar sind zeitlich nacheinander anfallende Bilder geeignet auszuwerten und bei positivem Ergebnis Aktionen einzuleiten, Kameraschwenks, Aufnahmen, Alarm ...

Anhand der folgenden schematischen Abb. oben links überlegen wir uns zunächst ein einfaches Verfahren, mit dem eine Bewegung entdeckt werden kann. Später werden wir die Ergebnisse in einem Simulationsprogramm zusammenfassen und geeignet testen.

---

*) Darunter auch die Schrifterkennung (Optical Character Recognition) mit OCR-Software, die zumindest bei genormten (Druck-) Schriften schon sehr gut klappt.

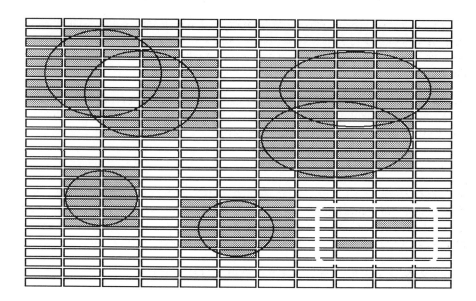

Abb.: Erkennen einer Bewegung durch Auswerten des Bildschirminhalts

Wir vergleichen zwei Bilder zu den Zeitpunkten t und t + Δ t miteinander. Zuvor eine grundsätzliche Feststellung vor dem Hintergrund der VGA-Grafik unter TURBO Pascal: Zwar können zwei solche (farbige) Bilder pixelweise verglichen werden, aber das erfordert derart viel Zeit und Speicherplatz, daß es für die Praxis (noch) nicht in Frage kommt. Wir arbeiten mit Farbauszügen (Maps), die wir in einen Puffer laden und mit einer Schleife schnell durchlaufen können: Jeweils acht aufeinanderfolgende Punkte sind auf einem Byte verschlüsselt. In der obigen Abb. beinhalte also ein kleines Rechteck acht Pixels: Eine Bildzeile enthält 640 : 8 = 80 solcher Rechtecke.

Wie läßt sich eine Bewegung erkennen? In der Zeit Δ t habe sich ein Objekt ein wenig bewegt (Abb. oben links). Die Map n (ein n = 0 ... 3 ist ausgewählt) des ersten Bildes liegt auf einem Puffer [0 ... 38399]. Vom folgenden Bild spielen wir ebenfalls die Map n ab Bildschirmadresse $A000 : 00 ein: Mit einer Schleife

```
anzahl := 0 ;
FOR test := 0 TO 38399 DO
    IF puffer [test] <> mem [$A000 : test] THEN anzahl := anzahl + 1 ;
```

finden wir jene Acht-Punkte-Tupel (Rechtecke) heraus, deren Inhalt sich irgendwie geändert hat. Sie sind in der Abb. oben links grau hinterlegt. Die Schleife reagiert also nicht auf einzelne Punkte, sondern nur auf jeweils acht aufeinander folgende gleichen Farbauszugs: Es reicht, wenn sich in einem solchen Rechteck ein einziger Punkt verändert hat! Deswegen sind in der Abb. weit mehr Rechtecke eingefärbt, als man zunächst annehmen sollte.

Größere Objekte werden selbst bei sehr langsamer Bewegung sicher identifiziert; kleinere (Abb. unten links) jedenfalls dann, wenn sie einigermaßen schnell sind:

IF anzahl > reizschwelle THEN Bewegung entdeckt ...

Durch Versuche wird festzustellen sein, wie groß die Reizschwelle gewählt werden muß, damit es keine Fehlalarme gibt: Denn es wird auch einige Rechtecke aus dem Hintergrund geben (Abb. unten rechts), bei denen in der Zeit Δ t Veränderungen aufgetreten sind („Hintergrundrauschen"). Möglich ist außerdem, daß sich ein sehr kleines Objekt ganz langsam und unbemerkt durch das Bildfeld „schleicht" ...

Zur Entdeckung einer Bewegung werden zeitlich aufeinanderfolgende Bilder der Reihe nach mit den Maps 0 ... 3 betrachtet; für das weitere Verfahren wird jene Map ausgewählt, bei der sich eine deutliche Veränderung bemerkbar gemacht hat. Das Verfahren scheitert, wenn sich ein Objekt mit genau jener Farbe durch das Bildfeld bewegt, die auch der Hintergrund hat. Dann sind leider alle Maps zu jedem Zeitpunkt gleich. Aber das wird in der Praxis kaum vorkommen.

Haben wir ein Objekt entdeckt, so wäre es von Interesse, ihm die Kamera folgen zu lassen („Schwenks") und einige „sichernde" Aufnahmen zu machen: Es ist relativ einfach, die Position des Objekts im Bildfeld zu bestimmen, wenn die Bewegung nicht zu schnell ist:

Zur x-Koordinate (links/Mitte/rechts): Die Laufvariable test durchläuft Werte bis 38 400; MOD 80 wird jeweils eine neue Zeile begonnen. Das Ergebnis von

```
sumx := 0 ;
FOR test := 0 TO 38399 DO IF puffer [test] <> mem [$A000 : test]
                    THEN sumx := sumx + test MOD 80 - 40 ;
```

ist ≈ 0 , wenn sich die Änderungen (hauptsächlich) in Bildschirmmitte befinden, aber < 0 links bzw. > 0 rechts! Denn ganz links sind die zu addierenden Werte stets bei - 40, recht hingegen bei + 40. Die Auswertung der Schleife setzt Bewegung voraus. - In entsprechender Weise kann mit

```
sumy := 0 ;
FOR test := 0 TO 38399 DO IF puffer [test] <> mem [$A000 : test]
                    THEN sumy := sumy + test - 19200 ;
```

(meistens) festgestellt werden, ob sich das Objekt im oberen Teil des Bildfeldes (also y < 320) oder unten (y > 320) aufhält, wiederum Bewegung vorausgesetzt. Denn für alle „oberen" Bildzeilen gilt test < 19200.

In beiden Fällen darf sich das Objekt nicht extrem schnell bewegen, da sich sonst irrtümlich die Vermutung einstellt, das Objekt sei in der Mitte des Bildfelds.

Außerdem sind gewisse Sonderfälle der Objektform und Lage (z.B. sehr lang-gestreckt und diagonal u.a.) denkbar, bei denen das Verfahren versagt.

Im folgenden Listing wird dieses Verfahren realisiert; da kein reales Kamerabild zur Verfügung steht, wird in der Prozedur kamera (h, l) ein Objekt (und zwar ein „Männchen") relativ gegen den Hintergrund (Horizont und Wand rechts) ein-gespielt, wobei die jeweilige Identifizierung dann zu einer Verschiebung des Objekts gegen den Hintergrund mittels h und l (Simulation von Kameraschwenks) führt, die Kamera also nach Entdecken der Bewegung dem Objekt folgt.

Ersetzt man die Prozedur kamera entsprechend durch ein echtes Kamerabild (siehe Fußnote S. 131) in der Zeit, so ist ein einfaches Überwachungsgerät fertig. Die Kameraschwenks könnten mit dem Baustein aus Kapitel 5 problemlos realisiert werden. Während eines Schwenks darf keine Bildauswertung erfolgen, sonst gerät das System außer Kontrolle!

```
PROGRAM bilderkennung ;
USES dos, graph, crt ;
VAR      driver, mode : integer ;                         reg : registers ;
             egabase : Byte absolute $A000:00 ;          map : byte ;
                puffer : ARRAY [0 .. 38400] OF byte ;
          sumx, sumy, test, reiz, mot : longint ;
      motion, notfound : boolean;
                x, y, r, s : integer ;   (* Bildsimulation *)
      taste, cursx, cursy : integer ;   (* Bildbewegung *)
                    m, l : integer ;   (* Kameraschwenks *)

PROCEDURE mausinstall;                    (* Maus-Prozeduren ...
PROCEDURE mausein ;
PROCEDURE mausaus ;
PROCEDURE mausposition ;                    ... siehe Kap. 9 *)

PROCEDURE kamera (h, l : integer) ;              (* simuliert Bildeinspielung *)
VAR a, b, u, v, k : integer ;
BEGIN
mausposition ;
a := (cursx - r) DIV 2 ;  b := cursy - s ;              (* Tempo in x drosseln *)
b := cursy - s;
r := cursx ;  s := cursy ;
IF (cursx > 540) OR (cursx < 100)              (* zurücksetzen: Relativmaus! *)
   THEN BEGIN
        reg.ax := 4 ;  reg.cx := 325 ;  r := 325 ;  cursx :=325 ; intr ($33, reg)
        END ;
x := x + a ;  y := y + b ;  (* Simulation Objekt und Hintergrund *)
fillellipse (x, y, 20, 20) ;  fillellipse (x, y + 60, 20, 40) ;
bar (h, 0, 639, 479) ;
FOR k := 0 TO 20 DO line (0, l - 120 + k*k, 639, l - 120 + k*k)
END ;
```

```
BEGIN                                    (* --------------------------------- *)
reiz := 100 ;                            (* Reizschwelle der Bewegungserkennung *)
driver := detect; initgraph (driver, mode, ' ') ;
        mausinstall ;          (* nur bei Simulation des Bildes ... *)
        x := 0 ;  y:= 0 ;  m := 500 ;  l := 240 ;
        reg.ax := 4 ;          (* Cursor positionieren *)
        r := 0 ;  move (r, reg.cx, 2) ;  s := 0 ; move (r, reg.dx, 2) ;  intr ($33, reg) ;
        mausposition ; r := cursx ;  s := cursy ;
        setcolor (red) ;
motion := false ;
REPEAT                                   (* Erkennen eines bewegten Objekts *)
   map := 0 ;
   REPEAT
          kamera (m, l) ;
        port [$03CE] := 4; port [$03CF] := map AND 3 ;
        move (egabase, puffer [0], 38400) ;
        cleardevice ;
          kamera (m, l) ;
        mot := 0 ;
        port [$03CE] := 4 ;  port [$03CF] := map AND 3 ;
        FOR test := 0 TO 38399 DO
            IF puffer [test] <> mem [$A000:test] THEN mot := mot + 2 ;
        IF mot > reiz THEN motion := true ;
        cleardevice ;
        map := map + 1
   UNTIL (map > 3) OR motion
UNTIL motion OR keypressed ;
IF keypressed THEN halt ;                (* Ausstieg bei defekter Maus *)
write (chr (7)) ; map := map - 1;
          kamera (m, l) ;
port [$03CE] := 4; port [$03CF] := map AND 3 ;
move (egabase, puffer [0], 38400) ;
cleardevice ;

REPEAT                                   (* Bewegungsverfolgung *)
   write (chr (7)) ;
   sumx := 0 ; sumy := 0 ;
          kamera (m, l) ;
   port [$03CE] := 4; port [$03CF] := map AND 3 ;
   FOR test := 0 TO 38399 DO          (* Position des Objekts in x *)
        BEGIN
        IF mem [$A000 : test] <> puffer [test]
           THEN sumx := sumx + test MOD 80 - 39 ;
        IF mem [$A000 : test] <> puffer [test]
           THEN sumy := sumy + test - 19200 ;    (* Position in y *)
        END ;
   IF abs (sumx) > 1000 THEN               (* x zentrieren *)
      REPEAT
         write (chr (7)); notfound := false;
         IF (sumx > 0) AND (x > 320)        (* Objekt rechts *)
            THEN BEGIN
                 x := x - 8; m := m - 8
                 END
```

```
          ELSE
          IF (sumx < 0) AND (x < 320)                    (* Objekt links *)
               THEN BEGIN
               x := x + 8 ; m := m + 8
               END
               ELSE notfound := true ;
     cleardevice ;
               kamera (m, l) ;
UNTIL (abs (x - 320) < 40) OR notfound ;

IF abs (sumy) > 2000 THEN                                 (* y zentrieren *)
     REPEAT
       write (chr (7)) ;  notfound := false ;
       IF (sumy > 100) AND (y > 240)                      (* Lage unten *)
          THEN BEGIN
               y := y - 5 ;  l := l - 5
               END
          ELSE
       IF (sumy < - 100) AND (y < 240)                    (* Lage oben *)
          THEN BEGIN
               y := y + 5 ;  l := l + 5
               END
               ELSE notfound := true ;
     cleardevice ;
               kamera (m, l)
     UNTIL (abs (y - 240) < 40) OR notfound ;
     move (egabase, puffer [0], 38400) ;
     cleardevice
UNTIL keypressed ;  closegraph
END .                                     (* ----------------------------------- *)
```

Und nun viel Spaß beim Überwachen per Simulation ...   *)

Zurück zu Automaten im engeren Sinn: Auch eine kleine Mausefalle kann als einfacher Automat verstanden werden; ein **Postautomat** ist schon ein ziemlich komplexes Beispiel: Er kann Geld wechseln und Briefmarken ausgeben, sofern die jeweiligen Eingaben stimmig sind und die internen Vorräte ausreichen.

Das folgende, recht umfangreiche Listing ist im EVD-Praktikum der FHM im Sommer 1995 entstanden; Autor ist Dieter Busse. - Beachten Sie, daß vor dem Start unbedingt die Maus aktiviert werden muß. Je nach Eingabe und (gewünschter) Reaktion geht der Automat schrittweise in Folgezustände über, bis er schließlich inaktiv wird und per Service wieder aktiviert werden muß; eine entsprechende Funktion zum „Hineinschauen" und Auffüllen ist implementiert.

---

*) Stand Ende '96: CHEOPS in 86956 Schongau, Klammspitzstr. 53 liefert für rd. 600 DM eine Videokarte, mit der jeder Camcorder in C-Programme eingebunden werden kann. Softwaretips für Turbo Pascal gegebenenfalls durch den Verfasser.

```
PROGRAM post_automat ;                    (* Dieter Busse, FHM SS 1995 IF 2 A *)
USES dos, graph, crt ;

VAR       reg    :     registers ;        (*Für Interrupt*)
    taste, cursorx, cursory : integer ;   (*Für Mausabfrage*)
              wahl  :     char ;          (*Für Tastaturabfrage*)
    driver, mode       :   integer ;      (*Für Grafikinit*)
    i, zeile, spalte   :   integer ;
    marken, fuenfer, zwickel, markel, fufies, zehnerl      : integer ;
    bottom         :     integer ;        (*Untergrenze*)
    guthaben       :     integer ;        (*Eingeworfenes Geld*)
    maxmoney       :     integer ; (*Fassungsvermögen des Automaten*)
    marken_rueck, fuenfer_rueck, zwickel_rueck, markel_rueck, fufies_rueck,
    zehnerl_rueck   :     integer ;       (*Gadgets zeichnen*)


PROCEDURE Drawstuff ;
BEGIN
cleardevice ;  bottom:=250 ;                        (*Umrandungen zeichnen*)
line (0, 0, 639, 0); line (639, 0, 639, 349) ; line (639, 349, 0, 349) ;
line (0, 349, 0, 0) ;
line (0, bottom + 5, 639, bottom + 5) ;  line (550, 0, 550, bottom + 5) ;
line (0, 15, 550, 15) ;
spalte := 10 ; OutTextXY (spalte,  4, ' 5 Mark') ;
setfillstyle (1, Green) ;
FOR  i:= 1 TO fuenfer DO
      Bar3D (spalte, bottom- (12 * i), spalte + 80, bottom - (12*i) + 10, 5, TopOn) ;
spalte := 100 ; OutTextXY (spalte, 4, ' 2 Mark') ;
setfillstyle (1, Green) ;
FOR i := 1 TO zwickel DO
      Bar3D (spalte, bottom - (12*i), spalte + 80, bottom - (12*i) + 10, 5, TopOn) ;
spalte := 190 ; OutTextXY (spalte, 4, ' 1 Mark') ;
setfillstyle (1, Green) ;
FOR  i:= 1 TO markel DO
      Bar3D (spalte, bottom - (12*i), spalte + 80, bottom - (12*i) + 10, 5, TopOn) ;
spalte := 280 ; OutTextXY (spalte, 4, '50 Pfennig') ;
setfillstyle (1, Green) ;
FOR i := 1 TO fufies DO
      Bar3D (spalte, bottom - (12*i), spalte + 80, bottom - (12*i) + 10, 5, TopOn) ;
spalte := 370 ;  OutTextXY (spalte, 4, '10 Pfennig') ;
setfillstyle (1, Green) ;
FOR  i:= 1 TO zehnerl DO
      Bar3D (spalte, bottom - (12*i), spalte + 80, bottom - (12*i) + 10, 5, TopOn) ;
spalte := 460 ; OutTextXY (spalte, 4, 'Briefmarken') ;
setfillstyle (1, Green) ;
FOR i := 1 TO marken DO
      Bar3D (spalte, bottom - (12*i), spalte + 80, bottom - (12*i) + 10, 5, TopOn) ;
spalte := 10 ; bottom := 350 ;
setfillstyle (1, Red) ;
FOR i:=1 TO fuenfer_rueck DO
      Bar3D (spalte, bottom - (12*i), spalte + 80, bottom - (12*i) + 10, 5, TopOn) ;
spalte := 100 ;
FOR i := 1 TO zwickel_rueck DO
      Bar3D (spalte, bottom - (12*i), spalte + 80, bottom - (12*i) + 10, 5, TopOn) ;
```

```
spalte := 190 ;
FOR i := 1 TO markel_rueck DO
      Bar3D (spalte, bottom - (12*i), spalte + 80, bottom - (12*i) + 10, 5, TopOn) ;
spalte := 280 ;
FOR i := 1 TO fufies_rueck DO
      Bar3D (spalte, bottom - (12*i), spalte + 80, bottom - (12*i) + 10, 5, TopOn) ;
spalte := 370 ;
FOR i := 1 TO zehnerl_rueck DO
      Bar3D (spalte, bottom - (12*i), spalte + 80, bottom - (12*i) + 10, 5, TopOn) ;
spalte := 460 ;
FOR i:=1 TO marken_rueck DO
      Bar3D (spalte, bottom - (12*i), spalte + 80, bottom - (12*i) + 10, 5, TopOn) ;
spalte := 552 ;
setfillstyle (1, Blue) ;
Bar3D (spalte, 6, spalte + 79, 6 + 10, 5,TopOn) ;
OutTextXY (spalte + 3, 8, '  5 Mark') ;
Bar3D (spalte, 22, spalte + 79, 22 + 10, 5, TopOn) ;
OutTextXY (spalte + 3, 24, '  2 Mark') ;
Bar3D (spalte, 38, spalte + 79, 38 + 10, 5, TopOn) ;
OutTextXY (spalte + 3, 40, '  1 Mark') ;
Bar3D (spalte, 54, spalte + 79, 54 + 10, 5, TopOn) ;
OutTextXY (spalte + 3, 56, ' Wechseln') ;
Bar3D (spalte, 70, spalte + 79, 70 + 10, 5, TopOn) ;
OutTextXY (spalte + 3, 72, 'Br-Marken') ;
Bar3D (spalte, 86, spalte + 79, 86 + 10, 5, TopOn) ;
OutTextXY (spalte + 3, 88, ' Rückgabe') ;
Bar3D (spalte, 102, spalte + 79, 102 + 10, 5, TopOn) ;
OutTextXY (spalte + 3, 104, ' Service') ;
Bar3D (spalte, 118, spalte + 79, 118 + 10, 5, TopOn) ;
OutTextXY (spalte + 3, 120, '   Ende') ;
OutTextXY (spalte + 3, 150, 'Guthaben:') ;
OutTextXY (spalte + 30, 165, chr(guthaben + $30))
END ;

PROCEDURE InstallMaus ;
BEGIN
reg.ax := 0 ; intr ($33,reg) ;
reg.ax := 7 ; reg.cx := 0 ; reg.dx := getmaxx ; intr ($33, reg) ;
reg.ax := 8 ; reg.cx := 0 ; reg.dx := getmaxy ; intr ($33, reg)
END ;

PROCEDURE ShowMaus ;
BEGIN   reg.ax := 1;  intr ($33, reg)   END ;

PROCEDURE MausPos ;
BEGIN
reg.ax := 3 ; intr ($33, reg) ;
move (reg.bx, taste, 2) ;  move (reg.cx, cursorx, 2) ;  move (reg.dx, cursory, 2)
END ;

PROCEDURE MausAus ;
BEGIN   reg.ax := 2 ;  intr ($33, reg)   END ;
```

```
PROCEDURE InstallGFX ;
BEGIN
driver := ega ; mode := 1 ;              (*EGA Modus wählen samt Auflösung *)
initgraph (driver, mode, ' ')                (* Pfad zum Treiber einstellen *)
END ;

PROCEDURE Service ;        (* Geldentnahme und Nachfüllen des Automaten *)
BEGIN
MausAus ;  closegraph ;
REPEAT
  clrscr ;
  writeln ('1...Anzahl 5 Mark Stücke ändern') ;
  writeln ('2...Anzahl 2 Mark Stücke ändern') ;
  writeln ('3...Anzahl 1 Mark Stücke ändern') ;
  writeln ('4...Anzahl 50 Pfennig Stücke ändern') ;
  writeln ('5...Anzahl 10 Pfennig Stücke ändern') ;
  writeln ('6...Anzahl Briefmarken ändern') ;
  writeln ('7...Service verlassen') ;        wahl := readkey ;
  CASE wahl of
  '1' : BEGIN
          write ('Neue Anzahl 5 Mark Stücke eingeben (max 18):') ;
          readln (fuenfer) ;
          IF fuenfer > 18 THEN fuenfer := 18        (* Stets nur max 18 erlaubt!*)
        END ;
  '2' : BEGIN
          write ('Neue Anzahl 2 Mark Stücke eingeben (max 18):') ;
          readln (zwickel) ;
          IF zwickel > 18 THEN zwickel := 18
        END ;
  '3' : BEGIN
          write ('Neue Anzahl 1 Mark Stücke eingeben (max 18):') ;
          readln (markel) ;
          IF markel > 18 THEN markel:=18
        END ;
  '4' : BEGIN
          write ('Neue Anzahl 50 Pfenning Stücke eingeben (max 18):') ;
          readln (fufies) ;
          IF fufies > 18 THEN fufies := 18
        END ;
  '5' : BEGIN
          write ('Neue Anzahl 10 Pfenning Stücke eingeben (max 18):') ;
          readln(zehnerl) ;
          IF zehnerl > 18 THEN zehnerl := 18
        END ;
  '6' : BEGIN
          write ('Neue Anzahl Briefmarken eingeben (max 18):') ;
          readln (marken) ;
          IF marken > 18 THEN marken := 18
        END ;
  END ;
UNTIL wahl = '7' ;
installgfx ;  InstallMaus ; ShowMaus ; drawstuff
END ;
```

```
PROCEDURE fuenf ;                        (*Fünf Mark werden eingeworfen*)
BEGIN
IF (guthaben < 4) AND (fuenfer < maxmoney)
THEN BEGIN
     guthaben := guthaben + 5 ; fuenfer := fuenfer + 1
     END
ELSE fuenfer_rueck := fuenfer_rueck + 1 ;
DrawStuff ; delay (1500)
END;


PROCEDURE zwo ;                          (*Zwei Mark werden eingeworfen*)
BEGIN
IF (guthaben < 4) AND (zwickel < maxmoney)
THEN BEGIN
     guthaben := guthaben + 2 ; zwickel := zwickel + 1
     END
ELSE zwickel_rueck := zwickel_rueck + 1 ;
DrawStuff ; delay (1500)
END ;


PROCEDURE eins ;                         (*Eine Mark wird eingeworfen*)
BEGIN
IF (guthaben < 4) AND (markel < maxmoney)
THEN BEGIN
     guthaben := guthaben + 1 ;  markel:=markel+1
     END
ELSE markel_rueck := markel_rueck + 1;
DrawStuff ;  delay (1500)
END ;


PROCEDURE wechseln ;
BEGIN
IF guthaben > 0
THEN BEGIN
     IF (fufies > 0) AND (zehnerl > 5)
     THEN BEGIN
          guthaben := guthaben - 1 ;  fufies_rueck := fufies_rueck + 1 ;
          zehnerl_rueck := zehnerl_rueck + 5 ; fufies := fufies - 1 ;
          zehnerl := zehnerl - 5
          END ;

     REPEAT
        IF (guthaben >= 5) AND (fuenfer > 0)
        THEN BEGIN
             guthaben := guthaben - 5 ; fuenfer := fuenfer - 1 ;
             fuenfer_rueck := fuenfer_rueck+1
             END ;

        IF (guthaben >= 2) AND (zwickel > 0)
        THEN BEGIN
             guthaben:=guthaben - 2 ; zwickel := zwickel - 1 ;
             zwickel_rueck := zwickel_rueck + 1
             END ;
```

```
                  IF (guthaben >= 1) AND (markel > 0)
                  THEN BEGIN
                          guthaben := guthaben - 1 ;  markel := markel - 1 ;
                          markel_rueck := markel_rueck + 1
                          END
          UNTIL (guthaben = 0) ;
          DrawStuff ;  delay (9000) ;                          (*Kleine Warteschleife*)
          fuenfer_rueck := 0 ;  zwickel_rueck := 0 ;
          markel_rueck := 0 ;  fufies_rueck := 0 ;
          zehnerl_rueck := 0;  marken_rueck := 0 ;
          DrawStuff
          END
   END ;


   PROCEDURE rueckgabe;
   BEGIN
   REPEAT
       IF (guthaben >= 5) AND (fuenfer > 0)
       THEN BEGIN
               guthaben := guthaben - 5 ;  fuenfer := fuenfer - 1 ;
               fuenfer_rueck := fuenfer_rueck + 1
               END ;
       IF (guthaben >= 2) AND (zwickel > 0)
       THEN BEGIN
               guthaben := guthaben - 2 ;  zwickel := zwickel - 1 ;
               zwickel_rueck := zwickel_rueck + 1
               END ;
       IF (guthaben >= 1) AND (markel > 0)
       THEN BEGIN
               guthaben := guthaben - 1 ;  markel := markel - 1 ;
               markel_rueck := markel_rueck + 1
               END
   UNTIL (guthaben = 0) ;
   DrawStuff ;  delay (9000) ;
   fuenfer_rueck := 0 ;  zwickel_rueck := 0 ;  markel_rueck := 0 ;  fufies_rueck := 0 ;
   zehnerl_rueck := 0 ;  marken_rueck := 0 ;
   DrawStuff
   END ;


   PROCEDURE markenkauf ;
   BEGIN
   IF (guthaben >= 4) AND (marken > 0)
   THEN BEGIN
           guthaben := guthaben - 4 ;
           marken:=marken - 1 ;
           marken_rueck := marken_rueck + 1 ;
           rueckgabe
           END
   END ;
```

(* Diese Prozeduren beschreiben Ein- und Ausgabefunktionen sowie
                                   die Übergangsfuktionen *)

```
BEGIN                              (* ------------------------------- Hauptprogramm *)
InstallGFX ;
(*Geldwerte auf Anfangszustand setzen. maximal 18*)
fuenfer := 0 ;  zwickel := 9 ;  markel := 9 ;  fufies := 18 ;  zehnerl := 18 ;
marken := 18 ; guthaben := 0 ;
fuenfer_rueck := 0 ;  zwickel_rueck := 0 ;  markel_rueck := 0 ; fufies_rueck := 0 ;
zehnerl_rueck := 0 ;  marken_rueck := 0 ;
maxmoney := 18 ;
DrawStuff ;  InstallMaus ; ShowMaus ;

REPEAT
    MausPos ;
    IF taste = 1 THEN              (* linke Maustaste zur Programmbedienung *)
    BEGIN
    mausaus ;
    IF (cursorx > spalte) AND (cursorx < spalte + 79) AND (cursory > 6)
          AND (cursory < 6 + 10) THEN fuenf ;
    IF (cursorx > spalte) AND (cursorx < spalte + 79) AND (cursory > 22)
          AND (cursory < 18 + 10) THEN zwo ;
    IF (cursorx > spalte) AND (cursorx < spalte + 79) AND (cursory > 38)
          AND (cursory < 38 + 10) THEN eins ;
    IF (cursorx > spalte) AND (cursorx < spalte + 79) AND (cursory > 54)
          AND (cursory < 54 + 10) THEN wechseln ;
    IF (cursorx > spalte) AND (cursorx < spalte + 79) AND (cursory > 70)
          AND (cursory < 70 + 10) THEN markenkauf ;
    IF (cursorx > spalte) AND (cursorx <spalte + 79) AND (cursory > 86)
          AND (cursory < 86 + 10) THEN rueckgabe ;
    IF (cursorx > spalte) AND (cursorx <spalte + 79) AND (cursory > 102)
          AND (cursory< 102 + 10) THEN service ;
    IF (cursorx > spalte) AND (cursorx < spalte + 79) AND (cursory > 118)
          AND (cursory< 118 + 10) THEN taste := 2 ;
    showmaus
    END
UNTIL taste = 2 ;                  (* Maus rechts : Programmende *)
closegraph ; MausAus
END .                              (* -------------------------------------------------------- *)
```

Einige Routinen - z.B. die Mausabfragen des Hauptprogramms - hätten durch eine Funktion zusammengefaßt werden können:

```
FUNCTION maustest (a, b, c, d : integer) : boolean ;
BEGIN
IF (cursorx > a) AND (cursorx < b) AND (cursory > c) AND (cursory < d)
    THEN maustest := true  ELSE maustest := false
END ;
```

Dann wäre man mit einfachen Aufrufen ausgekommen:

```
IF maustest (spalte, spalte + 97, 6, 6 + 10) THEN fuenf ;
```

Insgesamt verhält sich der Postautomat sehr vernünftig; die Ein- und Ausgabe-, sowie Übergangsfunktionen sind zweckmäßig implemetiert und arbeiten einwandfrei. Auch der Service ist bequem eingerichtet.

Auf der Disk finden Sie drei weitere Lösungen für diese Aufgabe, individuell ganz anders gestaltet und ebenfalls im EDV-Praktikum entstanden.

Unser PC ist im Sinne dieses Kapitels ebenfalls ein (endlicher) Automat: Mit dem TURBO Compiler oder einem bereits compilierten Code handelt es sich um eine spezielle Pascal-Maschine, die auf gewisse Eingaben mit (hoffentlich) erwarteten Ausgaben reagiert, eine **Blackbox**. Software und Hardware zusammen, das macht die konkrete Maschine aus, deren Innenleben uns nicht weiter interessiert.

Schon ein fertiges (fremdes) Programm ist so eine Art Blackbox; es reagiert mit gewissen Eingaben auf mehr oder weniger erwartete Ausgaben, von denen wir meist nicht (oder nur ungenau) wissen, wie sie intern zustande kommen.

Bei der Fehlersuche in einem eigenen Programm wird es in der Testphase daher ganz entscheidend darauf ankommen, nur solche Datensätze zu verwenden („repräsentative Wertanalyse"), mit denen möglichst alle denkbaren Bereiche überstrichen werden, so vor allem die Grenzfälle, um eventuellen Fehlern auf die Spur zu kommen. Klar muß uns dabei sein, daß auf diese Weise nur die Anwesenheit von bestimmten Fehlern festgestellt werden kann, niemals aber die Abwesenheit von vermuteten anderen (oder Fehlerfreiheit überhaupt).

Das Testen mit Daten ist also eine höchst unvollständige Sache; es kann durch sog. „ablaufbezogenes" Testen ergänzt werden: Man versucht dabei, die Eingangsdaten derart zu wählen, daß möglichst viele Programmschleifen wenigstens einmal durchlaufen werden, notfalls bei verschiedenen Testläufen. Vielleicht

8 Parallelrechnen

All diese High-Tech-Knalleffekte sind nichts
gegen einen Spaziergang über geschichtsträchtigen Boden
oder eine stille Meditation
zwischen tausendjährigen Mammutbäumen. ([S], S. 220)

In diesem Kapitel wird zunächst auf Pointer (Zeigervariable) eingegangen; dann behandeln wir die Koppelung zweier PCs mit Anwendungen.

Zeigervariable sind Variable, die Adressen des Speichers enthalten, meistens solche aus dem sog. Heap, dem unter Laufzeit eines Programms noch freien Speicher. Abgesehen vom vordeklarierten Typ Pointer zum direkten Ablegen von Adressen werden Zeigervariable in TURBO Pascal in der Form VAR zeiger : ^typ vereinbart. Die sog. Bezugsvariable oder Instanz zeiger^ liegt dann auf dem Heap und enthält einen Wert des angegebenen Typs, z.B. eine Ganzzahl oder einen kompletten Record.

Bezugsvariable mit nachgeschaltetem ^ (Caret) kommen also nur im Listing vor, während das vorgeschaltete ^ ausschließlich im Deklarationsteil Platz hat.

Die Verwendung von Zeigervariablen demonstrieren wir zunächst mit einer **Ringliste**: Das ist eine sehr gebräuchliche Datenstuktur mit Vorwärtsverkettung, bei der das „letzte" Element einer zunächst linearen Liste wieder an das „erste" anschließt.

Unser Beispiel kann verstanden werden als ringförmiges Rechnernetz, in dem Nachrichten von einem Sender zu einem Empfänger derart versandt werden, daß entsprechend der Eingabereihenfolge 1, 2, 3, ..., n - 1, n , 1 die Nachrichten ab Sender im Kreis laufen, bis sie vom jeweiligen Empfänger abgerufen werden:

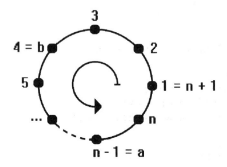

Abb: Sog. Ringliste, z.B. geschlossenes Rechnernetz

Eine Nachricht von z.B. a = n - 1 nach b = 4 enthält eine Angabe über den Zielrechner und läuft über die Positionen n, 1, 2 und 3, wird also „weitergereicht". Die skizzierte Netzstruktur benötigt sehr wenige Leitungen, bricht aber bei Ausfall nur eines einzigen Rechners völlig zusammen. *)

Das folgende Listing zeigt neben dem ersten Netzaufbau auch das Einfügen neuer und das Löschen (Entfernen) existierender Rechner.

```
PROGRAM ringliste_mit_vorwaertsverkettung ;
      (* Achtung : Bei Suchen, Aufbau etc. nur existierende Knoten eingeben! *)
USES crt ;

TYPE   kreis = ^adresse ;
       adresse = RECORD
                      teilnehmer : string [2] ;
                      kette : kreis
                      END ;
VAR           start, merk, wer : kreis ;
       station, station1, station2 : string [2] ;
                      c : char ;
```

---

*) Andere gebräuchliche Netzstrukturen sind z.B. sternförmig mit einem zentralen Rechner (Host), über den alle Nachrichten laufen, oder das Netz basiert auf einem sog. Bus, einer Leitung, an der die einzelnen Rechner seitlich angeschlossen sind: Solche sternförmigen Netze benötigen viele Kabel, sind aber leicht erweiterbar und ziemlich betriebssicher. Fällt ein peripherer Rechner aus, so ist das für die restlichen offenbar ohne Bedeutung. - Die Bus-Topologie ist sehr einfach zu implementieren, birgt aber die Gefahr des Ausfalls dieser Leitung (dann geht gar nichts mehr), und muß für den einzelnen Rechner oftmals lange Wartezeiten bis zum Leitungszugriff in Kauf nehmen. - Auch im PC gibt es einen solchen Bus: zum Aufstecken der einzelnen Karten, die der Reihe nach angesprochen werden.

```
PROCEDURE eingabe ;
BEGIN
REPEAT
    write ('Teilnehmerkennung (x = ENDE)... ') ;  readln (station) ;
    IF station <> 'x' THEN BEGIN
                            new (wer) ;
                            wer^.teilnehmer := station ;
                            IF start = NIL THEN start := wer
                                        ELSE merk^.kette := wer ;
                            merk := wer
                            END
                    ELSE wer^.kette := start
UNTIL station = 'x'
END ;


PROCEDURE nachtrag ;
BEGIN
write ('Nach welchem Teilnehmer einfügen?    ') ;  readln (station) ;
write ('Wie soll der neue Teilnehmer heißen? ') ;  readln (station1) ;
new (wer); wer^.teilnehmer := station1 ;
WHILE start^.teilnehmer <> station DO start := start^.kette ;
wer^.kette := start^.kette ;  start^.kette := wer
END ;


PROCEDURE entfernen ;
BEGIN
write ('Welchen Teilnehmer entfernen? ') ;  readln (station1) ;
WHILE start^.teilnehmer <> station1 DO BEGIN
        merk := start; start :=  start^.kette
                                    END ;
start := start^.kette ;
merk^.kette := start ;  readln
END ;


PROCEDURE zeigen ;
BEGIN
writeln ('Umläufe im Rechnernetz entsprechend Eingabe ... ') ;
WHILE NOT keypressed DO BEGIN
        delay (100) ;  write ('  ', start^.teilnehmer) ;  start := start^.kette
                            END ;
readln  (* Wegen keypressed !!! *)
END ;


PROCEDURE netz ;
BEGIN
writeln ('Verbindungsaufbau für Nachrichten ... ') ;
REPEAT
    write ('Senderkennung ...    ') ;  readln (station1) ;
    IF station1 <> 'x' THEN BEGIN
        WHILE start^.teilnehmer <> station1 DO start := start^.kette ;
        write ('Empfängerkennung ... ') ;  readln (station2) ;
        write ('Verbindung ... : ') ;
        WHILE  start^.teilnehmer <> station  DO
```

```
                    BEGIN
                    write ('   ', start^.teilnehmer) ;  start := start^.kette
                    END ;
              writeln ('   ', start^.teilnehmer)
                                     END
        UNTIL station1 = 'x'
        END ;

        BEGIN                            (* ------------------------------------------- *)
        start := NIL ;  merk := NIL ;
        REPEAT
            clrscr ;
            writeln ('Rechner in einem ringförmigen Netz ... ') ;
            writeln ;
            writeln ('Eingabe der Teilnehmer ...   e') ;
            writeln ('Nachtrag Rechner ...          n') ;
            writeln ('Löschen Teilnehmer ...        l') ;
            writeln ('Vorzeigen Netz ...            v') ;
            writeln ('Aufbau Verbindung ...         a') ;
            write   ('Programm verlassen ...        q ') ;
            c := readkey ;  clrscr ;
            CASE c OF
            'e' : eingabe ;
            'n' : nachtrag ;
            'l' : entfernen ;
            'v' : zeigen ;
            'a' : netz ;
            END
        UNTIL c = 'q'
        END .                            (* ------------------------------------------- *)
```

Will man auf Texten in erster Linie sequentielle Bearbeitungen vornehmen, z.B. Verschlüsselungen o. dgl., so kann ein solcher Text anstelle auf ein ARRAY bequem auf den Heap eingelesen und dort bearbeitet werden. Das nachfolgende Listing demonstriert dies am Beispiel einer Stringkette, die stellvertretend für ein einzulesendes Textfile (bestehend aus Zeichen) verwendet wird.

Mit der Variablen Pointer wird der Heapanfang ermittelt und dann von dort aus aufsteigend der Text direkt eingeschrieben, wobei das Weiterschalten jeweils um ein Byte ausreicht, da wir nur Werte im Bereich 0 ... 255 ablegen wollen: Jedes Zeichen benötigt eben ein Byte.

Während das Vorwärtslesen (von unten nach oben) unproblematisch ist, muß man bei der Schleifenkonstruktion abwärts (zum Rückwärtsauslesen des Textes) beachten, daß die Laufvariable v vom Typ word nicht „negativ" werden darf, also zuletzt der Anfangswert start = 0 und keinesfalls ein kleinerer getroffen werden darf: Deswegen wird zuerst v zurückgesetzt und danach die Ausgabe veranlaßt. Eventuelle Fehler produzieren leicht eine tote Schleife!

```
PROGRAM speicher_array ;
USES crt ;
VAR        stringkette : string ;
                 p : pointer ;
                 i : integer ;
             u, v, start : word ;

BEGIN                              (* ------------------------------------------- *)
clrscr ;
stringkette :=
            '*Der Heap wird auf- und abwärts zum Ablegen von Text benutzt.' ;
p := heaporg ;
u := seg (p^) ;
start := ofs (p^) ; v := start ;
writeln ('Erste benutzbare Adresse im Heap: ', u, ':', v) ;

FOR i := 1 TO length (stringkette) DO                   (* Text eintragen *)
      mem [u : (v + i - 1)] := ord (stringkette [i]) ;

writeln ;  writeln ('First-in-First-out ...') ;
v := start ;
REPEAT
      write ( chr (mem [u : v])) ;  v := v + 1              (* Fußnote ! *)
UNTIL v >= start + length (stringkette) ;
writeln ;  writeln ('Zweites Zeichen von vorne ... ', chr (mem [u : start + 1])) ;

writeln ;  writeln ('Last-in-First-out ...') ;
v := start + length (stringkette) ;
REPEAT
      v := v - 1 ;  write (chr (mem [u : v]))
UNTIL v <= start ;
writeln ;
v := length (stringkette) ;
writeln ('Neuntes Zeichen von hinten ... ', chr (mem [u : start + v - 9])) ;
readln
END .                              (* ------------------------------------------- *)
```

Der Stapel kann also sehr einfach vor- oder rückwärts auch ohne speicherfressende Verkettung *) durchgesehen werden. Zum Ablegen anderer Typen wäre beim Weiterschalten der entsprechende Speicherbedarf zu berücksichtigen: Im Beispiel sind es Zeichen, d.h. $v := v \pm 1$. Viele Routinen zum Bearbeiten des abgelegten Textes könnten auf die Prozedur move (...) reduziert werden, die sehr schnell im Speicher ganze Adressbereiche kopieren kann.

---

*) Schon ein entsprechendes Programm mit new (a) ; a^:= zeichen ; in der Repeat-Schleife würde mit der Deklaration VAR a : ^char ; je Zeichen immerhin 8 Byte benötigen, wie man leicht ausprobieren kann! Es müßte also auch ohne Verketten im Heap über $v := v \pm 8$ geschaltet werden!

In der Theorie der infiniten Elemente *) und anderswo kommt das Rechnen mit sehr großen Matrizen vor. Oftmals ist dabei aber nur ein kleiner Teil der Koeffizienten von Null verschieden. Man spricht dann von „schwach besetzten" Feldern: Beim klassischen Programmieren müßten in einem Array alle Plätze deklariert werden, was die Größe der Matrizen stark begrenzt. Naheliegend ist es, nur jene Speicherplätze einzuführen, die tatsächlich gebraucht werden. Zum Arbeiten mit solchen Matrizen wird daher eine Verkettung eingeführt, entweder zeilen- oder spaltenweise:

```
5  1  0  0        Speichern (mit Indexinformation):
0  0  2  0
7  0  0  0        zeilenorientiert:      5  1  2  7  4
0  4  0  0        spaltenorientiert:     5  7  1  4  2
```

Im Beispiel sind bei einer 4x4-Matrix von 16 Elementen nur 5 besetzt. Sie werden in der angegebenen Reihenfolge mit Angabe der Indizes auf dem Heap abgelegt.

Im folgenden Programm werden beide Formen der Speicherung eingesetzt: Das Listing multipliziert zwei quadratische Matrizen und verwendet dabei für den linken Faktor die erste, für den rechten die zweite Speicherungsform. Es kommt damit der Abarbeitung des zeitaufwendigen Multiplikationsalgorithmus (siehe dazu S. 55 ff.) entgegen. Die beiden Faktoren werden mit dem Zufallsgenerator gesetzt. Zu Testzwecken kann man das Programm mit sehr kleinem n (eingestellt ist n = 5) laufen lassen und das Ergebnis am Bildschirm nachprüfen. Es macht aber keine Schwierigkeiten, 100x100-Matrizen oder noch weit größere in kürzester Zeit zu bearbeiten; die Ausgabe am Bildschirm wird dann freilich ziemlich sinnlos:

In der Praxis werden die Ergebnisse dem Heap entnommen und weiter bearbeitet. Beispielhaft ist eine kleine Routine dem Hauptprogramm hinzugefügt.

```
PROGRAM matrix_gross ;
USES crt ;
CONST n = 5 ;                    (* Für Testzwecke, sonst weit größer, z.B. 100 *)

TYPE matrix = ^feld ;
        feld = RECORD
                 zeile, spalte, wert : integer ;
                 weiter : matrix
               END ;

VAR start, lauf, neu, hilf : ARRAY [1 .. 3] OF matrix ;
           i, k, z : integer ;
```

---

*) Beispiel: Ein zu verformendes Karrosserieteil wird rechnerisch durch ein Gitterwerk mit Stützpunkten (Knoten) und Verbindungselementen (Stäben) ersetzt: In diesem „Fachwerk" berechnet man näherungsweise die Spannungszustände im späteren Formteil.

```
PROCEDURE insertmitte (i : integer) ;
BEGIN
neu [i]^.weiter := lauf [i] ; hilf [i]^.weiter := neu [i]
END ;


PROCEDURE insertvorn (i : integer) ;
BEGIN
neu [i]^.weiter := start [i] ; start [i] := neu [i]
END ;


PROCEDURE schalten (i : integer) ;
BEGIN
IF lauf [i] <> NIL THEN BEGIN
                        hilf [i] := lauf [i]; lauf [i] := lauf [i]^.weiter
                        END
END ;


FUNCTION erreicht (i : integer): boolean ;
BEGIN
IF i IN [1,3] THEN erreicht :=                              (* zeilenorientiert *)
    ( (lauf [i]^.zeile >= neu [i]^.zeile) AND (lauf [i]^.spalte > neu [i]^.spalte) )
            OR (lauf [i]^.zeile > neu [i]^.zeile) ;
IF i = 2 THEN erreicht :=                              (* spaltenorientiert *)
    ( (lauf [i]^.spalte >= neu [i]^.spalte) AND (lauf [i]^.zeile > neu [i]^.zeile) )
            OR (lauf [i]^.spalte > neu [i]^.spalte)
END ;


PROCEDURE einfuegen (i : integer) ;
BEGIN
hilf [i] := start [i] ; lauf [i] := start [i] ;
IF start [i] = NIL THEN insertvorn (i)
            ELSE IF erreicht (i) THEN insertvorn (i)
            ELSE BEGIN
                WHILE (lauf [i] <> NIL) AND (NOT erreicht (i)) DO BEGIN
                        schalten (i) ; IF erreicht (i) THEN insertmitte (i)
                        END ;
                IF lauf [i] = NIL THEN insertmitte (i)
                END
END ;


PROCEDURE fuellen (b : integer) ;
BEGIN
FOR i := 1 TO n DO
    FOR k := 1 TO n DO
    BEGIN
    z := random (n) + 1;
    IF z IN [1 .. 2] THEN BEGIN
        new (neu [b]) ;
        neu [b]^.zeile := i ;  neu [b]^.spalte := k ;  neu [b]^.wert := z ;
        einfuegen (b)
                        END
    END
END ;
```

```
PROCEDURE ausgabe (b : integer) ;
BEGIN
lauf [b] := start [b] ;
FOR i := 1 TO n DO
BEGIN
   FOR k := 1 TO n DO BEGIN

      (* IF (lauf [b]^.zeile = i) AND (lauf[b]^.spalte = k)
         THEN BEGIN  write (lauf[b]^.wert : 4) ; schalten (b)  END
         ELSE write ('**': 4) ;                   Alternative, wenn nur zeilenorientiert *)

   lauf [b] := start [b] ;
   IF (lauf [b]^.zeile = i) AND (lauf [b]^.spalte = k)
      THEN write (lauf [b]^.wert : 4)
      ELSE BEGIN
            REPEAT
               schalten (b)
            UNTIL ((lauf [b]^.zeile = i) AND (lauf [b]^.spalte = k)
                  OR (lauf [b] = NIL)) ;
            IF lauf [b] = NIL THEN write ('**' : 4)
                     ELSE write (lauf [b]^.wert : 4)
         END
                     END ;
   writeln
END ;  writeln ('---------------')
END ;

PROCEDURE multipliziere ;
VAR  s, sum : integer ;
BEGIN
FOR i := 1 TO n DO BEGIN
     lauf [2] := start [2] ;
     FOR k := 1 TO n DO BEGIN
            lauf [1] := start [1];
            WHILE lauf [1]^.zeile < i DO schalten (1);
            WHILE lauf [2]^.spalte < k DO schalten (2);
            sum := 0 ;
            FOR s := 1 TO n DO BEGIN
               IF (lauf [1]^.zeile = i) AND (lauf [1]^.spalte < s) THEN schalten (1);
               IF (lauf [2]^.spalte = k) AND (lauf [2]^.zeile < s)
                  THEN schalten (2) ;
               IF (lauf [1]^.zeile = i) AND (lauf [1]^.spalte = s)
                     AND (lauf [2]^.spalte = k) AND (lauf [2]^.zeile = s)
                  THEN sum := sum + lauf [1]^.wert * lauf [2]^.wert ;
                     END ;
            IF sum <> 0 THEN BEGIN
               new (neu [3]);
               neu [3]^.zeile := i ;  neu [3]^.spalte := k ; neu [3]^.wert := sum ;
               einfuegen (3)
                     END
            END
END
END ;
```

```
BEGIN                              (* ------------------------------------------ *)
clrscr ;
FOR i := 1 TO 3 DO start [i] := NIL ;
fuellen (1) ;          ausgabe (1) ;
fuellen (2) ;          ausgabe (2) ;
multipliziere ;        ausgabe (3) ;

                       (* Demo : Ausgabe der Diagonale des Ergebnisses: i = 3 *)
writeln ('<Taste RETURN>') ; readln ;
i := 3 ;
lauf [i] := start [i] ;
REPEAT
  IF lauf [i]^.zeile = lauf [i]^.spalte
     THEN writeln (lauf[i]^.zeile : 4, lauf [i]^.wert : 4) ;
     schalten (i)
UNTIL lauf [i] = NIL ;
IF lauf [i]^.zeile = lauf [i]^.spalte
   THEN writeln (lauf [i]^.zeile : 4, lauf [i]^.wert : 4) ;
readln
END .                              (* ------------------------------------------ *)
```

Beim Multiplizieren ist zu beachten, daß für jede neue Produktzeile die linke Matrix von Anfang an benötigt wird. - Der Deutlichkeit halber gibt das Programm statt Nullen Sternchen aus, um die Übersichtlichkeit der Ergebnisse zu verbessern.

Es sei noch hinzugefügt, daß die zweidimensionalen „Rechenblätter" bei sog. Kalkulationsprogrammen nach dem Muster unserer Matrizen organisiert sind: Sie sind als schwach besetzte Felder aufgebaut, deren Elemente nur bei tatsächlichem Inhalt im Speicher abgelegt sind, ansonsten aber nur virtuell „existieren". Auch bei solchen Programmen gibt es dann Verknüpfungen zwischen besetzten Plätzen, die unter Laufzeit als Algorithmen definiert und abgearbeitet werden. Beispiel: Die letzte Spalte ist die positionsweise Summe der ersten beiden Spalten und wird nach Besetzung dieser Spalten jeweils automatisch berechnet.

Die Kapitelüberschrift lautet **Parallelrechnen**. Das eigentliche Thema schließt an unser Beispiel der Ringliste und die Fußnote von S. 140 an.

Zur Erklärung dieses Begriffs müssen wir etwas ausholen: Die CPU unseres PC kann von Haus aus nur jeweils einen Prozeß bearbeiten, ein Programm läuft in Schritten sequentiell ab. Ist der Prozessor schnell, so kann man Pausen in einem laufenden Programm (z.B. in einer Textverarbeitung) dazu benutzen, mit der Methode des Time-sharing schrittweise an einem anderen Programm weiterzuarbeiten. Moderne Betriebssysteme heutiger Rechner sehen eine solch effiziente Nutzung nur eines einzigen Prozessors durchaus vor: Die zeitlich verzahnten Programme sind dabei ganz herkömmlich (z.B. in Pascal) programmiert, „normale" Programme also.

Eine völlig andere Situation liegt beim Parallelrechnen vor: Hier wird eine Aufgabe vom Programm (in einer speziellen Sprache) derart in Teilaufgaben aufgegliedert, daß verschiedene Prozessoren zeitlich parallel jeweils zugeordnete Jobs erledigen, deren Ergebnisse dann von einem der beiden Prozessoren (oder einem dritten) zusammengeführt und weiter verarbeitet werden. Ein einfaches Beispiel:

Es sei ein Quotient $q := a / b$ zu berechnen, wobei Zähler a wie Nenner b sehr zeitaufwendige Arbeiten darstellen. Üblicherweise (so in Pascal) wird z.B. zunächst a berechnet und zwischengespeichert; nach der Berechnung von b ergibt sich dann der Quotient q. Mit geeigneter Hardware kann man sich folgende Vorgehensweise vorstellen: Der Prozessor P1 übergibt die Berechnung von a an einen Prozessor P2 und bearbeitet sogleich b. P2 gibt das Ergebnis a an P1 zurück und dieser berechnet nun den Quotienten q, sobald er mit der Berechnung von b fertig ist. Im Idealfall (bei gleichem Rechenaufwand für a wie b) wird das 50 % Zeit sparen.

Wir können solch echtes Parallelrechnen mit zwei PCs durchaus simulieren, indem wir sie über die **seriellen Schnittstellen** *) miteinander verbinden und zwei Programme schreiben, die natürlich (inhaltlich wie algorithmisch) aufeinander abzustimmen sind, aber ansonsten unabhängig voneinander laufen.

Zum Testen des Datentransfers können die beiden folgenden Listings dienen, das erste zum Senden, das zweite zum Empfangen der Daten. Da nur Bytes übertragen werden, müssen Variablenwerte je nach Speicherplatztyp am Ursprung erst zerlegt und am Zielort wieder zusammengesetzt werden. Zum Transfer von Ganzzahlen (Typ Integer) im Beispiel sind daher zwei Byte erforderlich.

```
PROGRAM absetzen_bytes ;                    (* Senderseitiges Programm *)
USES dos, crt ;
CONST synchro = 100 ;                       (* Kleinere Werte durch Versuche *)
VAR    reg : registers ;
        n : integer ;
        a, b : byte ;


PROCEDURE aktivieren ;
BEGIN
reg.ah := $00 ;       (* Unterfunktion serielle Schnittstelle im BIOS *)
reg.dx := $01 ;       (* Wahl: 0 = COM 1, 1 = COM 2 *)
reg.al := $FF ;       (* Modus-Byte, alle Bits auf Eins, u.a. 9600 Baudrate *)
intr ($14, reg)       (* Interrupt $14, siehe Dos-Handbücher *)
END;
```

---

*) Die Schnittstellen heißen COM1 und COM2. Besorgen Sie sich ein sog. Nullmodemkabel des Typs RS 232 mit passenden D-Steckern (9 oder 25 Pins) an beiden Enden. Im Zweifelsfall verwenden Sie den sicherlich bei beiden PCs vorhandenen Mausanschluß COM1. Man benutzt solche Verbindungskabel beim Filetransfer von einem PC zum anderen mit gebräuchlichen Filelink-Programmen, wie z.B. bei DR.DOS im Lieferumfang der Systemsoftware enthalten.

```
PROCEDURE senden (w : byte) ;
BEGIN
reg.dx := $01 ;              (* Über welche Schnittstelle, 0 = COM 1, 1 = COM 2 *)
reg.ah := $01 ;                                              (* Senden *)
reg.al := w ;
intr ($14, reg)
END ;


BEGIN                              (* ------------------------- *)
clrscr ; aktivieren ;
randomize ;
senden (111) ;                          (* Startsignal für Empfänger *)
REPEAT
     n := random (30000) ;
     write (n : 10);                    (* Zur Sichtkontrolle am Sender *)
     a := mem [seg (n) : ofs (n)] ;
     b := mem [seg (n) : ofs (n) + 1];
     senden (a) ; delay (synchro) ; senden (b)
UNTIL keypressed
END .                              (* ------------------------- *)
```

In der Prozedur aktivieren werden Schnittstelle und Baudrate eingestellt; im Beispiel oben ist es COM 2 mit 9600 Baud. Das Programm erzeugt Zufallszahlen des Typs Integer mit zwei Byte Speicherbedarf: Zur Übertragung werden die beiden Bytes der Zahl n mit den Funktionen seg und ofs direkt aus dem Speicher ausgelesen und an die Prozedur senden übergeben.

Obiges Testprogramm lief auf einem Pentium 133, daher wurden die Signale mit einer Zwischenpause von 100 Millisekunden abgesetzt, die sich aus einigen Versuchen mit dem nachfolgenden Empfangsprogramm ergab, das auf einem langsameren 486er mit 33 MHz abgelaufen ist. Die maximal eingestellte Baudrate ist also kleiner. Als Startsignal für den Empfänger dient das Senden von 111, willkürlich ausgewählt. Damit läuft das folgende Programm in den Empfang:

```
PROGRAM empfangen_bytes ;                (* Empfangsseitiges Programm *)
USES dos, crt ;
VAR   reg : registers ;
         n : integer ;        a, b : byte ;

PROCEDURE aktivieren ;        (* wie eben, aber u.U. Schnittstelle korrigieren *)

PROCEDURE empfangen (VAR w : byte);
BEGIN
reg.dx := $00 ;                                              (* COM 1 *)
reg.ah := $02 ;                                              (* Empfangen *)
intr ($14, reg) ;  w := reg.al
END ;
```

```
PROCEDURE start ;
BEGIN
REPEAT   empfangen (a)    UNTIL a = 111
END ;

BEGIN                                        (* ----------------------- *)
clrscr ; aktivieren ;  start ;
REPEAT
    empfangen (a) ;  empfangen (b) ;
    mem [seg (n) : ofs (n)] := a ;  mem [seg (n) : ofs (n) + 1] := b ;
    write  (n : 10)
UNTIL keypressed
END .                                        (* ----------------------- *)
```

Man lädt dieses Programm zuerst, es geht in Wartestellung, bis vom Sender ein Byte 111 eintrifft. Je zwei Bytes a und b der Sendefolge werden dann auf dem Speicher für n wieder zu einer Ganzzahl zusammengesetzt.

Die Zeit synchro des Senderprogramms muß so groß eingestellt werden, daß die Übertragung fehlerfrei verläuft. Ist synchro zu klein, so gerät der Empfänger aus dem Takt und gibt falsche Werte an. Läßt man das Programm ohne die Routine start laufen, so erkennt man, daß ca. alle Sekunden ein neuer Wert (Folge von Nullen) aus dem Empfangsbaustein ausgelesen wird. Die Rücksetzung erfolgt also automatisch etwa im Sekundentakt.

Beide Programme könnten leicht zu einem einzigen vereinigt werden, das beim Start mit der Wahl zwischen Senden / Empfangen und Schnittstelle 1 / 2 beginnt.

Will man ein beliebiges File (OF Byte!) übertragen, so sieht das Hauptprogramm senderseitig mit passenden Deklarationen etwa so aus:

```
assign (datei, name) ; reset (datei) ;
(* start ; *)
REPEAT
    read (datei, a) ;
    senden (a) ;  delay (synchro)
UNTIL EOF (datei) ;
```

Auf der Empfangsseite schreibt man die ankommenden Bytes analog in ein File passenden Namens, der in dieser einfachen Fassung allerdings noch nicht mit übertragen wird. Interpretiert man die Bytes als Zeichen, so lassen sich leicht Texte senden (beim Sender die Funktion ord, beim Empfänger chr einsetzen). Mit diesen Hinweisen ist eigentlich alles für den entsprechenden Ausbau von Transferroutinen zwischen zwei unterschiedlichen Programmen auf verschiedenen DOS-Rechnern klar. - Eine Ablaufskizze folgt auf S. 158.

Die zuvor angesprochene Divisionsaufgabe q := a / b soll nunmehr mit zwei Rechnern angegangen werden.

Das folgende Listing faßt die beiden dazu notwendigen Programme in einem einzigen derart zusammen, daß die Berechnung von Zähler bzw. Nenner auf verschiedenen PCs erfolgt, denen nach dem Laden der Programme entweder die Rolle des Steuerrechners (sog. Master) oder des Hilfsrechners (Slave) zugewiesen wird. In mehreren Versuchen können Sie damit testhalber die Rollen der PCs ohne weiteres vertauschen ...

```
PROGRAM parallelrechnen ;                    (* Zwei PCs über RS232 verbunden *)
            (* Das Programm auf beiden Rechnern starten und Modus wählen *)
USES dos, crt ;

CONST synchro = 100 ;
VAR      reg : registers ;
            s : char ;
        c, kanal : byte ;
         z, n, r : real ;

PROCEDURE activate (wen : byte) ;
BEGIN
reg.ah := $00 ;
reg.dx := wen ;
reg.al := $FF; intr ($14, reg)               (* wen = 0, 1 ergibt COM 1, 2 *)
END ;


PROCEDURE receive (wo : byte; VAR w : byte) ;
BEGIN
reg.dx := wo ;                                            (* COM ? *)
reg.ah := $02 ;                                   (* Funktion Empfangen *)
intr ($14, reg) ; w := reg.al
END ;


PROCEDURE send (wo : byte; w : byte) ;
BEGIN
delay (synchro) ;                                   (* vor dem Senden *)
reg.dx := wo ;                                          (* COM ? *)
reg.ah := $01 ;                                  (* Funktion Senden *)
reg.al := w ;  intr ($14, reg)
END ;



PROCEDURE real_send (wo : byte ;  z : real) ;  (* überträgt sechs Byte : real ! *)
VAR    i : integer ;   a : byte ;
BEGIN
FOR i := 0 TO 5 DO BEGIN
                a := mem [seg (z) : ofs (z) + i] ;  send (wo, a)
                END ;
END ;
```

```
PROCEDURE real_receive (wo : byte ; VAR z : real) ;   (* dito *)
VAR   i : integer ;  a : byte ;
BEGIN
FOR i := 0 TO 5 DO BEGIN
                        receive (wo, a) ; mem [seg (z) : ofs (z) + i] := a
                        END
END ;


PROCEDURE wait (kanal: byte) ;         ( * testet Startsignal 255 wechselseitig  *)
VAR c : byte ;
BEGIN
REPEAT   send (kanal, 255) ;  receive (kanal, c)   UNTIL c = 255
END ;


FUNCTION  f (r : real) : real ;              (* Wird auf beiden Seiten verwendet *)
VAR   i : integer ; s : real ;
BEGIN
s := 0 ;
FOR i := 1 TO 15000 DO   s := s + cos (i / r) + sin (i / r) / 2 + ln (i / 100) ;
f := s
END ;


BEGIN                              (* ------------------------------------- main *)
clrscr ;
write ('Ist dies der steuernde Rechner (J oder N) ? ') ;  readln (s) ;
write ('Welche COM-Schnittstelle, 1 oder 2 ?        ') ;  readln (kanal) ;
kanal := kanal - 1 ;  activate (kanal) ;
s := upcase (s) ;  writeln ;  writeln ;
IF NOT (s IN ['J', 'N']) THEN writeln ('Richtig einstellen ...!') ;
IF s = 'J' THEN BEGIN
     writeln ('Steuerrechner startbereit, aktiviert ist COM ', kanal + 1);
     writeln ('Aktivieren Sie den anderen Hilfsrechner ... ');
     writeln ('und starten Sie dann HIER mit der Leertaste ... '); s:= readkey;
     z := 1.2 ;  n := 7.2 ;  (* Eingangswerte für Zähler / Nenner *)
     send (kanal, 255) ;  real_send (kanal, n) ;  writeln (n : 10 : 4, ' gesendet') ;
     z := f (z) ;  writeln (z : 10 : 4, ' gerechnet') ;
     wait (kanal) ;
     real_receive (kanal, n) ;  writeln (n : 10 : 4, ' empfangen') ;
     z := z / n ;
     writeln (z : 10 : 4, ' Ergebnis')
                END ;
IF s = 'N' THEN BEGIN
     writeln ('Hilfsrechner empfangsbereit, aktiviert ist COM ', kanal + 1);
     writeln ('Starten Sie das Programm am anderen Hauptrechner ... ');
     REPEAT
          receive (kanal, c)     (* Wartet 255 als Startsignal ab *)
     UNTIL c = 255 ;
     real_receive (kanal, z) ;  writeln (z : 10 : 4, ' empfangen') ;
     n := f (z) ;  writeln (n : 10 : 4, ' gerechnet') ;
     wait (kanal) ;  real_send (kanal, n) ;  writeln (n : 10 : 4, ' gesendet')
                END ;
writeln ('Fertig ... ') ; readln
END .                              (* --------------------------------------------- *)
```

Bei richtigem Start wird die J-Schleife nur auf dem Leitrechner, die N-Schleife auf dem Hilfsrechner abgearbeitet, wobei die benötigten Daten über die Verbindungs-leitung COM laufen: Das ist echter Parallelbetrieb mit zwei Prozessoren. - Die natürlich unsinnige Funktionsberechnung (mit nahezu gleichen Teilergebnissen trotz verschiedenen n, z) ist ziemlich aufwendig (auf einem 486/33-er dauert es etwa acht Sekunden), so daß bei Koppelung zweier Rechner der Zeitgewinn unmittelbar sichtbar wird. Wegen der Symmetrie der Rechenaufgabe hängt die Laufzeit im Beispiel nicht davon ab, welche Rollen die beiden Rechner spielen. In der Praxis wird man die leichtere Aufgabe dem langsameren zuweisen.

Beachten Sie die Konstruktion der wait-Prozedur: Wait beruht darauf, daß abwechselnd 255 gesendet und abgefragt wird: Sobald die Gegenseite auch 255 sendet, wird die Verbindung aufgebaut. Damit wird wechselseitig erreicht, daß der Transfer des Zwischenergebnisses erst dann erfolgt, wenn bei beiden Rechnern die Algorithmen wieder zusammenpassen. Die Wirkung wird dann besonders deutlich, wenn die Rechnerleistungen sehr unterschiedlich sind (386-er versa Pentium), und zwar egal, welche Seite der Verbindung die schnellere ist.

Das eben vorgestellte Programm läuft auf den beiden Rechnern auch in der IDE, dies auch mit verschiedenen TURBO-Versionen auf den beiden Rechnern. Nach diesem Muster ist es einfach, zwei beliebige PCs miteinander zu koppeln und bei laufenden Programmen Daten (Zahlen, Texte, ...) auszutauschen.

Man könnte auf die Idee kommen, durch kleine Lötarbeiten mehr als zwei Rechner auf eine COM-Leitung zu legen und verschiedene Signale (255 u.a.) zum Verbindungsaufbau wie in einem LAN (Local Area Network) einzusetzen:

Warnung: **Das geht auf keinen Fall**: An der seriellen Schnittstelle (ebenso an der parallelen: Centronics, Kap. 5) werden Spannungspegel bis etwa 7 Volt angelegt bzw. abgefragt: Schaltet man mehr als zwei Rechner gleichzeitig an diese Schnittstelle, so treten wegen der fehlenden Synchronisation ganz unkontrolliert deutlich höhere (Summen-) Pegel auf, die unweigerlich zur Beschädigung der Hardware (Kommunikationsport 8250) führen. Also keinesfalls versuchen!

Unsere Lösung *) verbindet zwei Rechner; zwei Programme (durch Teile ein- und desselben Programms realisiert) laufen ab und synchronisieren den Datenaustausch dabei derart, daß sie gemeinsam an einer Aufgabe arbeiten.

---

*) Echtes Parallelrechnen läuft entspr. S. 148 oben auf einer einzigen Hardware mit vielen Prozessoren unter speziellen Betriebssystemen ab (Parallel Virtual Machine oder Message Passing Interface), gesteuert durch nur ein Programm. Ent-sprechende Großrechner mit etlichen Gigabyte Hauptspeicher und mehreren Milliarden Operationen pro Sekunde sind erfolgreich erprobt und werden in naher Zukunft in der Klimaforschung, bei aufwendigen Simulationen (z.B. Atombomben-versuche, Crash-Versuche in der Autoindustrie) u.ä. zum Zuge kommen.

Datenaustausch zwischen zwei Rechnern ist auch auf der Kommandoebene von DOS möglich. Mit der bisher genutzten Verbindung über RS 232 läßt sich z.B. bei einem Rechner die Kommunikationsschnittstelle von der Tastatur auf COM 2 mit den folgenden Kommandos umlenken:

```
MODE COM2:9600,N,8,1,P
CTTY COM2:
```

(beidemale mit <Ret>). Der andere Rechner (MODE mit Schnittstelle COMx analog einrichten, aber Tastatur nicht umlenken!) kann dann als Kommandozentrale benutzt werden:

```
COPY CON COMx:        < Ret >
CCTTY CON             < Ret >
^Z
```

stellt durch Fileübertragung (Endesignal ^Z) den Zielrechner wieder auf Eingabe von der Konsole zurück. Mehr dazu finden Sie in DOS-Handbüchern.

Ein Rechner B läßt sich also von einem Rechner A aus steuern, sofern die Schnittstelle von B Fernabfragen gestattet. Dies setzt voraus, daß eine Netzverbindung an B besteht und aktiv ist, auf Signale wartet. Ohne daß also an B wenigstens ein erstes Kommando eingegeben wird (unter DOS CTTY ...), ist ein Zugriff von A aus nicht möglich. Da vernetzte Rechner (B) stets in irgendeiner Weise auf solche Kommandos von außen warten, können dies „Hacker" (A) nutzen und damit Fremdrechner anzapfen.

Über eine einfache Netzverbindung nach unserem Muster kann durchaus interaktiv gespielt werden. Wir zeigen das am folgenden Beispiel einer sehr einfachen, aber durchaus ausbaufähigen Version des Spiels „Schiffe versenken":

Wir verwenden dazu wiederum ein zweiteiliges Programm: Der eine PC benutzt zunächst den einen Teil A, der andere den Teil B.

A beginnt und macht seine Eingaben per Maus, die an B übertragen werden. Sind die Eingaben erfolgt, so wechseln A und B die Rollen, d.h. der andere Rechner (Spieler) ist zur Eingabe aufgerufen.

Die folgende Abb. zeigt die Monitore der beiden Rechner ...

Die Schiffe werden als kleine Quadrate mit zwei konzentrischen Kreisen dargestellt. Der kleinere Kreis deutet an, in welchem Radius eine Ortsveränderung (Maus links anklicken) möglich ist, der andere Kreis, bis zu welcher Entfernung ein Schuß abgesetzt werden kann (Maus rechts). Diese Bedingungen müssen durch die Spieler selber eingehalten werden, sind also noch nicht programmiert.

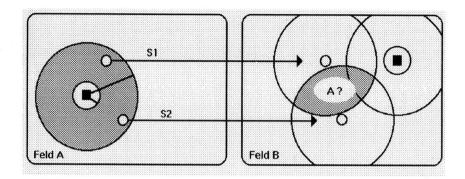

Abb.: Schiffe versenken: Spielfeld A (links) und B (rechts)

A beginnt: Eine Eingabesequenz besteht aus drei Schritten, nämlich a Bewegungen und/oder s Schüssen mit der Bedingung a + s = 3. Die Eingaben werden auf A mit kleinen Kreisen markiert und auf B übertragen, wo die Einschläge mit zusätzlichen Entfernungskreisen derart versehen werden, daß die Lage des Schießenden mehr oder weniger erkennbar wird: In der Abb. sind zwei Schüsse aus derselben Lage von A abgegeben worden; A könnte sich nunmehr noch örtlich verändern oder aber einen weiteren Schuß abfeuern ... Danach werden die Rollen von A und B vertauscht - Beachten Sie, daß auf beiden Seiten die Maus aktiv sein muß. - Das Spiel unterscheidet sich von üblichen Computerspielen auf einem PC dadurch, daß zwei Personen real spielen und nichts durch einen PC simuliert wird.

Hier ist der erste lauffähige Programmentwurf, den Sie selber in verschiedenen Richtungen ausbauen können:

```
PROGRAM schiff_versenken;                    (* auf zwei Rechnern / RS232 *)
USES graph, crt, dos;
CONST synchro = 1000;                        (* 100 ... 1000 je nach Prozessor *)
VAR             reg : registers ;
          driver, mode : integer ;
   i, k, a, b, x, y, n : integer ;  taste, cursorx, cursory : integer ;
              p, s : char ;                c, kanal : byte ;
                t : boolean ;

          (* Mausroutinen : wie im Programm Maus_kreuz, Kap. 9 / Grafik  *)
PROCEDURE mausinstall ;         PROCEDURE mausein ;
PROCEDURE mausaus ;    PROCEDURE mausposition ;

          (* Übertragungsroutinen : wie im Programm Parallelrechnen vorne  *)
PROCEDURE activate (wen : byte);
PROCEDURE receive (wo : byte; VAR w : byte);
PROCEDURE send (wo : byte; w : byte);
PROCEDURE wait (kanal: byte);
```

```
                                                    (* -------------------- Spielroutinen *)
PROCEDURE feld ;
BEGIN
line (0, 0, 639, 0) ; line (639, 0, 639, 479) ;
line (639, 479, 0, 479) ; line (0, 479, 0, 0) ;
setviewport (1, 1, 638, 478, true)
END ;

PROCEDURE quadrat (i, k, color : integer) ;
VAR j : integer ;
BEGIN
setcolor (color) ;
FOR j := k - 5 TO k + 5 DO line (i - 5, j, i + 5, j)
END ;

PROCEDURE schiff (color : integer) ;
BEGIN
quadrat (i, k, color) ;                             (* Zeichnen der Schiffe *)
circle (i, k, 30) ;                                 (* Bewegungsradius *)
IF color = black THEN setcolor (black)  ELSE setcolor (yellow) ;
circle (i, k, 150)                                  (* Schußfeld *)
END ;

PROCEDURE zielen ;
BEGIN
wait (kanal) ; receive (kanal, c) ;
IF c = 255                          (* damit ist 255 zweimal übertragen *)
   THEN n := 3
   ELSE IF c > 0 THEN
   BEGIN
   x := 3 * c ;
   receive (kanal, c) ; y := 3 * c ; setcolor (red) ;
   circle (x, y, 5) ;  circle (x, y, 150) ;
   IF (i - 10 < x) AND (x < i + 10) AND (k - 10 < y)
                   AND (y < k + 10) THEN t := true
   END
END ;

BEGIN                       (* ------------------------------------- main *)
write ('Ist dies Partner A (A beginnt ...) oder B ? ') ;  readln (p) ;
write ('Welche COM-Schnittstelle, 1 oder 2 ?      ') ; readln (kanal) ;
kanal := kanal - 1;
p := upcase (p) ;  clrscr ;
IF p IN ['A', 'B']
   THEN BEGIN
        writeln (p, ' ist startbereit an COM ', kanal + 1);
        writeln ('Aktivieren Sie auch den anderen Rechner ... ') ;
        writeln ('und drücken Sie dann die Leertaste ... ') ;
        IF p = 'A' THEN writeln ('A beginnt ... ') ;  s:= readkey
        END
   ELSE BEGIN
        writeln ('Anfangsfehler: Nochmals starten ... ') ; write (chr (7)) ; halt
        END ;
```

```
t := false ;  randomize ;  driver := detect ;  initgraph (driver, mode, ' ') ;
mausinstall ;  mausein ;
feld ;
i := 10 + random (620) ;                         (* Erstes Setzen des Schiffes *)
k := 10 + random (460) ;
activate (kanal) ;  wait (kanal) ;               (* startet gegenseitig die Grafik *)
REPEAT
     n := 0 ;
     REPEAT
       schiff (white) ;
       IF p = 'A' THEN
       BEGIN
       mausposition ;
       IF (taste = 1) AND (n < 3) THEN
          BEGIN
          REPEAT                                 (* Bewegen *)
            mausposition ;  a := cursorx ;  b := cursory ;
            schiff (black) ; i := a; k := b
          UNTIL NOT (taste = 1) ;
          mausposition ;
       IF NOT (taste = 1) THEN n := n + 1
       END ;
       x := 0 ; y := 0 ;
       IF (taste = 2) AND (n < 3) THEN
          BEGIN                                  (* Schießen *)
          REPEAT
            mausposition ;  x := cursorx ;  y := cursory
          UNTIL NOT (taste = 2) ;
          mausaus ;
          setcolor (yellow) ;  circle (x, y, 10) ;  n := n + 1 ;
          send (kanal, 255) ;              (* wait am Rechner B aufheben *)
          send (kanal, x DIV 3) ;              (* DIV, da Byte max nur 255 *)
          send (kanal, y DIV 3) ;
          mausein
          END ;
        END ;

     IF p = 'B' THEN zielen ;
     (* IF (p = 'B') AND t THEN Rückmeldung an A zum Ende ...
                                Derzeit schaltet nur der Getroffene ab ... *)
     IF n = 3 THEN
     BEGIN
     IF p = 'A' THEN clearviewport ;
     IF p = 'A' THEN send (kanal, 255) ;        (* wait bei B aufheben und ... *)
     IF p = 'A' THEN send (kanal, 255) ;        (* ... n = 3 dorthin übertragen *)
     IF p = 'A' THEN p := 'B' ELSE p := 'A' ;         (* Rechnerwechsel *)
     n := 0
     END
     UNTIL (n = 0) OR t OR keypressed
UNTIL t OR keypressed ;
mausaus ; closegraph ;
IF t THEN writeln (' Getroffen ... ') ; s := readkey
END .                                  (* ------------------------------------------- *)
```

Sind die beiden Rechner mit unterschiedlich schnellen Prozessoren ausgestattet, so sind die ersten Versuche vermutlich nicht ganz störungsfrei: Die Wartezeit synchro ist bei beiden Rechnern u.U. unterschiedlich einzustellen, je nach Prozessor: Je schneller der PC ist, desto größer diese Zeit. Vielleicht ist auch $n > 3$ eine sinnvolle (veränderliche) Vorgabe.

Übungshalber könnten Sie sich nunmehr mit Blick auf S. 150 unten ein einfaches File-Transferprogramm durchaus selber erstellen; hier ist das Ablaufschema, das mit den Transferroutinen unserer Beispiele ohne weiteres auskommt:

> **Transferprogramm auf beiden Rechnern starten ...**
> **... und in Wartestellung gehen.**
> **File am Master auswählen.**
> **Warteschleifen durch Signal Master > Slave beenden.**
> **DOS-Filename übertragen ...**
> **... und auf Zielrechner entsprechende Datei eröffnen.**
> **REPEAT**
> **   Bytes der Datei am Master auslesen ...**
> **   ... und an Slave übertragen.**
> **   Dort vorerst in Zwischenpuffer einlesen.**
> **   Wenn nicht Endesignal, dann in die Zieldatei einkopieren ...**
> **UNTIL Endesignal.**
> **Zieldatei abschließen.**
> **Programmende oder weitere Datei ...**

Als Endesignal kann man eine bestimmte Zeichenfolge wählen, die nach allem Ermessen in dem zu übertragenden File garantiert nicht vorkommt, z.B. zweimal unmittelbar hintereinander (einmal kann er durchaus vorkommen!) der DOS-Name der übertragenen Datei.

Retuschierte Fotos sind nichts Neues. Digitale Bildverarbeitung aber
kann so weit gehen und dabei noch unsichtbar bleiben,
daß sie die Basis des Fotojournalismus unterminiert:
den Zusammenhang von Sehen und Glauben. ([S], S. 132)

**Dieses Kapitel befaßt sich mit Hinweisen zur Grafik unter TURBO Pascal; es
beginnt mit Bildmanipulationen.**

Wir beginnen mit dem Thema der Formatkonvertierung von und nach Pascal. Verschiedene Video-Karten mit einschlägiger Software machen es heute möglich,
Bilder vom Camcorder oder einem Videoband im BMP-Format abzulegen.

Auf der folgenden Seite sehen Sie ein solches Bild in Schwarz-Weiß, das im o.g.
Format direkt in diesen Text einkopiert worden ist. Wie kann man das Bild im
Format *.VGA (156 KB, 16 Farben) in Turbo weiter bearbeiten? Die üblichen
Grafikprogramme bieten i.a. leider keine Option zum Konvertieren. Betrachten wir
dazu den Header des Bildfiles im BMP-Format:

Die ersten beiden Byte des Headers *) enthalten die Signatur $42 $4D, die für BM
steht, d.h. Bitmap. Auf den nächsten vier Byte ist hexadezimal von links nach
rechts die Filelänge verschlüsselt:

36 B1 04 00

besagt $6 + 3 * 16 + 1 * 16^2 + 11 * 16^3 + 4 * 16^4 = 307.510$ KB.

Die nächsten vier Byte sind leer, reserviert : 00 00 00 00 . Die folgenden vier
Byte markieren den Beginn des Datenbereichs relativ zum Anfang.

---

*) Benutzen Sie das Hexdump-Programm aus Kapitel 5, passend erweitert.

Abb.: Der Buchautor *) am Schreibtisch am 1. April 1996, 22:00 Uhr

Mit dem 15. Byte beginnt der eigentliche Info-Header:

4 Byte	**Länge des folgenden Info-Headers**	
4 Byte	**Bildbreite in Pixel, 80 02 00 00,**	**d.h. 640**
4 Byte	**Bildtiefe in Pixel, E0 01 00 00,**	**d.h. 480**
2 Byte	**Farbebenen, Eintrag 1**	
2 Byte	**Zahl der Bits pro Pixel, hier 1**	
4 Byte	**Komprimierungstyp, hier keiner**	
4 Byte	**Bildgröße**	
4 Byte	**horizontale und**	
4 Byte	**vertikale Auflösung**	
4 Byte	**Zahl der benutzten Farben, hier n = 64**	
4 Byte	**Zahl der wichtigen Farben**	
4 * n Byte	**Farbdefinitionen (Paletten)**	

Das Bildfile im engeren Sinn beginnt im Beispiel mit dem 311. Byte: Es ist unkomprimiert mit einem Byte je Pixel (256 Farben). Wichtig: Das Bild ist zwar zeilenweise von links nach rechts abgelegt, jedoch von unten nach oben, also kopfstehend! Im folgenden Listing wird das bei der Anzeige berücksichtigt:

---

*) Aufgenommen mit SVHS-Camcorder, eingespielt über das Softwarepaket ADOBE PREMIERE LE und die Karte miroVIDEO DC20.

```
PROGRAM bmp_load ;
USES graph, crt;
VAR          grfmode, driver : integer ;
                  datei : File OF byte ;
              a, b, c1, c2 : byte ;
   breite, hoehe, farbzahl, x, y : integer ;
                  was : string [32] ;
                  block : FILE ;
              bilddatei : string ;
              egabase : Byte absolute $A000 : 00 ;
                  saved : integer ;

PROCEDURE readplane (i : integer) ;
BEGIN   port [$03CE] := 4 ;  port [$03CF] := i AND 3   END ;

BEGIN
clrscr;
writeln ('Bildspeichern nach Anzeige mit <RETURN> ... ') ;
writeln ('Angabe der Grafik mit Pfad und Extension ... ') ;
write ('Welche Grafik anzeigen? ') ;  readln (was) ;
                  (* was := 'angkor.BMP' ;    Testbild aus Windows, auf Disk *)
assign (datei, was) ; reset (datei) ;
writeln (filesize (datei)) ;
FOR x := 1 TO 18 DO read (datei, a) ;            (* Lesen der Fileheader-Infos *)
read (datei, a) ;  read (datei, b) ;
writeln (a) ;  writeln (b) ;  breite := a + b * 256 ;
writeln ('Bildbreite = ', breite) ;
(* IF breite > 700 THEN breite := breite DIV 2 ; *)
read (datei, a) ;  read (datei, a) ;
read (datei, a) ;  read (datei, b) ;  hoehe := a + b * 256 ;
writeln ('Bildhöhe  = ', hoehe) ;
FOR x := 1 TO 22 DO read (datei, a) ;
read (datei, a) ;  read (datei, b) ;  farbzahl := a + b * 256 ;
writeln ('Anzahl der Farben ', farbzahl) ;
FOR x := 1 TO 6 + farbzahl * 4 DO read (datei, a) ;
(* Farbpalette bis Bildanfang überlesen, Beginn des Bildfiles *)
readln ;   (* Haltepunkt *)
driver := detect ;  initgraph (driver, grfmode, ' ') ;
FOR y := hoehe - 1 DOWNTO 0 DO
   FOR x := 0 TO breite - 1 DO
   BEGIN
   read (datei, a) ;
   CASE a OF       (* Verändern der Grenzen 20/35/50 verändert die Gradation *)
    0 .. 20 : c1 := 0 ;                                     (* schwarz *)
   21 .. 35 : c1 := 8 ;                                     (* hellgrau *)
   36 .. 50 : c1 := 7 ;                                     (* dkl'grau *)
   51 .. 63 : c1 := 15                                      (* weiß *)
   ELSE c1 := 0 ;             (* also S/W-Bild, weitere Farbcodes ignorieren *)
   END ;
   putpixel (x, y, c1)
   END ;
close (datei) ;
readln ;
```

```
bilddatei := 'angkor.VGA' ;          (* als *.EGA File im IBM-Format speichern ... *)
assign (block, bilddatei) ;
rewrite (block);
FOR x := 0 TO 3 DO BEGIN
                readplane (x) ;
                blockwrite (block, egabase, 300, saved)
                END ;
close (block) ;
closegraph
END .
```

Das Bild hat 307 510 - 310 = 307 200 Byte, das ist exakt 640 * 480, also das Bildformat *.EGA mit einem Byte/Pixel. Das Bild wird punktweise (langsam) eingelesen (wobei Farbkonvertierungen möglich wären), und dann mit der üblichen Routine über die vier Maps als VGA-Bild (schnell) abgespeichert.

Es ist nunmehr mit eigenen Programmen unter TURBO manipulierbar; wir können es z.B. mittels einer Solarisation weiter bearbeiten. Um es danach in die Textverarbeitung entsprechend der folgenden Abb. wieder einbinden zu können, muß das Bild anschließend in das BMP-Format konvertiert werden ...

Abb.: Unter TURBO solarisiertes Bild von S. 160

```
PROGRAM solarisation ;                    (* setzt Bilder *.VGA in Solarisation um *)
USES crt, graph ;

VAR       block : File ;
              was : string [20] ;
          egabase : byte absolute $A000:00 ;
       i, k, saved : integer ;
      f1, f2, f3, f4 : integer ;
     driver, mode : integer ;
header, bildout : FILE OF byte ;
                c : byte ;

    PROCEDURE colormap (nr : byte) ;
    BEGIN   port [$03C4] := $02 ;  port [$03c5] := Nr   END ;

BEGIN                                      (* ----------------------------------- *)
clrscr ; write ('Welche Grafik anzeigen? ') ; readln (was) ;
was := 'angkor.vga' ;        (* Dieses File müßten Sie jetzt haben, s.S. 161 Mitte *)
driver := detect ;  initgraph (driver, mode, ' ') ;
assign (block, was) ;  reset (block) ;
FOR i := 0 TO 2 DO BEGIN                   (* .... 2 statt 3, letzte Map unterdrücken *)
      colormap (1 Shl i) ;
      blockread (block, egabase, 300, saved)
                        END ;
close (block) ;
readln ;
FOR k := 0 TO 479 DO
      FOR i := 0 TO 638 DO BEGIN
            f1 := getpixel (i, k) ;      f2 := getpixel (i + 1, k) ;
            f3 := getpixel (i, k + 1) ; f4 := getpixel (i + 1, k + 1);
            IF f1 = f2 THEN
                    IF f1 = f3 THEN
                            IF f2 = f4 THEN putpixel (i, k, 0)
                                    ELSE putpixel (i, k, 15) ;
            IF getpixel (i, k) > 0 THEN putpixel (i, k, 15)
                        END ;
setcolor (0) ;  line (639,0,639,479) ;  line (0,479,639,479) ;
readln ;
assign (header, 'BMP_KOPF') ;  reset (header) ;
assign (bildout, 'SOLAR.BMP') ; rewrite (bildout) ;
FOR i := 1 TO 310 DO BEGIN
                      read (header, c) ; write (bildout, c)
                      END;
close (header) ;
FOR i := 479 DOWNTO 0 DO
      FOR k := 0 TO 639 DO BEGIN
            c := getpixel (k, i) ;
            IF c = 15 THEN c := 255 ;                     (* weiß *)
            IF c = 0 THEN c := 0 ;                (* schwarz  bleibt *)
            write (bildout, c)
                      END ;
    close (bildout) ; closegraph
END .                                      (* ----------------------------------- *)
```

Beim Laden des Bildes unterdrücken wir Map 3, weil das im Beispiel eine bessere Bildqualität ergibt. Zum „Solarisieren" werden jeweils vier benachbarte Farben verglichen: Bei Gleichheit wird auf schwarz, sonst auf weiß gesetzt. Will man das Bild später drucken, empfiehlt sich eine Umkehrung der Zuordnung, wie in der Abb. geschehen: Am Bildschirm sehen Sie also während der Bearbeitung das Negativ der Abb. S. 162.

Anschließend erfolgt die Konvertierung zum BMP-Format auf einfache Weise:

Ein irgendwann einmal abgetrennter Header BMP_KOPF eines Vollbildes wird einfach an den Anfang des neuen Files kopiert und dann das Bild von unten nach oben zeilenweise unter Farbsetzung schwarz/weiß hinauskopiert, wie es das BMP-Format verlangt. Der Vorgang läuft relativ langsam ab, da pixelweise gearbeitet wird. Das Ergebnis kann man sich unter PAINT anschauen und/oder in eine Textverarbeitung (wie hier) einkopieren ...

Im Beispiel haben wir (wegen des Drucks) nur in Schwarz/weiß gearbeitet. Man kann sich aber leicht ein regelmäßiges Streifenbild unter PAINT mit den Grundfarben generieren, mit einem Hexdump-Programm ansehen und die Farbcodes der Grundfarben 0 ... 255 auslesen, um damit auch Farbbilder unter Turbo wieder zurückkopieren zu können.

Das folgende Listing enthält zusammenfassend eine Routine, um einen Header abzukoppeln, dann noch die erweiterte Routine zur Konvertierung eines Bildes vom VGA- in das BMP-Format:

```
PROGRAM konverter_bildfile ;

VAR datain, dataout : FILE OF byte ;
            c : byte ;
            i : integer ;
BEGIN
assign (datain, 'angkor.BMP') ; reset (datain) ;        (* Testbild eingetragen *)
assign (dataout, 'BMP_KOPF') ; rewrite (dataout) ;
FOR i := 1 TO 310 DO BEGIN
     read (datain, c) ;  write (dataout, c)
                    END ;
close (datain) ;  close (dataout)
END .

(* USES graph ; *)
VAR     header, bildout : FILE OF byte ;
            z, c : byte ;
            i, k : integer ;

(* ... bis hierher geladenes Bild bearbeiten ... *)
          (* Grafikseite mit USES graph ist offen, d.h. Bild am Bildschirm ... *)
```

```
BEGIN                                  (* ---------------------------------- *)
assign (header, 'BMP_KOPF') ;  reset (header) ;
assign (bildout, 'GRAFIKNAME') ;  rewrite (bildout) ;
FOR i := 1 TO 310 DO BEGIN
    read (header, z) ; write (bildout, z)
                END;
close (header) ;
FOR i := 479 DOWNTO 0 DO
    FOR k := 0 TO 639 DO BEGIN
        z := getpixel (k, i) ;
        CASE z OF
          0 :  c := 0 ;                             (* schwarz *)
          15 : c := 255;                            (* weiß *)
        END ;
        write (bildout, c)
                END ;
write (chr (7)) ; close (bildout) ;  closegraph
END .                                  (* ---------------------------------- *)
```

Das obige File berücksichtigt nur zwei Farben, entsprechend dem Solarisationsbild. Die bisherige Paint-Palette hat übrigens folgende Farbnummern

```
0          schwarz
255        weiß, wie bisher benutzt,
136        hellgrau
119        dunkelgrau
```
und dann der Reihe nach aus der oberen Reihe des Arbeitsfeldes ...
153 (rot usw.), 187, 170, 238, 204, 221, 251, 174, 254, 252, 217, 159 .

Damit lassen sich die Zuordnungen zum Konvertieren zwischen den Turbo-Farben 0 ... 15 und den wichtigsten Farben unter PAINT herstellen.

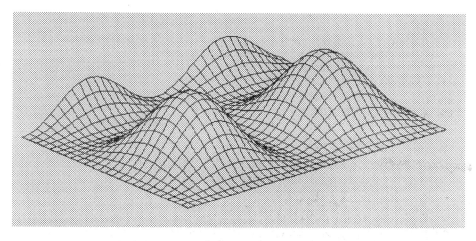

Abb.: Fläche zwei aus dem folgenden Programm

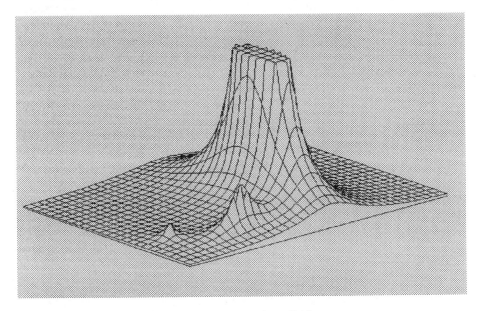

Abb.: dito Fläche neun, jeweils gestartet mit Defaults

Die beiden gezeigten Bilder wurden mit dem nachfolgenden Listing als VGA-Grafiken erzeugt und nach der eben beschriebenen Methode konvertiert: Dazu wurde am Ende die Abspeicherungsroutine von S. 162 für VGA-Bilder angehängt.

Das Programm berücksichtigt die Sichtbarkeit von teilweise verdeckten Linien mit Hilfe einer Maske, die langsam von vorne nach hinten mitgenommen wird und die jeweils zuletzt (also weiter vorne) gezeichnete Linie speichert. *)

```
PROGRAM axonometrische_funktionsbilder ;      (* 11 Beispiele eingetragen *)
            (* Nicht überschriebene Defaults bleiben zum nächsten Test stehen *)

USES crt, graph;

VAR x0, y0, xb, yb, xl, xr, yl, yr,
        x,  y, d, gx, gy, code, s, b : integer ;
        u, v, z, phi, psi, cf, sf, cp, sp, h : real ;
                        maskar : ARRAY [0..640] OF integer ;
                            w : char ;
                        ein : string [5] ;
        graphdriver, graphmode, num : integer ;
```

---

*) Zum Verständnis der axonometrischen Routinen (Darstellung einer Raumgeometrie als Schrägbild in zwei Dimensionen) siehe [M], S. 340 ff. - In einfacher Form für einen APPLE II wurde das Listing vom Verfasser erstmals veröffentlicht in *Byte* (Vol. 11, No.1) vom Januar 1986 auf S. 153 ff.

```
PROCEDURE setzen (VAR out : integer) ;              (* Defaults verändern *)
VAR ein : string [5] ;
     x : integer ;
BEGIN
write ('    ') ;
x := wherex ;  y := wherey ; readln (ein) ;
gotoxy (x + 4, y)   IF ein <> '' THEN val (ein, out, code)
END ;


PROCEDURE rahmen ;                          (* zeichnet Rahmen und Achsen *)
BEGIN
setcolor (15);
line (0, 0, 639, 0); line (639, 0, 639, 479) ;
line (639, 479, 0, 479); line (0, 479, 0, 0) ;
line (x0 + round (xl * cf), y0 - round (xl * sf),
     x0 + round (xr * cf), y0 - round (xr * sf) ) ;
line (x0 - round (yr * cp), y0 - round (yr * sp),
     x0 - round (yl * cp), y0 - round (yl * sp) ) ;
END ;


FUNCTION f (x : real) : real ; forward ;                 (* Beispiele folgen *)


PROCEDURE zeichnen (r : integer) ;
VAR i : integer ;
BEGIN
IF r = 1 THEN setcolor (9) ELSE setcolor (10) ;
FOR i := 0 TO 640 DO maskar [i] := 479 ;                  (* Maske setzen *)
CASE r OF

1 :  BEGIN                                      (* X - Koordinatenlinien *)
     y := yl ;
     FOR x := xl TO xr DO BEGIN                          (* Randmaske *)
          xb := round (x0 + x * cf - y * cp) ;
          z := f (x) ;
          IF b = 1 THEN IF z > h THEN z := h ;
          yb := round (y0 - x * sf - y * sp - z) ;
          IF yb < maskar [xb] THEN maskar [xb] := yb
                         END ;
     x := xl;                                              (* Linien *)
     WHILE x <= xr DO BEGIN
          u := x0 + x * cf ;  v := y0 - x * sf ;
          FOR y := yl TO yr DO BEGIN
               xb := round (u - y * cp) ;
               z := f(x) ;
               IF b = 1 THEN IF z > h THEN z := h ;
               yb := round (v - y * sp - z) ;
               IF yb < maskar [xb] THEN maskar [xb] := yb
                         END ;
          FOR i := round (u - yr*cp) TO round (u - yl*cp - 1) DO
                         line(i, maskar [i], i+1, maskar [i+1]) ;
     x := x + d
                    END  (* OF WHILE *)
END ;  (* OF CASE 1 *)
```

```
2:  BEGIN                                      (* Y - Koordinatenlinien *)
      x := xl ;
      FOR y := yl TO yr DO BEGIN                    (* Randmaske *)
          xb := round (x0 + x * cf - y * cp) ;
          z := f (x) ;
          IF b = 1 THEN IF z > h THEN z := h ;
          yb := round (y0 - x * sf - y * sp - z) ;
          IF yb < maskar [xb] THEN maskar [xb] := yb ;
                      END ;

      y := yl ;                                         (* Linien *)
      WHILE y <= yr DO BEGIN
            u := x0 - y * cp ;   v := y0 - y * sp ;
            FOR x := xl TO xr DO BEGIN
                xb := round (u + x * cf) ;
                z := f (x) ;
                IF b = 1 THEN IF z > h THEN z := h ;
                yb := round (v - x * sf - z) ;
                IF yb < maskar [xb] THEN maskar [xb] := yb ;
                          END ;
            FOR i := round (u + xl*cf ) TO round (u + xr * cf) - 1 DO
                line(i, maskar [i], i+1, maskar [i+1]) ;
      y := y + d
                      END  (* OF WHILE *)
      END                         (* OF CASE 2 *)
    END                           (* OF CASE *)
END ;  (* OF zeichnen *)


FUNCTION f ;                       (* Diese Funktion wird gezeichnet *)
                    (* U.U. Integerüberlauf bei Produkten x * y usw. beachten! *)
BEGIN
CASE num of
1:  f := (x - y) * (x - y) * sin (y / 30) / 300 ;
2:  f := 60 * sqr (sin (x / 60)) * sqr (sin (y / 60)) ;
3:  f := 20 * sin (x / 30) * cos (y / 30) ;
4:  f := ((x - 80) * x / 300 + 1) * sin (x / 40) * cos (y / 40);
5:  IF x * y <> 0 THEN
        f := x / 180 *y / (x / 2 *x / 2 + y / 2 * y / 2) * (x / 2 * x / 2 - y / 2 * y / 2)
              ELSE f := 0 ;
6:  f := 120 - 120 * exp (- (x / 8100 * x + y / 8100 * y) / 2 ) ;
7:  f := 15 * sin (x / 80 * x / 80 + y / 80 * y / 80) ;
8:  f := - 8 * exp ( sin (x / 50 * y / 50)) ;
                    (* symmetrisch in x, y und Neigungen zeichnen lassen *)
9:  f := 100 / (5 + sqr (x - 40) / 10 + sqr (y - 70) / 10)  +
         8000 / (5 + sqr (x - 200) / 10 + sqr (y - 100) / 40) +
         300 / (5 + sqr (x - 110) / 70 + sqr (y - 40) / 10) ;
10: f := 50 - 500 / (7 + x / 400 * x + y / 400 * y) ;
11: f := - x / 30 * y / 30 ;
                         (* Liste kann beliebig verlängert werden *)
END
END ;
```

```
BEGIN                              (* -------------------------------- Hauptprogramm *)
x0 := 250 ;  y0 := 380 ;                          (* Ursprung am Bildschirm *)
xl := 0 ;  xr := + 360 ;                           (* gezeichneter Bereich *)
yl := 0 ;  yr := + 240 ;
gx := 15 ;  gy := 20 ;                    (* Winkel der x, y-Achse gegen Horizont *)
d := 10 ;                                 (* Abstand Koordinatenlinien in Pixels *)

REPEAT
  REPEAT                                                        (* Menü *)
    clrscr ; b := 0 ;
    writeln ('Parameter der Darstellung:') ;
    writeln ('Bildschirm X: 0...719, Y: 0...349') ;  writeln ;
    writeln ('          Vorgabewerte ...      Neue Werte ...') ;  writeln ;
    write ('Ursprung bei ...      ') ;  write (x0 : 4, y0 : 5) ;
    setzen (x0); setzen (y0) ;  writeln ;
    write ('X-Bereich ......      ') ;  write (xl : 4, xr : 5) ;
    setzen (xl) ;  setzen (xr) ;  writeln ;
    write ('Y-Bereich ......      ') ;  write (yl : 4, yr : 5) ;
    setzen (yl) ;  setzen (yr) ;  writeln ;
    write ('Achsenneigungen ..    ') ;  write (gx : 4, gy : 5) ;
    setzen (gx) ;  phi := gx / 180 * pi ;  setzen (gy) ;  psi := gy / 180 * pi ;
    writeln ;  writeln ('Linienscharen:') ;  writeln ;
    write ('        X, Y oder beide (1, 2, 12) ') ;  readln (s) ;
    writeln ;
    write ('Höhenbeschränkung (J/N) ...          ') ;  readln (w) ;
    w := upcase (w) ;  IF w = 'J' THEN b := 1 ;
    writeln ;
    write ('Abstand der Linien .... ') ;  write (d : 8) ;
    setzen (d) ;  writeln ;
    write ('Funktion Nr. 1 ... 11 .    ') ;  readln (num) ;
    writeln ;
    write ('       Grafik (J/N/E)              ') ;
    w := upcase (readkey)
  UNTIL w IN ['J', 'E'] ;
  cf := cos (phi) ;  sf := sin (phi) ;
  cp := cos (psi) ;  sp := sin (psi) ;

  IF b = 1 THEN h := y0 - xr * sf - yr * sp ;                (* Höhenschranke *)

  IF w = 'J' THEN BEGIN
    graphdriver := detect ;
    initgraph (graphdriver, graphmode, ' ') ;
    rahmen ;
    setbkcolor (8) ;
    IF s = 1 THEN zeichnen (1) ELSE IF s = 2 THEN zeichnen (2)
                        ELSE BEGIN
                              zeichnen (1) ;
                              zeichnen (2)
                              END ;
    w := readkey ; closegraph
                END
UNTIL w = 'E'
END .                      (* --------------------------------------------- *)
```

Wir kommen jetzt zu einem Beispiel mit der Grafikmaus, im Anschluß an die Ausführungen aus dem Kapitel 5 über DOS (S. 98 ff). Sie wird wie die „Textmaus" angesprochen und liefert standardmäßig einen Mauszeiger mit, der bei Anzeige den jeweils darunterliegenden Bildteil am Heap sichert und bei Bewegung wieder zurückkopiert: Die Maus führt also ein kleines Grafikfenster mit sich.

Das folgende Beispiel zeigt, wie man sich einen eigenen Mauszeiger in Form eines Fadenkreuzes (Zieleinrichtung) einrichtet. Am Heap wird dazu ein kleiner Bildbereich reserviert, in den zu Anfang des Programms das Fadenkreuz zum Auskopieren eingetragen wird; ein weiterer Bildbereich dient als Zwischenablage für den jeweils überzeichneten Bildteil der Grafik.

```
PROGRAM maus_kreuz ; (* Demo für mausgesteuertes Fadenkreuz bei Grafik *)
USES graph, dos, crt ;

VAR        driver, mode, i : integer ;
                       reg : registers ;
     taste, cursorx, cursory : integer ;
           merkx, merky : integer ;
               p, q, m : pointer ;
               size : word ;

   PROCEDURE mausinstall ;
   BEGIN
   reg.ax := 0 ;  intr ($33, reg) ;
   reg.ax := 7 ;  reg.cx := 0 ;  reg.dx := getmaxx ;  intr ($33, reg) ;
   reg.ax := 8 ;  reg.cx := 0 ;  reg.dx := getmaxy ;  intr ($33, reg)
   END ;

   PROCEDURE mausposition ;
   BEGIN
   reg.ax := 3 ;  intr ($33, reg) ;
   WITH reg DO BEGIN
               move (bx, taste, 2) ;
               move (cx, cursorx, 2) ;  move (dx, cursory, 2)
               END
   END ;

   (* PROCEDURE mausein ;
   BEGIN   reg.ax := 1 ; intr ($33, reg)  END ;
   PROCEDURE mausaus;
   BEGIN   reg.ax := 2 ;  intr ($33, reg)  END ;
   Standardmaus von Microsoft o.a. - wird hier nicht benötigt *)

   PROCEDURE own_mouse_install ;      (* Mausbildspeicher unter Laufzeit *)
   BEGIN
   size := imagesize (0, 0, 20, 20) ; getmem (m, size) ;
   setcolor (lightgreen)
   END ;                                     (* wird nur einmal aufgerufen *)
```

```
PROCEDURE own_mouse_show ;          (* Bild der Maus im Speicher m^ *)
BEGIN
IF cursorx < 11 THEN cursorx := 10 ;
IF cursory < 11 THEN cursory := 10 ;
IF cursorx > 629 THEN cursorx := 629 ;
IF cursory > 469 THEN cursory := 469 ;
getimage (cursorx - 10, cursory - 10, cursorx + 10, cursory + 10, m^) ;
circle (cursorx, cursory, 10) ;
line (cursorx, cursory - 10, cursorx, cursory + 10) ;
line (cursorx - 10, cursory, cursorx + 10, cursory) ;
delay (50) ;
putimage (cursorx - 10, cursory - 10, m^, normalput)
END ;


PROCEDURE fadenkreuz ;
BEGIN
REPEAT
    mausposition ;
    setcolor (white) ;
    getimage (0, cursory, 639, cursory , p^) ;            (* Bildzeile speichern *)
    getimage (cursorx, 0, cursorx, 479, q^) ;                 (* ... dito Spalte *)
    line (0, cursory, 639, cursory) ;              (* ... und beide überzeichnen *)
    line (cursorx, 0, cursorx, 479) ;
    delay (50) ;
    putimage (0, cursory , p^, normalput) ;            (* Bildzeile zurück *)
    putimage (cursorx, 0 , q^, normalput) ;            (* Bildspalte zurück *)
UNTIL taste = 2
END ;

PROCEDURE box (a, b, c, d : integer) ;
BEGIN
setcolor (yellow) ;
line (a, b, c, b) ;  line (c, b, c, d) ;
line (c, d, a, d) ;  line (a, d, a, b)
END ;

BEGIN                                    (* -------------------------- Demo *)
driver := detect ;
initgraph (driver, mode, ' ') ;
size := imagesize (0, 0, 639, 0) ;  getmem (p, size) ;           (* Mauszeile *)
size := imagesize (0, 0, 0, 479) ;  getmem (q, size) ;           (* Mausspalte *)

outtext ('Demo mit Taste rechts bedienen ... ') ;
mausinstall ;

FOR i := 1 TO 90 DO BEGIN                      (* hier Grafik einladen : Demo *)
    setcolor (i MOD 16) ; line (5 * i, 5 * i, 9 * i, 5 * i)
                END ;
fadenkreuz  ;
write (chr (7)) ;  merkx := cursorx ;  merky := cursory ;
line (0, merky, 639, merky) ; line (merkx, 0, merkx, 479) ;
delay (500) ;
```

```
   mausposition ;           (* sonst bleibt taste = 2 bestehen und Programm endet! *)
   fadenkreuz ;
   setcolor (black) ;
   line (0, merky, 639, merky) ; line (merkx, 0, merkx, 479) ;
   box (merkx, merky, cursorx, cursory) ;
   outtext ('<Return> ... dann Taste rechts') ;
   readln ;  (* Nächster Schritt im Demo *)

   own_mouse_install ;  (* einmal aufrufen *)

   REPEAT                              (* Mausdemo mit eigenem Fadenkreuz *)
       mausposition ;
       own_mouse_show ;
                          (* Über Positionen hier abfragen und z.B. schalten ... *)
   UNTIL taste = 2 ;         (* rechte Taste. Mittlere, falls vorhanden  ... taste = 4 *)

   closegraph
   END .                           (* ---------------------------------- *)
```

Maussteuerung ist ganz besonders für Grafik interessant; interaktiv läßt sich in das Geschehen durch Verändern von Koordinaten eingreifen, so daß nach neuer Berechnung ein leicht verändertes Bild angezeigt wird. Die entsprechende Grafik ist also über einen Algorithmus gesteuert und somit letztlich keine Pixel- sondern eine Vektorgrafik, d.h. über (Eck-) Daten und Beziehungen zwischen eben diesen festgelegt, anschaulich ein „Drahtmodell".

Als noch einfaches Beispiel folgendes Listing: In der dargestellten Raumgeometrie (Würfel mit Inhalt) kann man herumwandern und sie aus den verschiedensten Blickwinkeln betrachten ... Die Bewegung wird durch die gleichsinnige Bewegung der Maus (links/rechts, nach oben/unten) am Tisch gesteuert, während die Zusatzoption Zentralperspektive durch Eingaben ± an der Tastatur realisiert ist. Gezoomt wird mit den beiden Maustasten links/rechts.

Die dazu eingesetzte sog. EULERsche Drehmatrix für euklidische Raum-koordinaten (x, y, z) im dreidimensionalen R^3 wird in der **Mathematik** abgeleitet und kann auch ohne Fachkenntnisse aus dem Programm für eigene Anwendungen entnommen werden. Die ebenfalls vorkommende Zentralperspektive für ein realistisches Bild je nach Entfernung von Objekt ist in [M], S. 340 als Anwendung des sog. Strahlensatzes kurz erläutert.

Vor Programmstart muß unbedingt ein Maustreiber installiert sein. Sie könnten aber in das Listing zu Anfang des Hauptprogramms eine Routine

```
   reg.ax := 0; intr ($33, reg) ;            (* USES dos ;  VAR : reg : registers ; *)
   IF reg.ax = 0 THEN BEGIN   writeln ('Maustreiber fehlt ... ') ; halt  END ;
```

einbauen, die den endgültigen Start im Falle des Fehlens verhindert.

```
PROGRAM drehgraf_per_maus ;                              (* Beispiel Würfel *)
(* Bedienung:      Maus bewegen :  Objekt wird gedreht
                   Maustasten l/r :    Objekt wird gezoomt
                   Zentralperspektive stärker/schwächer  : Taste +, -
                   mit Leertaste: Perspektive anhalten
                   ...        irgendeine Funktionstaste >>>> Programmende  *)

USES crt, dos, graph ;
CONST   k = 15 ;   u = 20 ;        h = - 30 ;
VAR        n, i, s1, s2, w : integer ;
                   a, b, g : real ;                      (* Raum-Winkel *)
        sa, sb, sg, ca, cb, cg : real ;                  (* trigonom. Funkt. *)
                   r, s, t : real ;                      (* neue Koordinaten *)
                   x, y, z : ARRAY [1 .. k] OF real ;
                xb, yb, zb : ARRAY [1 .. k] OF integer ;
               driver, modus : integer ;
                   aa, pa : real ;
                   mx, my : integer ;
                      reg : registers ;
        taste, cursorx, cursory : integer ;
                      p : char ;


PROCEDURE mausinstall ;                                 (* wie beim vorigen Listing *)
PROCEDURE mausein ;
PROCEDURE mausaus ;
PROCEDURE mausposition ;

PROCEDURE abbrev ;                              (* Variable (Abkürzungen) global ! *)
BEGIN
sa := sin (a) ;   sb := sin (b) ;   sg := sin (g) ;
ca := cos (a) ;   cb := cos (b) ;   cg := cos (g)
END ;

PROCEDURE matrix (u, v, w : real) ;                     (* sog. EULER - Drehung *)
BEGIN                                          (* dreidim. koord. Transformation *)
r := (cg*ca - sg*cb*sa) * u  - (cg*sa + sg*cb*ca) * v      + sg*sb * w;
s := (sg*ca + cg*cb*sa) * u + (cg*cb*ca - sg*sa) * v      - cg*sb * w;
t :=  sb*sa * u              + sb*ca * v               +  cb * w
END ;                                          (* s = y nur für drei Dimensionen nötig *)

PROCEDURE abbild ;                              (* speziell für Struktur mit Punkten *)

    PROCEDURE link (i, k : integer) ;
    BEGIN
    line (xb [i], zb [i], xb[k], zb[k])
    END ;

BEGIN
FOR i := 1 TO k DO BEGIN
        xb [i] := round (1.1 * (s1 - xb [i])) ;   zb [i] := s2 - zb [i]
                END ;
                                       (* Jetzt wird das konkrete Objekt definiert *)
```

```
setcolor (white) ;    FOR i := 1 TO 3 DO link (i, i + 1) ;
                      link (4, 1) ;  link (1,3) ;  link (2,4) ;

setcolor (yellow) ;   FOR i := 5 TO 7 DO link (i, i +1) ;  link (8, 5) ;

setcolor (green) ;    FOR i := 1 TO 4 DO link (i, i + 4) ;

setcolor (white) ;    link (9, 15) ;  FOR i := 11 TO 13 DO link (i, i + 1) ;
                      link (14, 11) ;
setcolor (red) ;      FOR i := 11 TO 14 DO link (i, 15) ;
END ;

PROCEDURE zentral ;                              (* Zentralprojektion *)
BEGIN
r := r * (aa - pa) / (aa + s) ;
t := t * (aa - pa) / (aa + s)
END ;


BEGIN                         (* ----------------------------- Hauptprogramm *)
                                                  (* Initialisierung *)
w := 80 ;                              (* Ecken des Würfels *)
s1 := 300 ;  s2 := 240;                (* Mittelpunkt für VGA *)
aa := 500 ;  pa := 1;                  (* für Zentralperspektive *)
x [1] :=   w ;  y [1] :=   w ;  z [1] := - w ;    (* Grundfläche *)
x [2] := - w ;  y [2] :=   w ;  z [2] := - w ;
x [3] := - w ;  y [3] := - w ;  z [3] := - w ;
x [4] :=   w ;  y [4] := - w ;  z [4] := - w ;

FOR i := 5 TO 8 DO BEGIN                     (* Deckelfläche *)
              x [i] := x [i - 4] ;  y [i] := y [i - 4] ;  z [i] := - z[i - 4]
              END ;

x  [9] := 0 ;   y  [9] := 0 ;    z [9] := - w ;
x [10] := 0 ;   y [10] := 0 ;    z [10] := h ;
x [11] := u ;   y [11] := u ;    z [11] := h ;          (* Grundfläche *)
x [12] := - u ; y [12] := u ;    z [12] := h ;
x [13] := - u ; y [13] := - u ;  z [13] := h ;
x [14] := u ;   y [14] := - u ;  z [14] := h ;
x [15] := 0 ;   y [15] := 0 ;    z [15] := 0 ;

a := 0 ;  b := 0 ;                      (* Drehung horiz., vertikal *)
g:= 0 ;
clrscr ;  gotoxy (1, 3) ;
writeln ('         Mausgesteuerte beliebige Drehung von Drahtmodellen') ;
writeln ('      aus der Darstellenden Geometrie mit der sog. EULER-Matrix.') ;
writeln (' (Entsprechende Modelle wie Würfel, Pyramiden etc sind leicht zu
           generieren.)') ;
writeln ('      Bildausdruck auf Nadeldruckern mit Prtscr,
              wenn GRAPHICS von DOS geladen ist ... ') ;
writeln ;
writeln ('Programmbedienung:') ;
writeln ;
```

```
writeln ('Maus nach links, rechts, oben, unten bewegen ... ') ;
writeln ('       ... das Drahtmodell ändert entsprechend seinen Anblick.') ;
writeln ;
writeln ('Einmal die Taste + oder - drücken, zum Anhalten die Leertaste ...') ;
writeln ('Die Zentralperspektive wird stärker bzw. schwächer ... ') ;
writeln ;
writeln ('Linke bzw. rechte Maustaste ... ') ;
writeln ('Das Objekt entfernt sich bzw. kommt näher  ... ') ;
writeln ;
writeln ('Beliebige Funktionstaste, z.B. F10 ... Programmende ') ;
writeln ;
writeln ('           (C: in TURBO Pascal: Mittelbach, 1996)    Viel Spaß!') ;
writeln ('Taste ... weiter') ;
p := readkey ;

driver := detect ;  initgraph (driver, modus, ' ') ; mausinstall ;
REPEAT
     mausposition ;
     IF mx < cursorx THEN a := a + 0.02 ;
     IF mx > cursorx THEN a := a - 0.02 ;
     IF my > cursory THEN b := b + 0.02 ;
     IF my < cursory THEN b := b - 0.02 ;
     IF taste = 1 THEN BEGIN
                       aa := aa + 3 ;  pa := pa + 4
                       END ;
     IF taste = 2 THEN BEGIN
                       aa := aa - 3 ;  pa := pa - 4
                       END ;
     mx := cursorx ;
     my := cursory ;
     abbrev ;
     FOR i := 1 TO k DO BEGIN
                       matrix (x [i], y [i], z [i]) ;
                       zentral ;
                       xb [i] := round (r) ;
                       yb [i] := round (s) ;
                       zb [i] := round (t)
                       END ;
     abbild ;
     delay (40) ; cleardevice ;
     IF keypressed THEN p:= readkey ;
     IF p = '+' THEN aa := aa - 1 ;
     IF p = '-' THEN aa := aa + 1
UNTIL keypressed ;
closegraph
END .                         (* --------------------------------------------- *)
```

Neben echten Drahtmodellen wie Würfeln, Pyramiden u. dgl. lassen sich durch Annähern an solche Modelle auch ganz andere geometrische Gebilde darstellen, z.B. Spiralen:

Setzen Sie dazu die folgenden Änderungen im Listing ein:

```
CONST            k = 80 ;
In der Prozedur link ..    setcolor (white) ;
                           FOR i := 1 TO k - 1 DO link (i, i + 1) ;
Im Hauptprogramm ...       FOR i := 1 TO k DO BEGIN
                              x [i] := w * cos (pi /20 * i * 80 / 79) ;
                              y [i] := w * sin (pi /20 * i * 80 / 79) ;
                              z [i] := - 2 * w + w /20 * i * 80 / 79
                                 END ;
```

Die Darstellung einer Pyramide oder eines Oktaeders (Doppelpyramide) gelingt mit fünf (1 ... 5) bzw. sechs Punkten durch einfaches Verbinden des Grundquadrats mit der Spitze

  Pyramide: **12 23 34 41 15 25 35 45** .

Schließlich lassen sich allerhand Situationen aus der Darstellenden Geometrie als Drahtmodelle realisieren und dann unter jedem gewünschten Winkel anschauen, etwa das Beispiel der folgenden Abb. zur Schnittgeraden g = D ∩ H: Es genügt, wenige Punkte und deren Verbindungen in das Programm einzutragen. .

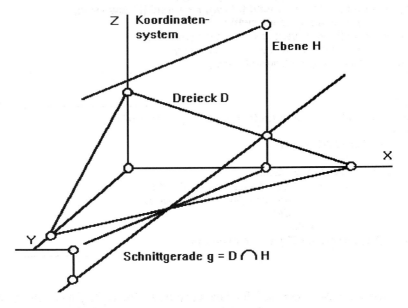

Abb.: Inzidenz im Raum: Schnittgerade g = D ∩ H

Professionell könnte man am Anfang eine Routine schalten, die über ein ARRAY zuerst die Koordinaten von Raumpunkten und danach deren notwendige Verbindungsgeraden abfragt ... Auch ein „Ziehen" der Grafik ist möglich, siehe dazu das Beispiel des Baggers im Kapitel 13 über Arithmetik weiter hinten.

Auf der Disk finden Sie weitere Beispiele, so zu Drehungen (ein futuristisches Raumschiff WELT mit Datensatz OBJ.DAT, als Animation), zur Sichtbarkeit von Drahtmodellen (ein Würfel LOOK) u. a. Jene Listings mögen als Anregungen zur Realisierung eigener Ideen dienen, aber auch zur Illustration, „wie es geht".

Viele zumeist spielerische Grafiken benutzen den Zufallsgenerator: Der Titel dieses Buches (nach einer Computergrafik aus der Rechnerfrühzeit, damals geradezu „künstlerisch") ist mit einem eigentlich sehr einfachen Programm erzeugt:

```
PROGRAM zufall ;                        (* Zufallsgrafik aus der Zeit um 1980 *)
                                  (* Damals abgebildet in CHIP-SPEZIAL 3/81 ... *)
USES graph ;                      (* Konvertierung in ein *.BMP-File nach S. 164 *)
VAR mode, treiber : integer ;
     i, k, z, n : integer ;

PROCEDURE quadrat (x, y, l, phi : integer) ;
VAR cw, sw : real ;
BEGIN
cw := cos (pi * phi / 180); sw := sin (pi * phi / 180) ;
line (x, y, x + round (l* cw), y + round (l * sw)) ;
line (x + round (l * cw), y + round (l * sw), x + round (l * (cw - sw)),
          y + round (l * (sw + cw))) ;
line (x + round (l * (cw - sw)), y + round (l * (sw + cw)),
          x - round (l * sw), y + round (l * cw)) ;
line (x - round (l * sw), y + round (l * cw), x , y)
END ;

BEGIN                             (* ----------------------------------- *)
treiber := detect ;  initgraph (treiber, mode, ' ') ;  randomize ;
n := - 2 ;
FOR k := 1 TO 15 DO BEGIN
   n := n + 4 ;
   FOR i := 1 TO 20 DO BEGIN
             z := random (n) - n DIV 2 ;
             quadrat (30 * i, 30 * k, 23, z)
             END ;
          END ;
readln ; (* Speichern einfügen *)  closegraph
END .                             (* ----------------------------------- *)
```

Starkes Interesse richtet sich auf fraktale Strukturen. In [M] gibt es ein paar grundsätzliche Ausführungen mit Beispielen (Apfelmännchen, Julia-Mengen).

Zu diesem Thema hat D. Herrmann in [H] beachtliches zusammengetragen. Ein sehr schönes Beispiel sei dort von S. 183 entnommen. Starten Sie das folgende Programm einfach und lassen Sie sich vom Ergebnis überraschen:

```
PROGRAM eichenbaum ;                              (* Nach D. Herrmann 1994  *)
USES crt, graph ;

CONST
a : ARRAY [1 .. 5] OF real = (0.195, 0.462, - 0.058, - 0.035, - 0.637) ;
b : ARRAY [1 .. 5] OF real = (- 0.488, 0.414, - 0.070, 0.070, 0) ;
c : ARRAY [1 .. 5] OF real = (0.344, - 0.252, 0.453, - 0.469, 0) ;
d : ARRAY [1 .. 5] OF real = (0.443, 0.361, - 0.111, - 0.022, 0.501) ;
e : ARRAY [1 .. 5] OF real = (0.4431, 0.2511, 0.5976, 0.4884, 0.8562) ;
f : ARRAY [1 .. 5] OF real = (0.2452, 0.5692, 0.0969, 0.5069, 0.2513) ;
p : ARRAY [1 .. 5] OF real = (0.2, 0.4, 0.6, 0.8, 1.0) ;

VAR    mx, my, k : integer ;
                 i : longint ;
   x, x1, y, y1, pk : real ;

PROCEDURE GraphInit ;
VAR  Graphdriver, Graphmode : integer ;
BEGIN
GraphDriver := Detect ;  Initgraph (GraphDriver, GraphMode, ' ') ;
SetgraphMode (Graphmode) ; cleardevice ;
rectangle (0, 0, 639, 479) ;
mx := getmaxx DIV 2 ;  my := getmaxy DIV 2
END ;

BEGIN
GraphInit ; randomize ;
x := 0 ;  y := 0 ;
FOR i:= 1 TO 25000 DO BEGIN
  pk := random ;
  IF pk <= p [1]
    THEN k := 1
     ELSE IF pk <= p [2]
        THEN k := 2
        ELSE IF pk <= p [3]
           THEN k := 3
           ELSE IF pk <= p[4] THEN k := 4
                    ELSE k := 5 ;
  x1 := a [k] * x + b [k] * y + e [k] ;
  y1 := c [k] * x + d [k] * y + f [k] ;
  x := x1 ; y := y1 ;
  IF i > 10 THEN putpixel (round (x * 420 + mx * 0.3), round (1.7 * my - y * 380), 6)
           END ;
REPEAT until keypressed ;
closegraph ;  textmode (lastmode)
END .
```

Ob die Natur auch so vorgeht ... ?

> In einer Welt, die Geschwindigkeit
> für den einzigen Indikator der Rechnerleistung hält,
> gilt Greshams Gesetz: Solange sie schnell ist,
> verdrängt schlechte Software die gute. ([S], S. 108)

In diesem Kapitel gestalten wir eine eigene Oberfläche, die anschließend zum Vorführen einiger spezieller Anwendungen dienen soll.

TURBO Pascal ist nicht nur wegen des schnellen Compilers, sondern auch wegen der hochentwickelten IDE (die schon bei TURBO 3.0 in den frühen Achtzigern sehr einsichtig war) ein Renner. Die damit erstellten Programme können aber noch ganz unterschiedlich ausfallen, sieht man einmal von TURBO Vision ab, das eine Menge vorgefertigter Bausteine auch für die Arbeitsumgebung im fertigen Programm bereithält. Der folgende Entwurf einer grafischen Umgebung, wo in erster Linie in verschiedenen Fenstern Bilder oder Informationen anfallen, benutzt naheliegend auch die Maus, zunächst nur, um die Fenster durch einen sensitiven Balken (oben) auf dem Monitor verschieben zu können. Buttons dienen zum Anklicken und Auslösen verschiedener Aktionen, so, wie man das von der Windows-Umgebung gewohnt ist.

Damit auf dem Bildschirm sinnvolle Aktionen möglich sind, ist in das Programm die Darstellung einer einfachen Sinus-Funktion eingebunden, dies wahlweise mit additivem Hinzufügen aller ihrer Oberschwingungen bis zur Ordnung $k \in N$:

$x := A * \sin (\varpi * t) + A / 2 * \sin (2 * \varpi * t) + ... + A / k * \sin (k * \varpi + t)$.

Dies sind FOURIER-Entwicklungen, die sich mit wachsendem k immer mehr einem sog. „Sägezahn" annähern, wie das Programm ganz deutlich zeigt. Durch Verändern der Frequenz kann das Bild gestaucht oder gestreckt werden, die Amplitude A ist variabel usw. - Experimentieren Sie einfach:

```
PROGRAM desktop_buttons ;                    (* Zum Test Maus installieren *)
USES crt, graph, dos ;

CONST    hinter = lightblue ;    vorder = white ;
         leiste = red ;          knopf = lightgray ;
         male = white ;          schatten = darkgray ;

TYPE wort = string [10] ;
TYPE feld = RECORD                              (* Definiert Buttons *)
             x, y : integer ;                   (* linke, obere Ecke *)
             b, t : integer ;                   (* Breite, Tiefe *)
             name : wort                        (* Schaltertext *)
     END ;

VAR              driver, mode, nr : integer ;
   taste, cursorx, cursory, kennung : integer ;
                       zahl : string ;
                        reg : registers ;
              final, frage : boolean ;
          schalter : ARRAY [0 .. 10] OF feld ;
              merk : feld ;


VAR   ampl, freq, os : integer ;                   (* für die Anwendung *)

PROCEDURE mausinstall ;                         (* Wie bisher, z.B. S. 170 *)
PROCEDURE mausein ;
PROCEDURE mausaus ;
PROCEDURE mausposition ;


PROCEDURE button (nr : integer) ;
VAR   x, y, b, t, i : integer ;
         name : wort ;
BEGIN
mausaus ;
x := schalter [nr].x ;  y := schalter [nr]. y ;
b := schalter [nr].b ;  t := schalter [nr].t ;
name := schalter [nr].name ;
setviewport (x, y, x + b, y + t + 4, clipon) ; clearviewport ;
setcolor (leiste) ;                            (* Schiebeleiste der Tiefe 4 *)
FOR i := 0 TO 3 DO line (0, i, b, i) ;
setcolor (knopf) ;
FOR i := 4 TO t + 4 DO line (0, i, b, i) ;
setcolor (white) ;
FOR i := 2 TO 4 DO line (i, i + 4, b - i - 1, i + 4) ;
FOR i := 2 TO 4 DO line (i, i + 6, i, t - i + 2) ;
setcolor (schatten) ;
FOR i := 2 TO 4 DO line (b - i, i + 4, b - i, t - i + 4) ;
FOR i := 2 TO 4 DO line (i, t - i + 4, b - i - 1, t - i + 4) ;
IF nr < 10 THEN moveto (10, t DIV 2 + 2) ELSE moveto (10, 15) ;
outtext (name) ;
mausein
END ;
```

```
PROCEDURE cleardtp ;
VAR i : integer ;
BEGIN   button (10) ; FOR i := 0 TO 9 DO button (i)   END ;

PROCEDURE schieben (nr : integer) ;
BEGIN
merk := schalter [nr] ;
WHILE taste IN [1, 2] DO BEGIN
      mausposition ;  schalter [nr].x := cursorx ;  schalter [nr].y := cursory ;
      IF nr = 10 THEN
            WITH schalter [10] DO BEGIN          (* Begrenzung für desktop *)
                  IF x <  10 THEN x := 10 ;
                  IF x >  60 THEN x := 60 ;
                  IF y <  15 THEN y := 15 ;
                  IF y > 150 THEN y := 150
                                    END
                  END ;
mausaus ;
WITH merk DO setviewport (x, y, x + b, y + t + 4, true) ;
clearviewport ;
IF nr < 10 THEN button (nr) ELSE cleardtp ;  frage := true
END ;

PROCEDURE zeichnen ;
VAR    i, k, m : integer ;          r : real ;
BEGIN
WITH schalter [10] DO
            setviewport (x + 2, y + 12, x + b - 6, y + t - 4, true) ;
m := schalter [10].t DIV 2 - 6 ;
FOR i := 5 TO 600 DO BEGIN
                  r := 0 ;
                  FOR k := 1 TO os DO r := r + ampl / k * sin (k * i / freq) ;
                  putpixel (i, m + round (r), male)
                  END
END ;

PROCEDURE strecken;
BEGIN   freq := freq + 1 ; delay (200) END ;

PROCEDURE stauchen ;
BEGIN   IF freq > 5 THEN freq := freq - 1 ; delay (200)   END ;

PROCEDURE amplplus ;
BEGIN   ampl := ampl + 5 ; delay (200)   END ;

PROCEDURE amplmins ;
BEGIN   IF ampl > 6 THEN ampl := ampl - 5 ; delay (200)   END ;

PROCEDURE addobers ;
BEGIN   os := os + 1 ; delay (200)   END ;

PROCEDURE subobers ;
BEGIN   IF os > 1 THEN os := os - 1 ; delay (200)   END ;
```

```
PROCEDURE abfrage (kennung : integer) ;
BEGIN
CASE kennung OF
  0 : zeichnen ;     1 : strecken ;       2 : stauchen ;        3 : amplplus ;
  4 : amplmins ;     5 : addobers ;       6 : subobers ;        8 : cleardtp ;
  9 : final := true ; 10 : BEGIN (* cleardtp *) END
END ;
frage := true
END ;


BEGIN                                      (* ------------------------------------------------ *)
FOR nr := 0 TO 10 DO              (* Buttons belegen, auch einzeln möglich ! *)
    WITH schalter [nr] DO BEGIN
        x := 550; y := 10 + 47 * nr; b := 80; t := 27;
        str (nr, zahl);
        CASE nr OF
          0 : name := 'zeichnen' ;
          1 : name := 'strecken' ;     2 : name := 'stauchen' ;
          3 : name := ' ampl + ' ;     4 : name := ' ampl - ' ;
          5 : name := ' + O.S. ' ;     6 : name := ' - O.S. ' ;
          7 : name := '*------*' ;
          8 : name := 'cleardtp' ;     9 : name := ' Ende ' ;
          10 : BEGIN                              (* Fenster zum Zeichnen *)
               x := 10 ;  y := 100 ;  b := 510 ;  t := 300 ; name := 'Desktop'
               END
        END
END ;

final := false ;  driver := detect ;  initgraph (driver, mode, ' ') ;
setbkcolor (hinter) ;                            (* Buttons zeichnen *)
FOR nr := 0 TO 9 DO button (nr) ;
setviewport (20, 70, 350, 120, true) ;  setcolor (male) ;
outtext ('Demo : Überlagerung von Sinusschwingungen') ;
ampl := 50 ;  freq := 20 ;  os := 1 ;
mausinstall ;
REPEAT
    mausposition ;  mausein ;  setviewport (0, 0, 639, 439, true) ;
    nr := 0 ;  frage := false;
    REPEAT
      WITH schalter [nr] DO BEGIN
      IF (cursorx > x) AND (cursorx < x + b)
         THEN IF (cursory > y + 4) AND (cursory < y + t + 4)
              THEN BEGIN
                   kennung := nr ;  IF taste IN [1, 2] THEN abfrage (kennung)
                   END
              ELSE IF (cursory >= y) AND (cursory <= y + 4)
           THEN IF taste IN [1, 2] THEN schieben (nr) ;
                        END ;
         nr := nr + 1
      UNTIL (nr = 11) OR frage ;
delay (100)
UNTIL keypressed OR final ;  mausaus ; closegraph
END .                                        (* ------------------------------------------------ *)
```

Am Anfang des Programms, insb. bei weiterzugebenen Beispielen, wäre es sinnvoll, die Mausabfrage von S. 172 unten einzubauen.

Schalt- und Anzeigefelder werden prinzipiell gleich behandelt: Bei gedrückter Maustaste auf der roten Leiste oben können Verschiebungen der Buttons vorgenommen werden. Anklicken eines Feldes (links oder rechts) löst die eingetragene Aktion aus. Beachten Sie, daß die verschobenen Schaltfelder stets zuletzt gezeichnet werden, also für Aktivitäten immer wieder gefunden werden können: Noch entstehen hie und da „Löcher" in den übereinander aufgebauten Grafikfenstern, die aber durch „Cleardtp" wieder gefüllt werden können. Unklare bis unerwartete Reaktionen erhalten Sie aber, wenn Schaltfelder untereinander teilweise überlappen: Das sollte vermieden werden.

Eine erste, noch sehr einfache Anwendung bildet ein simulierter **Oszillograf** zur Darstellung von Schwingungsbildern: LISSAJOUS-Figuren, Abbilder sich überlagernder Sinus-Schwingungen in zwei zueinander senkrechten Richtungen mit verschiedenen Amplituden X, Y, mit unterschiedlichen Frequenzen ϖ_i , und Phasenverschiebungen t_0 , t_1 (bzw. deren Differenz Δt) :

$$x := X * \sin (\varpi_1 * t + t_0) \; ; \; y := Y * \sin (\varpi_2 * t + t_1)$$

Hier ist das entsprechende Listing: Sofern Prozeduren völlig unverändert aus dem ersten Programm übernommen werden, sind sie nur mit ihrem Kopf aufgeführt. Man erkennt auf diese Weise auch gut das Programmgerüst, in welches andere, zumindest ähnliche Fälle, leicht eingebunden werden können. Anfangs sind nur jene Konstanten und Variablen aufgeführt, die für die neuen Aktionen benötigt werden; alles andere wird also übernommen.

```
PROGRAM lissajous_oszillograph ;              (* Zum Test Maus installieren *)
USES crt, graph, dos ;
(* Einige Buttons können links/rechts mit versch. Wirkung bedient
   werden.          - Schaltknöpfe wieder über die rote Leiste verschieblich. *)

CONST                                         (* sechs Farben wie bisher, dazu ... *)
              wartezeit = 150 ;

TYPE                 (* bleibt *)
VAR                              (* wie bisher, aber für neue Aktionen zusätzlich ... *)
       a    mplv, amplh : integer ;           (* Variable zum Zeichnen *)
       phi, freq, t, delta : real ;                       (* global ! *)
                     stop : boolean ;

PROCEDURE mausinstall ;
PROCEDURE mausein ;
PROCEDURE mausaus ;
PROCEDURE mausposition ;
```

```
PROCEDURE button (nr : integer) ;
PROCEDURE cleardtp ;
PROCEDURE schieben (nr : integer) ;

PROCEDURE ampl_hori ;                        (* für die spezielle Anwendung ... *)
BEGIN
IF taste = 1 THEN amplh := amplh - 2 ;
IF taste = 2 THEN amplh := amplh + 2 ;  delay (wartezeit)
END;

PROCEDURE ampl_vert ;
BEGIN
IF taste = 1 THEN amplv := amplv - 1 ;
IF taste = 2 THEN amplv := amplv + 2 ;  delay (wartezeit)
END;

PROCEDURE fase ;
BEGIN
IF taste = 1 THEN phi := phi - 0.05 / pi ;
IF taste = 2 THEN phi := phi + 0.05 / pi ;  delay (wartezeit)
END ;

PROCEDURE frequenz ;
BEGIN
IF taste = 1 THEN freq := freq - 0.1 ;
IF taste = 2 THEN freq := freq + 0.1 ;     delay (wartezeit)
END ;

PROCEDURE reset ;
BEGIN
amplh := 150 ;  amplv := 150 ;  freq := 1 ;  phi := 0 ;  t := 0 ; delta := 0.001
END ;

PROCEDURE tempo ;
BEGIN
IF taste = 1 THEN IF delta > 0.0002 THEN delta := delta - 0.0002 ;
IF taste = 2 THEN delta := delta + 0.00002 ;
delay (wartezeit)
END ;

PROCEDURE zeichnen ;  forward ;

PROCEDURE abfrage (kennung : integer) ;                        (* neue Namen *)
BEGIN
CASE kennung OF
  0 : zeichnen ;      1 : ampl_hori ;      2 : ampl_vert ;
  3 : fase ;          4 : frequenz ;       5 : tempo ;
  6 : stop := true ;  7 : cleardtp ;       8 : reset ;
  9 : final := true
END ;
frage := true
END ;
```

```
PROCEDURE zeichnen ;                                      (* teilweise ergänzt *)
VAR    rx, ry : real ;
       mx, my : integer ;
BEGIN
WITH schalter [10] DO BEGIN
      setviewport (x + 2, y + 12, x + b - 6, y + t - 4, true) ;
      mx := b DIV 2 - 2 ;  my := t DIV 2 - 8 ;
                          END ;
delay (wartezeit) ; mausposition ; stop := false ;
REPEAT
     rx := amplh * sin (t) ;
     ry := amplv * cos (t * freq + phi) ;
     putpixel (mx + round (rx), my + round (ry), yellow) ;
     t := t + delta ;
     nr := 0 ;
     REPEAT
       WITH schalter [nr] DO BEGIN
             IF (cursorx > x) AND (cursorx < x + b)
               THEN IF (cursory > y + 4) AND (cursory < y + t + 4)
                 THEN BEGIN
                     kennung := nr ;
                     IF taste IN [1, 2] THEN abfrage (kennung)
                     END
                            END ;
        nr := nr + 1
     UNTIL (nr = 7) OR stop ;
     mausposition
UNTIL stop
END ;

BEGIN                             (* ------------------------------------------------ *)
FOR nr := 0 TO 10 DO WITH schalter [nr] DO
    BEGIN
    x := 540 ;  y := 28 + 44 * nr ;  b := 90 ; t := 27 ; str (nr, zahl) ;
    CASE nr OF
     0 : name := ' Ein ' ;                              (* neue Namen *)
     1 : name := '- Amp H +' ;      2 : name := '- Amp V +' ;
     3 : name := '- Phase + ' ;     4 : name := '- f1:f2 +' ;
     5 : name := '- Tempo + ' ;     6 : name := ' Aus ' ;
     7 : name := 'Bild  neu ' ;     8 : name := 'Reset Dta' ;
     9 : name := 'Progr OFF' ;
    10 : BEGIN                                 (* Fenster zum Zeichnen *)
        x := 10 ;  y := 10 ; b := 460 ; t := 460 ;
        name := 'LISSAJOUS'
        END
    END
    END ;

final := false ;
driver := detect ;  initgraph (driver, mode, ' ') ;
setbkcolor (hinter) ;                                   (* Buttons zeichnen *)
FOR nr := 0 TO 10 DO button (nr) ;
reset ; mausinstall ;
```

```
REPEAT
    mausposition ;  mausein ;
    setviewport (0, 0, 639, 439, true) ;
    nr := 0 ;  frage := false ;
    REPEAT
        WITH schalter [nr] DO BEGIN
        IF (cursorx > x) AND (cursorx < x + b)
            THEN IF (cursory > y + 4) AND (cursory < y + t + 4)
                THEN BEGIN
                    kennung := nr ;
                    IF taste IN [1, 2] THEN abfrage (kennung)
                    END
                ELSE IF (cursory >= y) AND (cursory <= y + 4)
                        THEN IF taste IN [1, 2] THEN schieben (nr) ;
                        END ;
        nr := nr + 1
        UNTIL (nr = 11) ;
    delay (wartezeit)
    UNTIL keypressed OR final ;
    mausaus ; closegraph
    END .                         (* -------------------------------------------- *)
```

Selbst im Hauptprogramm wurde vieles übernommen; die wesentliche Arbeit bestand also nur darin, die Zeichenroutinen für die neue Aufgabenstellung einzufügen und die Buttons problemgerecht zu beschriften ... Benutzt man die Umgebung für ähnliche Aufgabenstellungen öfter, so liegt der Zeitaufwand für die Gestaltung eines neuen Beispiels höchstens bei zwei bis drei Stunden!

Der Autor hat auf diese Weise eine vollständig mausbediente PC-Steuerung für eine Multivision entwickelt, die Sie bei Interesse als Simulation anfordern können.

Beim Programmstart werden bis zu acht Projektoren vorgegeben, die entsprechend der geplanten Aufstellung am Bildschirm mit der Maus justiert werden. Diese Konfiguration wird am Kopf des Steuerungsfiles gespeichert und bei der Diashow als Bedieneroberfläche genutzt. Zuächst jedoch kann mittels der Buttons bei aktiv angeschlossenen Projektoren ein Datenfile für die spätere Vorführung über eine Hardwareschnittstelle eingerichtet werden:

Durch Anklicken eines Projektors wird dieser zum nächsten Schaltschritt vorbereitet: entweder Aufblenden (falls noch nicht „drangewesen") oder Abblenden mit anschließenden Weiterschalten (falls derzeit aktiv). Dies geht simultan für alle beteiligten Geräte. Mit TAKE wird der Schritt nach eventuellen Korrekturen endgültig übernommen und ausgeführt. Die auf der Leinwand sichtbaren Vorgänge laufen parallel am Bildschirm mit. Dort ersieht man jederzeit den Status des Systems, die bisherige Zeitdauer, die Anzahl der „verbrauchten" Bilder usw.

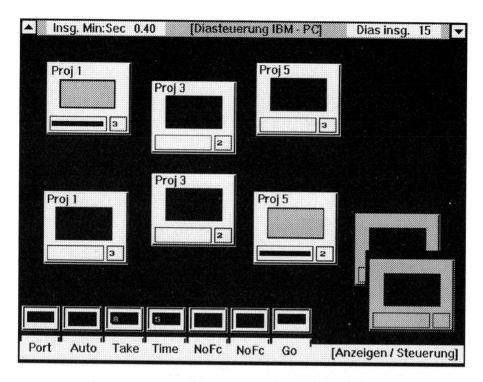

Abb.: Mausgesteuertes Bedienungsfeld (mehrfarbig) einer Multivision *)

Das nach und nach entstehende Datenfile steuert später die Vorführung, nachdem alle Projektoren und Magazine in den Anfangszustand versetzt worden sind. In der Abb. sind z.Z. die Projektoren eins/oben und fünf/unten hell, die Lampe (Leiste unter dem „Bild") ist voll aufgeblendet. In Projektion sind die Bilder Nr. 3 bzw. 2 der entsprechenden Magazine. Durch Anklicken von TIME (wo eine Uhr die Zeitdauer jedes Schrittes anzeigt, z.Z. 5 sec) hält das System an und ist zum nächsten Schritt bereit: Anklicken z.B. der vier äußeren Projektoren eins und fünf bereitet eine Überblendung am linken (Gruppe eins) und rechten Teil (Gruppe fünf) der Leinwand vor, ein neues Panorama. Dann TAKE (es kommt der 8. Takt): Nun wechseln die Projektorfelder die Farben (grau gegen gelb) und die Anzeigen für die Lampen werden gleitend umgestellt.

---

*) Für Projektoren mit Standard-Fernsteuerung: Die notwendige Hardware als Schnittstelle über den Druckeranschluß ist eine Weiterentwicklung des Bausteins aus Kapitel 5, Ergebnis einer Diplomarbeit an der FHM. Verzichtet man auf das hardwaremäßig komplizierte Dimmen der Lampen, so reicht der eben genannte einfache Baustein zusammen mit dem Programm aus, eine komfortable Multivision für bis zu sechs Projektoren ohne weiches Überblenden zu organisieren.

Mit GO / STOP kann jederzeit angehalten werden, z.B. bei einer Störung oder zum Magazinwechsel. Endgültiger Halt nach STOP mit Button oben rechts.

Das generierte Datenfile speichert die Inhalte der einzelnen Schritte mit jeweiliger Zeitdauer. Wird bei einer Vorführung ein Tonbandgerät mit Impulssteuerung eingesetzt (AUTO/BAND), so werden die Zeiten ignoriert und die Takte durch das Tonband vorgegeben. Ohne Tonband geht's in der alten Weise trotzdem mit AUTO immer noch: Man kann durch Umschalten bei laufender Schau auch eine verlorene Synchronisation wieder herstellen ...

Eine Anwendung der Oberfläche muß wegen des theoretischen Hintergrunds etwas ausführlicher besprochen werden und bedarf einiger Erklärungen aus der Physik:

Beim Start von Jets hat man den Eindruck, als sei der sog. Schub - spürbar als Beschleunigung b des Flugzeugs - anfangs am größten: Dieser wird nach der Newtonschen Gleichung

$$F = M * b$$

als Schubkraft F (in Newton, oder alt: Tonnen) des Triebwerks an der Masse M des Flugzeugs tätig. Wäre F (und damit b) konstant, nähme also die Geschwindigkeit des Fluggeräts v = b * t linear mit der Zeit zu, so müßte das Triebwerk wegen

$$E = M * v^2/2$$

für die kinetische Energie E mit immer größerer Leistung laufen, denn E nimmt mit dem Quadrat von v zu. Demnach nimmt der Schub eines Strahltriebwerks mit wachsender Geschwindigkeit ab: Dies ist der Grund, warum bei Strahltriebwerken meistens der sog. Standschub oder aber der Dauerschub (jeweils in Newton) bei gewisser Fluggeschwindigkeit und Höhe angegeben werden, während Kolben- motoren direkt durch Leistung (in kW oder alt: PS) oder auch Drehmoment bei bestimmten Drehzahlen charakterisiert werden. *)

---

*) Der Schub darf also auf keinen Fall mit der Leistung verwechselt werden. Da die (primäre chemische) Triebwerksleistung = Energie(zufuhr) / Zeiteinheit ≈ Massendurchsatz am Triebwerk / Zeiteinheit einigermaßen konstant ist, nimmt der Schub eines Strahltriebwerks und damit die Systembeschleunigung b mit zu- nehmender Geschwindigkeit sehr schnell ab: Die (umgangssprachlich) „volle Leistung" wird beim Start mit dem Standschub errreicht. Unterstellt man, daß Kolbenmotoren in einem gewissen Drehzahlbereich einigermaßen konstante Leistung haben, so erkennt man an der Energieformel oben, daß auch dort die Geschwindigkeit durch Energiezufuhr ungefähr nur mit $\sqrt{t}$ zunimmt.

Bei Passagierflugzeugen beträgt der Standschub üblicherweise ca. 1/4 bis ein Drittel des Gewichts: Eine B 747 (Jumbo, um 230 Tonnen) kommt dabei durchaus der „Leistung" eines Großkraftwerks nahe. *) Ein Tornado mit zugeschaltetem Nachbrenner hat als Standschub locker das Doppelte seines Gewichts! Ein Abheben aus dem Stand wäre damit rechnerisch möglich, allerdings stößt das auf steuertechnische Probleme. Immerhin ist unmittelbar nach dem Start ein imponierend senkrechter Kraftflug nach Art einer Rakete möglich. Deren vertikale Bewegung gehorcht dem Gesetz

$$F = M * b \quad \text{oder} \quad F/M = b \quad \text{mit} \quad b = s - g \,,$$

wobei jetzt der Schub s massenbezogen als Beschleunigung durch das Triebwerk auftritt, vermindert durch die Erdbeschleunigung $g = 9.81 \ m/s^2$.

s (Kraft je Masseneinheit, in m/s^2) vermindert sich demnach mit wachsender Geschwindigkeit. Die Konstante bei diesem Vorgang ist der Massendurchsatz am Triebwerk, d.h. gleiche Energie in gleichen Zeittakten (was abhängig von der Geschwindigkeit der Rakete einer veränderlichen Leistung entspricht!).

Bei einer Simulation des Vorgangs darf also nicht mit konstanter Beschleunigung b gerechnet werden; vielmehr nimmt b mit wachsender Geschwindigkeit v ab, obwohl das Triebwerk gleichmäßig weiterbrennt. Die zugeführte Energie wird in Geschwindigkeit v (vertikal nach oben) und Höhe h „angelegt" : kinetische und potentielle Energie. Zudem muß der Schwebezustand (b > g) überwunden werden. Für einen bestimmten Zustand (Geschwindigkeit v in der Höhe h) gilt

$$E = M * v^2 / 2 + M * g * h \quad \text{(Gesamtenergie des Systems mit der Masse M)} \,.$$

$$dE / dt = M * v * dv / dt + M * g * dh / dt = M * v * b + M * g * v = M * v * (b + g) \,.$$

Da die Energiezufuhr dE / dt in der Zeiteinheit konstant ist, gilt also zumindest grob $s = b + g \sim 1 / \sqrt{t}$. Dabei bleibt unberücksichtigt, daß sich M = M (t) im Laufe der Zeit wegen der Verminderung des Treibstoffvorrats veringert, so daß s im Blick auf M weniger abfällt bzw. u.U. sogar wieder ansteigt, wenn das Fluggerät viel Treibstoff verbraucht hat, also M klein geworden ist.

Der Bewegungsvorgang folgt demnach einer sehr komplizierten Differential-gleichung (DGL), die sich nach dem sog. EULER-Verfahren (siehe [M], S. 232) aber näherungsweise iterativ lösen läßt: Beim Start der Rakete nimmt man für

---

*) Bis ca. 700 kN $\approx$ 70 Tonnen. Dem entsprechen mehrere Hundert MegaW: das KKW Grafenrheinfeld bei Schweinfurt bringt bei Vollast „nur" 1200 MW. Der Start eines solchen Fliegers ist also weder energie- noch umweltfreundlich, so daß man möglichst weite Strecken ohne Zwischenlandungen fliegen sollte.

kurze Zeit (z.B. eine Sekunde) konstanten Schub an und beginnt ab diesem Zeitpunkt damit, in Zeittakten Δ t jeweils Energie zuzuführen, wobei die fortlaufende
Integration näherungsweise mit den Beziehungen

$$v_{alt} := v_{neu} + b * \Delta t \quad \text{(b jeweils neu bestimmen!)}$$
$$h_{neu} := h_{alt} + v * \Delta t$$

erledigt wird, entsprechend den Gleichungen dv := b * dt bzw. dh := v * dt. Die
langsam abnehmende Beschleunigung b wird dann aus der Energiezufuhr dE/dt
berechnet.

Nun verbraucht eine Rakete auch schon Energie, nur um zu schweben. Ist M die
Raketenmasse insgesamt, m der vorhandene Treibstoff und w die (möglichst
große) Austrittsgeschwindigkeit der Verbrennungsgase aus dem Antriebsmotor, so
folgt aus dem Impulssatz

$$I = M * v + m * w = const. \quad \text{(Gesamtimpuls I der Rakete)}$$

im Schwebezustand durch Differenzieren

$$M * dv / dt + v * dM / dt + w * dm / dt + m * dw / dt = 0 .$$

Schweben heißt v = 0 ; ferner sei vereinfachend dw / dt = 0 angenommen, d.h. der
Antriebsmotor laufe gleichmäßig weiter. Demach gilt

$$w * dm / dt + M * dv / dt = 0 ,$$

wobei dm / dt den sog. Massendurchsatz (in kg/s) des Triebwerks bedeutet, also
den Treibstoffverbrauch je Sekunde. Das ist ein Maß für die (chemische) Leistung.
Damit gilt für die Rakete im Schwebezustand

$$dv / dt = - w / M * dm / dt \quad (\geq g !) ,$$

und das muß der Erdbeschleunigung g betragsmäßig (mindestens) gleich sein. Der
Massendurchsatz erfolgt mit der Geschwindigkeit w ; er entspricht also (im Stand!)
einer Triebwerksleistung von

$$dm / dt * w^2 / 2 = g * M * w / 2 ,$$

mit dm / dt = g * M / w aus der Schwebebedingung.

Diese Energie wird je Sekunde, abhängig von der (abnehmenden) Masse M der
Rakete, also (mindestens) verbraucht, ohne in Geschwindigkeit und Höhe umgesetzt zu werden! - Sie erzeugt Turbulenzen, letztlich Wärme.

Hat die Rakete die Anfangsmasse M_0 mit dem Treibstoffanteil a < 1 und das Triebwerk den Massendurchsatz dm / dt, so ergibt sich die Laufzeit T bis zum Brennschluß aus dem Massendurchsatz gemäß

$$T = a * M_0 * dt / dm = a * w * dt / dv = a * w / (b + g) \,,$$

wenn die Anfangsbeschleunigung b des Systems erzielt werden soll: Mit b = 0 schwebt die Rakete. Die Anfangsbeschleunigung b legt den Massendurchsatz fest!

Für die jeweils zu beschleunigende Masse des Systems gilt also

$$M (t) = M_0 * (1 - a * t / T) \quad \text{für} \quad 0 \leq t \leq T \,.$$

Nun können wir für einen Zeitpunkt t, in dem sich die Rakete in der Höhe h mit der Geschwindigkeit v befindet, die Energiebilanz aufstellen:

$$E = M_0 * (1 - a * t / T) * (v2 / 2 + g * h)$$

für kinetische und potentielle Energie, daraus in erster Näherung (die Masse soll sich während dt trotz Treibstoffverbrauch praktisch nicht ändern)

$$dE / dt = M (t) * (v * dv / dt + g * dh / dt)$$

$$= M (t) * (v * b + g * v) \,,$$

wobei b die gerade zutreffende Beschleunigung des Systems ist. Für b > 0 nimmt also die vertikale Geschwindigkeit v zu.

Hinzu kommt aber noch der Energieverbrauch zum Halten der Höhe von weiter oben hinzu, egal welches v tatsächlich vorliegt (insbesondere z.B. v = 0), also

$$dE / dt = M (t) * (v * b + g * v) .+ M (t) * g * w / 2 \quad \text{(eine variable Leistung)} \,.$$

Soviel Energie wird also im Zeittakt dt insg. verbraucht, um auf die neue Höhe mit größerer Geschwindigkeit v zu kommen. Diese Energie kann man massenbezogen darstellen, um von der Masse $M (t) = M_0 * (....)$ freizukommen:

$$dE / dt / M_0 / (1 - a * t / T) = v * b + g * v + g * w / 2 \,.$$

Daraus ergibt sich nun als „Raketengleichung" die dt-Zeittakt-Iteration

$$\cfrac{\dfrac{dE / dt / M_0}{(1 - a * t / T)} - g * w / 2}{v} - g = b \quad \text{(veränderlich!)} \,,$$

wobei der getaktete Energieschub $dE / dt / M_0$ in der Anfangsphase bestimmt werden kann, die man für kurze Zeit mit konstantem b und $M(t) = M_0$ annimmt, etwa für eine halbe Sekunde, in der mit $v = b * t$ die Höhe $h = b * t * t / 2$ erreicht wird. Mit $v = 0$ kann man in die obige Formel mit $v = 0$ im Nenner nicht „einsteigen": ... Das Triebwerk wird „angefahren" Dazu ist eine gewisse Energie entsprechend der Zeile dE / dt von eben erforderlich.

Im der folgenden Realisierung ohne unsere neue Oberfläche sind einzugeben: Anteil a des Treibstoffs an der Gesamtmasse, etwa a = 0.7, dann die Austrittsgeschwindigkeit der Treibgase w (so um 2500 m/s), und schließlich die Anfangsbeschleunigung b des Systems, die z.B. 70 m/s betragen kann, das entspricht also der siebenfachen Erdbeschleunigung mit einem Aufstieg von 6 g .

Die Laufzeit des Triebwerks steht damit fest, sie wird über jenen Massendurchsatz beim Start geregelt, der für die Beschleunigung b nötig ist. Danach bleibt der Durchsatz konstant, aber b wird veränderlich, nämlich zunächst immer kleiner. Die Ergebnisse werden grafisch angezeigt.

Die Variable zufuhr entspricht dem Wert $dE / dt / M_0$; sie wird nach der ersten halben Sekunde Laufzeit festgelegt und dann in der REPEAT-Schleife in Zeittakten deltat in die obige Iteration eingetragen. Etwas längere oder kürzere „Startzeiten" (in denen Masse M und Anfangsbeschleunigung b als konstant angesehen werden) haben auf die erreichte Gesamthöhe der Rakete praktisch keinen Einfluß, wohl aber kleinere oder größere Anfangsbeschleunigungen bei sonst unveränderten Parametern a und w .

```
PROGRAM aufstieg ;          (* Simuliert den vertikalen Aufstieg einer Rakete *)
USES crt, graph ;           (* g als konstant angenommen, ohne Luftwiderstand *)

CONST g = 9.81 ;
VAR   t , deltat , lauf ,   (* Zeiten *) w , deltaw ,      (* Energien/Masseneinheit *)
      h , v , b , s , a , zufuhr : real ;          (* Höhe, Geschwindigkeit, Schub *)
      driver, mode, bild : integer;

BEGIN
clrscr ;
write ('Systembeschleunigung beim Start ...       ') ; readln (b) ;
write ('Massenanteil Treibstoff/Startgewicht ... ') ; readln (a) ;
write ('Strömungsgeschwindigkeit im Triebwerk ... ') ; readln (w) ;
s := b + g ;                     (* Triebwerksbeschleunigung gegen Schwerkraft *)
lauf := a * w / s ; writeln ('Daraus folgt Laufzeit des Triebwerks ... ', lauf : 5 : 1) ;
deltat := 0.5 ;  (* Startphase *)
h := b / 2 * deltat * deltat ;  v := b * deltat ;
zufuhr := v * b  + g * v + g * w / 2 ;
(* Energieverbrauch in der ersten Sekunde = Start-Leistung *)
t := deltat ; deltat := 0.01 ;                    (* ab jetzt b und M veränderlich *)
```

```
driver := detect ;  initgraph (driver, mode, ' ') ;
moveto (10, 20) ;  outtext ('Systembeschleunigung als Funktion der Brennzeit') ;
moveto (10, 40) ;  setcolor (red) ; outtext ('Geschwindigkeit ... ') ;
moveto (10, 60) ;  setcolor (lightblue) ; outtext ('... und erreichte Höhe ... ') ;
setcolor (white) ; bild := round (150 / lauf) ;              (* Zeichenmaßstab *)
REPEAT
   b := ( zufuhr / (1 - a * (t - 0.5) / lauf) - g * w / 2 ) / v - g ;
   (* write (b : 10 : 2) ;  delay (10) ; *)
   putpixel ( round (bild * t), 470, white) ;
   putpixel ( round (bild * t), 470 - round (b), white) ;
   v := v + b * deltat ;  t := t + deltat ;
   putpixel ( round (bild * t), 470 - round (v / 4), red) ;
   h := h + v * deltat ;
   putpixel ( round (bild * t), 470 - round (h / 100), lightblue) ;
UNTIL (t > lauf) OR keypressed ; write (chr (7)) ;

a := v ;  (* Geschwindigkeit bei Brennschluß *) w := h ;  (* dito Höhe *)
REPEAT
   t := t + deltat ;  a := a - g * deltat ;  w := w + a * deltat ;
   putpixel ( round (bild * t), 470 - round (a / 4), red) ;
   putpixel ( round (bild * t), 470 - round (w / 100), lightblue) ;
UNTIL a < 0 ;  (* Kulminationspunkt *)

write (chr (7)) ;
readln ; closegraph ;
writeln ; writeln ('Daten bei Brennschluß nach ... ', lauf : 5 : 1, ' [sec]');
writeln ; writeln ('     Schub   [m/s2] ', b : 8 : 1) ;
writeln ('     Geschw. [m/s] ', v : 8 : 1, ' = ', 3.6 * v : 6 : 1, ' [km/h]') ;
writeln ('     Höhe    [m] ', h : 8 : 1, ' = ', h / 1000 : 6 : 1, ' [km]') ;
writeln ;
writeln ('     Maximalhöhe         ', w / 1000 : 5 : 1, ' [km]') ;
writeln ('        nach insg.       ', t : 5 : 0, '  [sec] ... ') ; readln ;
END .
```

Viel komplizierter wird der Fall, wenn die bisherigen Überlegungen aus der Physik dazu verwendet werden, den mehr oder weniger horizontalen Flug einer Rakete (Lenkwaffe mit Zielvorgabe) zu simulieren:

Um eine gewisse Höhe zu halten oder zu erreichen, muß der Flugkörper gegenüber der Bahn einen Anstellwinkel α einhalten bzw. aussteuern, der von der Beschleunigung des Antriebsaggregats und den augenblicklichen Bahnparametern (insb. von der vertikalen Komponente der Geschwindigkeit v) abhängt.

Verläßt die Rakete die Startrampe z.B. fast horizontal, so muß sie sich sofort steil gegen die Bahn aufrichten, um nicht auf einer parabelähnlichen Kurve an Höhe zu verlieren. Das entsprechende Simulationsprogramm KP10ROCK.PAS („Rocket") mit „interner" Steuerung, d.h. einer Regelung des Anstellwinkels α in Abhängigkeit von Beschleunigung und Zeit, ist auf der Diskette zu finden:

Um die Leistungsfähigkeit unserer Programmoberfläche zu zeigen (damit haben wir den Anschluß im Kapitel jetzt wieder erreicht!), wird das Fluggeschehen in einem Zeichenfenster grafisch verfolgt, wobei die Defaults zum Start (Triebwerksbeschleunigung b, Rampenwinkel w und gewünschte, zu erreichende Höhe h) mit der Maus eingegeben werden.

Nach dem ersten Versuch werden mit Clear... die verwendeten Werte angezeigt und können fallweise durch Mausklick links erniedrigt, rechts erhöht werden.

Während des Flugs kann notfalls mit Hand etwas nachgesteuert werden: Das ist der fünfte Button, per Maus links oder rechts anzuklicken. Eventuelle Wirkungen kann man im Neigungszeiger beobachten, der Bahnwinkel φ der Rakete und Anstellwinkel α des Triebwerks gegen die Horizontale als Funktion der Zeit darstellt. Einige Buttons und die beiden Ausgabefelder können übrigens per Mausklick wie bekannt verschoben werden. Das werden Sie selber herausfinden ...

Eine Prozedur steuerfuzzy simuliert einen ersten brauchbaren Versuch, die Höhe zu regeln, d.h. den Anstellwinkel der Rakete aufgrund der momentanen Bahndaten (insb. der Beschleunigung und der Höhenänderung = Geschwindigkeit vertikal) zu steuern. Sie richtet die Rakete nach dem Start zunächst steil auf und regelt später über eine arctan-Funktion das System so, daß die gewünschte Höhe mit einer Feinsteuerung stets „pendelnd" gehalten wird. Ein nerviger Signalton (den man abschalten kann) zeigt die richtige Höhe an.

Das Programm Rocket zeigt nebenbei auch noch, wie man im Grafikmodus laufende Werte wie auf einer Uhr ausgibt: Die ziemlich umständliche Umwandlung von Zahlenwerten in Zeichenketten für outtext (...). Und nun viel Spaß bei den ersten Flugversuchen! - Es gibt auch sehr skurrile Flugbahnen ...

Die eben beschriebene Situation ist auch noch mit einem weiteren Programm vertreten, KP10PION.PAS („Pioneer"), aber ohne die Button-Oberfläche; dies war die erste Programmversion zum Testen der Algorithmen ... Sie können diese Rakete ebenfalls auf eine bestimmte Höhe (in Metern) einstellen und dann den Flug bis Brennschluß verfolgen.

11 Expert Systems XPS

Eratosthenes war Bibliothekar der Bücherei von Alexandria.
Sämtliche Bücher an Bord von Schiffen, die den Hafen anliefen,
wurden konfisziert und kopiert;
die Besitzer erhielten die Abschriften. ([S], S. 309)

Zunächst gibt es eine kleine Einleitung in die Theorie von Expertensystemen; dann wird eine lauffähige Shell für den Compiler TPC vorgestellt.

Gegen Ende des letzten Jahrzehnts waren sog. Expertensysteme in aller Munde; derzeit ist es um das Thema etwas still geworden: Die Erwartungen waren damals zu hoch angesetzt, die Hardwaretechnik noch nicht genug ausgereift - wer weiß. Die Entwicklung ist gleichwohl weitergegangen, jedoch mehr hinter den Kulissen (insb. im militärischen Anwendungsbereich). Zunächst sollen ein paar Grundkenntnisse zum Bau eigener kleiner Systeme vermittelt werden.

Die AI *) befaßt sich u.a. mit der Frage, wie intelligente Verhaltensweisen als Algorithmen auf Maschinen so implementiert werden können, daß anspruchsvolle Entscheidungssituationen des Alltags (Klassifikation und Diagnose, Wartungsaufgaben, Prozeßsteuerungen, Planungen) maschinell unterstützt werden können:

---

*) Artificial Intelligence, ungenau mit „Künstliche Intelligenz" übersetzt. Es bedürfte einer längeren Diskussion, welcher Intelligenzbegriff zugrunde gelegt werden soll. Die sehr allgemeine Definition *Intelligentes Verhalten zeigt sich in der Bewährung bei unerwarteten, bisher niemals vorgekommenen Situationen* ist jedenfalls viel zu weit. Im wesentlichen gibt es zwei Richtungen in der AI, die „weiche" und die „harte". Letztere geht grob gesagt von der Annahme aus, die Informatik werde einmal menschliches Denken vollständig auf Computern modellieren können. - In [R] werden die verschiedenen Aspekte der AI sehr verständlich, wenn auch etwas subjektiv, diskutiert.

Im Dialog mit einem Rechner sollen dabei Fragen solange beantwortet werden, bis aufgrund des implantierten „Expertenwissens" entsprechende Antworten gefunden, Vorschläge erarbeitet oder wenigstens einkreisende Hinweise auf die aktuelle Situation gegeben werden können. Solche Algorithmen existieren schon seit mehr als zwei Jahrzehnten in bestimmten Wissensdomänen, deren Struktur einigermaßen gut abgebildet werden konnte. Grundprinzip aller Ansätze in dieser Richtung ist folgendes:

Ein Softwarepaket, **Shell** genannt, stellt Werkzeuge zur Verfügung, mit denen Experten einschlägiges Wissen in geeigneter Weise in eine Datenbank (Knowledge Base) einbringen können. Ein anderer Teil der Shell versetzt den Benutzer dann in die Lage, im Dialog mit diesem Wissen zu „inferieren", d.h. maschinengesteuert durch Angabe von Fakten, Vermutungen usw. Schlüsse ziehen zu lassen:

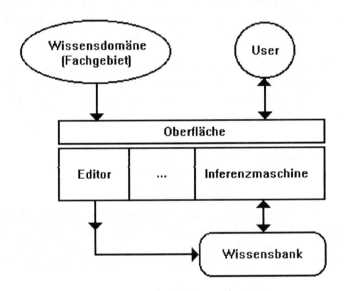

Abb.: Architekur einer Expertensystemshell XPS (schematisch)

Über einen Editor ist es möglich, das für notwendig erachtete Wissen in die Wissensbank derart einzugeben *) und später auch zu ergänzen und damit zu korrigieren, daß der fachkundige Benutzer dieses Wissen im Dialog verwenden kann. Ein (der Wissensstruktur angepaßter) Regelmechanismus steuert dann das Frage- und Antwortspiel auf der Wissensbank zielgerichtet so, daß sich nach mehr oder weniger Schritten ein Ergebnis einstellt.

---

*) Damit beginnen schon die ersten Probleme, denn echte Experten gehen oft intuitiv vor und sind nicht in der Lage, ihre Vorgehensweise präzise zu erklären ...

Wissen muß demnach formalisiert sein, d.h. Shell-spezifische Strukturmerkmale aufweisen, damit die Inferenzmaschine dieses Wissen „versteht" und mit Hilfe von Regeln auswerten kann. Nur eine gewisse Vereinheitlichung wird u.U. ganz unterschiedlichen Wissensmustern gerecht: Vor dem Hintergrund von Pascal könnte man sich z.B. einen Record vorstellen, der zu einem gewissen Objekt die interessierenden Eigenschaften in passenden Komponenten abzulegen gestattet.

Objekt :	**Auto**
Farbe:	**rot**
Baujahr:	**1992**
Preis:	**12 [Tsd. DM]**
km-Leistung:	**40 [Tsd. km]**

Man spricht bei dieser Art der Wissensrepräsentation von einem **Frame mit Attributen** verschiedener Ausprägung (nominal, real, integer, ...). In der XPS-Technik gibt es durchaus auch andere Arten der Repräsentation von Wissen, doch sind Frames besonders leicht zu erstellen und zu bearbeiten.

Die Inferenzmaschine *) hat verschiedene Abarbeitungsmuster zur Verfügung, mit denen solche Frames F_i abgefragt und in Regeln eingebunden werden können, die bei einer sog. Konsultation dann die **Inferenz**, das Durchmustern der Wissensbank, steuern. Dies kann z.B. in folgender Weise geschehen:

Regel nn: Wenn   Preis (Objekt) < 14 [Tsd]
und Alter (Objekt) <   5 [Jahre]
dann weiter bei Regel nx
sonst zu Regel ny ...

Diese sehr einfache (sog. datengetriebene) Vorwärtsverkettung beginnt offensichtlich bei einer allerersten Regel, dem Anfang. Sie arbeitet die Wissensbank nach den Regeln der Logik ab. Die Auswahlstrategie in Einzelschritten führt schließlich zum Abschluß der Beratung, also vielleicht nach etlichen Schritten zur Meldung

Diesen Gebrauchtwagen sollten Sie eher nicht kaufen.

Naturgemäß gibt es je nach antwortabhängigem Durchlauf der Regelmenge verschiedene Ergebnisse, also mehrere „Enderegeln". In unserem Beispiel werden logische Verknüpfungen mit und / oder von Frameinhalten nach dem Wahrheitsgehalt untersucht; dann wird entsprechend der Bewertung zu einer nächsten Regel geschaltet.

---

*) Die Shell SCHOLAR (des Autors, Deutscher Sparkassenverlag, Stuttgart 1991) mit Beispielwissensbanken ist in Turbo Pascal programmiert und zusammen mit einer ausführlichen Beschreibung (auch Hintergrundwissen) sowie den Quelltexten bei den Sparkassen gegen eine Schutzgebühr erhältlich: SCHOLAR enthält neben Editor und Inferenzmaschine noch weitere Bausteine, u.a. eine sog. Historie.

Das Expertenwissen drückt sich in diesen Verknüpfungen unter Beachtung der Frameinhalte aus. Es muß ebenfalls über den Editor in die Wissensbank eingebracht werden. Diese ist also eine spezielle Datenbank, in der neben Daten (Frames) auch Verknüpfungsbedingungen (Regeln) gehalten werden. Die Struktur beider ist auf die Inferenzmaschine der Shell zugeschnitten, d.h. auf deren deterministische Algorithmen zur Abarbeitung.

Während der Ersteller der Wissensbank die ganze Shell zur Verfügung hat, benutzt der User i.a. nur eine abgemagerte **Run-Time-Version**. Er soll im Normalfall die Wissensbank nur nutzen, nicht ändern können: Letzeres dürfen nur die Experten.

Menschlichen Verhaltensweisen kommen Inferenzmethoden wesentlich näher, bei denen graduelle Bewertungen der Zwischenschritte und endgültigen Aussagen mit einer „probability" (selten, vielleicht, meistens, fast immer, sehr wahrscheinlich) stattfinden können.

Abschließend noch: Grundsätzlich gilt nach dem heutigen Stand, daß alle Entscheidungsabläufe „vorgedacht" sind, Expertensysteme also kaum zu Einsichten gelangen, die ein wirklicher Experte der Domäne nicht auch haben würde. Dabei lassen wir unberücksichtigt, daß sogar in Gutachten festgeschriebenes Expertenwissen oft konträr ausfällt. Vor dem Hintergrund echten, freilich oft raren Wissens sind bisher alle mit Expertensystemen getroffenen Entscheidungen eher bescheiden, wenn auch in vielen Fällen sehr nützlich und hilfreich. Sie ersetzen lediglich den abwesenden Experten, gehen aber über dessen Kompetenz nicht hinaus.

Nun zum Programm: Das folgende Listing stellt ein **komplettes XPS-System** dar und ist von Herrn H. Chaudhuri (München) entwickelt worden, zeitweise Tutor an der FHM in meinem Praktikum.

Er hat in angemessener Weise die objektorientierte Programmierung OOP unter TURBO gewählt: Ein Blick auf die Frames der vorigen Seite zeigt, daß Daten zweckmäßigerweise hierarchisch geordnet werden können, also mit Vererbung, Kapselung der Zugriffsmethoden usw., demnach OOP die Wahl darstellt. In [M] finden Sie dazu ab S. 443 einführende Begriffserklärungen und Programmbeispiele.

Zum Abarbeiten des Programms ist eine Maus erforderlich.

Das Listing muß unter TURBO7 compiliert werden, da etliche nur dort verfügbare Routinen aus der letzten Version von TURBO VISION benötigt werden.

Sie finden alle diese Files, die im Listing unter USES ... aufgeführt sind, auf Ihren Systemdisks bzw. deren Kopien am Rechner. Manche sind schon compiliert, andere aber noch nicht:

Sofern die entsprechenden Units noch nicht compiliert als *.TPU vorliegen, müssen Sie das selber nachholen. Suchen und sammeln Sie alle diese Units am besten auf einer Diskette, auf die auch das File KP11EXPS.PAS (wie gleich beschrieben) kopiert wird.

Da die File-Länge des fertigen Programms über 100 KByte liegt, kann es nicht in der IDE compiliert werden! Es muß ausnahmsweise der **Direktcompiler TPC** benutzt werden! Professionelle Programmierer haben mit diesem kommando-zeilenorientierten Compiler keine Probleme, manche bevorzugen ihn sogar gegen-über der IDE, aber für Sie sind folgende Hinweise *) vielleicht sehr nützlich:

Es sei angenommen, daß Ihre IDE auf der Festplatte C: in einem Unterverzeichnis \PASCAL7\ installiert ist.

Kopieren Sie das File KP11EXPS.PAS auf eine Disk im Laufwerk A: und wenden Sie dann je nach Pfad im Autoexec ab C: (bzw. C:\PASCAL7\BIN) das folgende Kommando (Blanks beachten!) an:

    TPC /EA: /UA: /U\PASCAL7\BIN A:KP11EXPS.PAS < Ret >

Die einzelnen Kürzel bedeuten ...

TPC	**allgemeiner Aufruf des Direkt-Compilers,**
	der im Unterverzeichnis ...\BIN\ zu finden ist
/EA:	**Compiliere nach A:**
/UA:	**Hole Units fallweise von A:**
	und zwar jene, die unter \UV_PASCAL7\... noch nicht compiliert
	vorliegen: Compilieren Sie diese auf A:
/U\...	**Tragen Sie für ... jenes Unterverzeichnis Ihrer Festplatte ein,**
	wo die IDE liegt, z.B. PASCAL7 wie oben angenommen ...
A: ...	**dort ist das zu compilierende File KP11EXPS.PAS**

Nach mehreren vermutlich fehlgeschlagenen Versuchen haben Sie sicher Erfolg (und einiges dazugelernt). Trotzdem als Trost:

KP11EXPS.EXE wird auf der Disk in compilierter Form mit einem sog. Kon-figurationsfile KP11CONF.CFG (die Shell läuft auch ohne dieses) geliefert. Damit können Sie auch ohne TURBO7 die mitgelieferten Wissensbanken BIKES.EXP und HILFE.EXP ausprobieren oder eigene kleine Anwendungen generieren.

Und hier ist das vollständige Listing, das mit etlichen Compilerdirektiven beginnt und den freien Speicher einstellt:

---

*) Wenn Sie überhaupt keine Erfahrung mit TPC haben, compilieren Sie versuchsweise erst einmal ein kleines File, das nur eine Unit von TURBO sowie eine eigene benötigt.

```
{$A+, B-, D+, E-, F-, G+, I+, L+, N-, O-, P-, Q+, R+, S+, T-, V+, X+, Y-}
{$M 32767, 30000, 655360 }
Program Expertensystem_objektorientiert ;        (* H. Chaudhuri, FH München *)
USES
App, Objects, Menus, Views, Drivers, Dialogs, Editors, MsgBox, StdDlg,
MouseDlg, ColorSel, Memory, Validate, Dos;            (* d.h. praktisch alles *)
{ Bedeutung der einzelnen Methoden:
        Init:           Constructor, initialisiert das Objekt und bestimmt seine
                        VMT, ohne VMT funktionieren die virtuellen Methoden nicht
        Done:           Destructor, gibt vom Objekt belegten Speicherplatz frei
        HandleEvent:    Bearbeitet vom System ankommende Nachrichten
        InitMenuBar:    Initialisert die Menüzeile des Programms
        SaveOptions:    Speichert die Benutzereinstellungen
        LoadOptions:    Lädt die Benutzereinstellungen
        GetPalette:     Gibt einen Zeiger auf die zu verwendenden Bildschirm-
                        farben zurück, wird intern aufgerufen
        Compare:        Vergleicht zwei Objekte (hier Fragen) und gibt ihre Sortier-
                        reihenfolge an (alphabetisch nach ID)
        Load:           Constructor, lädt ein Objekt aus einem Stream (File)
        Store:          speichert ein Objekt in einem Stream
        Ask:            Ein Question-Objekt "stellt sich" und gibt die Antwort
                        bekannt
        Edit:           Ein Question-Objekt läßt sich editieren
        GetText:        Liefert für TListViewer-Objekt (und Nachkommen) den Text,
                        der in der Zeile Item angezeigt werden soll
    InsertQuestion: Fügt ein Question-Objekt in die Wissensbank ein
    SelectItem:     TListViewer markiert einen Listeneintrag, hier kann die
                        entsprechende Frage editiert werden
        SetState:       Aktiviert oder deaktiviert ein Objekt. Hier werden zusätzlich
                        die Befehle cmSave, cmSaveAs, cmRun, cmInsert, cmEdit
                        und cmDelete aktiviert bzw. deaktiviert (sie sind somit nur
                        bei geöffneter und aktiver Wissensbank wählbar)
        GetTitle:       Ein TWindow-Objekt (und Nachkommen) fragt nach dem
                        Titel, den es tragen soll. Hier wird der Wissensbank-Name
                        (Dateiname) eingesetzt ...                                }
type Answers = (Ja, Nein, Vielleicht) ;
PQuestion = ^TQuestion ;
PDataBase = ^TDataBase ;
PDataBaseViewer = ^TDataBaseViewer ;
PDataBaseDialog = ^TDataBaseDialog ;
PMemoData = ^TMemoData ;
TExpSys = object (TApplication)
            procedure HandleEvent (var Event: TEvent) ; virtual ;
            constructor Init ;
            procedure InitMenuBar ; virtual ;
            function SaveOptions : Boolean ;
            function LoadOptions : Boolean ;
            function GetPalette : PPalette ; virtual ;
            end ;
TDataBase = object (TSortedCollection)
                        { übernimmt die Verwaltung der Fragen im Speicher }
            function Compare (Key1, Key2 : Pointer) : Integer ; virtual ;
            end ;
```

```
TQuestion = object (TObject)
              { besteht aus einer einzigen Frage, wird in TDataBase verwaltet.
                Das Objekt weiß selbst, was alles eingegeben werden kann (Edit),
                stellt sich als Frage selbst und teilt die eingegebene Antwort dem
                DataBaseViewer mit, der die nächste Frage aufruft.                }
              ID : TTitleStr ;
              Text : PMemoData ;
              Answer : Array [Answers] of TTitleStr ;
              constructor Init (AID: TTitleStr ; Atext : PMemoData) ;
              constructor Load (var S: Tstream) ;
              procedure Store (var S: Tstream) ; virtual ;
              procedure Ask (DataBaseViewer : PDataBaseViewer) ;
              procedure Edit ;
              destructor Done ; virtual ;
              end ;
TDataBaseViewer = object (TListViewer)
              { zeigt ein TDataBase-Objekt im Fenster (TDataBaseDialog) an
                und führt den Runtime-Mode durch                              }
              DataBase : PDataBase ;
              FileName : TTitleStr ;
              constructor Init
              (VAR Bounds : Trect ;  AFileName : TTitleStr ;
                                     AHScrollBar, AVScrollBar : PScrollBar) ;
              constructor Load (VAR S: TStream) ;
              procedure Store(VAR S: TStream) ; virtual ;
              function GetText
              (Item: Integer ; MaxLen : Integer) : String ; virtual ;
              destructor Done ; virtual ;
              procedure InsertQuestion ;
              procedure HandleEvent (Var Event : TEvent) ; virtual ;
              procedure SelectItem (Item: Integer) ; virtual ;
              procedure SetState (AState: Word ; Enable: Boolean) ; virtual ;
              end ;
TDataBaseDialog = object (TDialog)
              { zeigt den DataBaseViewer im Fenster an, übernimmt Speichern }
              DataBaseViewer : PDataBaseViewer ;
              constructor Init (var Bounds : TRect ; FileName : TTitleStr) ;
              constructor Load (var S: TStream) ;
              procedure Store (var S: Tstream) ; virtual ;
              function GetTitle (MaxLen : Integer) : TTitleStr ; virtual ;
              procedure HandleEvent (var Event : TEvent) ; virtual ;
              end ;

const RQuestion: TStreamRec =
              (ObjType : 150 ; VmtLink : Ofs (TypeOf (TQuestion)^) ;
               Load : @TQuestion.Load ; Store: @TQuestion.Store) ;
      RDataBase: TStreamRec =
              (ObjType : 151; VmtLink : Ofs(TypeOf (TDataBase)^) ;
               Load: @TDataBase.Load ; Store : @TDataBase.Store) ;
      RDataBaseViewer : TStreamRec =
              (ObjType : 152 ; VmtLink : Ofs (TypeOf (TDataBaseViewer)^) ;
               Load : @TDataBaseViewer.Load ;
               Store : @TDataBaseViewer.Store) ;
```

```
RDataBaseDialog : TStreamRec =
            (ObjType : 153 ; VmtLink : Ofs (TypeOf (TDataBaseDialog)^) ;
            Load : @TDataBaseDialog.Load ;
            Store : @TDataBaseDialog.Store) ;

const cmRun        = 100 ;        cmMouse        = 101 ;
cmColors           = 102 ;        cmEdit         = 103 ;
cmInsert           = 104 ;        cmDelete       = 105 ;
cmSaveOptions      = 106 ;        cmSaveOptionsAs = 107 ;
cmLoadOptions      = 108 ;        cmPerhaps      = 109 ;
cmExecuteQuestion = 110 ;         ExpHeader      = 'EXP' ;

const AppName : String = '' ;     ConfigName : String = '' ;

CNewColor = CAppColor ;
CNewBlackWhite = CAppBlackWhite ;
CNewMonochrome = CAppMonochrome ;
Palette: array [apColor .. apMonochrome] of string [Length (CNewColor)] =
            (CNewColor, CNewBlackWhite, CNewMonochrome) ;

      { ***************************************************************************** }

procedure TExpSys.HandleEvent (var Event : TEvent) ;

procedure Colors ;
      { Hier dürfen die Farben der Wissensbank vom Benutzer gewählt werden }
var D : PColorDialog ;
begin
D := New (PColorDialog,
Init ('',     ColorGroup ('Desktop',      DesktopColorItems (nil) ,
              ColorGroup ('Menüs',        MenuColorItems (nil) ,
              ColorGroup ('Dialoge',      DialogColorItems (dpGrayDialog, nil) ,
              ColorGroup ('Wissensbank',  DialogColorItems (dpBlueDialog, nil) ,
              ColorGroup ('Fragen',       DialogColorItems (dpCyanDialog, nil) ,
              nil ))))))) ;

if ExecuteDialog (D, Application^.GetPalette) <> cmCancel  then
begin
DoneMemory ;                                           { Neuzeichnen }
ReDraw ;
end ;
end ;


procedure FileNew ;                    { öffnet ein neues Wissensbank-Fenster }
var  R : TRect ; W : PWindow ;
     D : PDataBaseViewer ;
begin
Desktop^.GetExtent (R) ;
W := New (PDataBaseDialog, Init (R, 'NONAME.EXP')) ;
W^.Palette := dpBlueDialog ;
w^.Flags := w^.Flags or (wfGrow + wfZoom) ;
Application^.InsertWindow (W) ;
end ;
```

```
procedure FileOpen ;     { öffnet eine Wissensbank, die von Datei geladen wird }
var FileName : FNameStr ; D : PDialog ; R : TRect ; S : TBufStream ;
Kennung : Array [0 .. 2] of char ;
begin
FileName := '*.EXP' ;
D := New (PFileDialog, Init ('*.EXP', 'Wissensbank öffnen', '~N~ame',
                              fdOpenButton, 100)) ;
if ExecuteDialog (D, @FileName) <> cmCancel
then begin
     S.Init (FileName, stOpenRead, 1024) ;
     S.Read (Kennung, SizeOf (Kennung)) ;
     if (S.Status <> stOk) or (Kennung <> ExpHeader)
       then MessageBox ('Fehler beim Laden von ' + FileName,
                         NIL, mfError + mfOkButton)
       else begin
           D:=PDialog (S.Get) ;
           PDataBaseDialog (D)^.DataBaseViewer^.FileName := FileName ;
           Application^.InsertWindow (D) ;
           end ;
     S.Done ;
     end ;
end ;


procedure SaveOptionsAs ;     {Speichert die Einstellungen (Farben, Maus, ...) }
var C: Pointer ;                  {in einer wählbaren Konfigurationsdatei ab. }
begin
C := @ConfigName ;
if ExecuteDialog (New (PFileDialog, Init ('*.CFG', 'Optionen speichern',
              '~N~ame', fdOpenButton, 100)), @ConfigName) <> cmCancel
   then if not SaveOptions then
MessageBox (#3'Konnte %s nicht speichern.', @C, mfError+mfOkButton) ;
end ;


procedure LoadOptionsFrom ;     {Lädt die Einstellungen (Farben, Maus, ...) }
var C: Pointer ;                  { aus einer wählbaren Konfigurationsdatei. }
begin
C := @ConfigName ;
if ExecuteDialog (New (PFileDialog, Init ('*.CFG', 'Optionen laden',
        '~N~ame', fdOpenButton, 100)), @ConfigName) <> cmCancel
   then if not LoadOptions then
       MessageBox (#3'Konnte %s nicht laden.', @C, mfError + mfOkButton) ;
end ;


procedure RunDataBase ;     {Startet Runtime-Mode, indem TDataBaseViewer }
const FirstQuestion: String = 'ANFANG'; {zum Ausführen der Frage 'ANFANG'}
begin                                              { veranlaßt wird. }
Event.What := evBroadcast ;
Event.Command := cmExecuteQuestion ;
Event.InfoPtr := @FirstQuestion ;
PutEvent (Event) ;
end ;


{ Jetzt beginnt die Prozedur TExpSys.HandleEvent }
```

```
begin
inherited HandleEvent (Event) ;
case Event.What of
 evCommand: case Event.Command of
    cmChangeDir : ExecuteDialog ( New (PChDirDialog, Init (cdNormal, 0)), nil) ;
    cmMouse : ExecuteDialog (New (PMouseDialog, Init), @MouseReverse) ;
    cmColors : Colors ;
    cmOpen : FileOpen ;                    cmNew : FileNew ;
    cmSaveOptions : SaveOptions ;          cmSaveOptionsAs : SaveOptionsAs ;
    cmLoadOptions : LoadOptionsFrom ;cmRun : RunDataBase ;
    else exit ;
    end ;
 else exit ;
 end ;
ClearEvent (Event) ;
end ;

function HomeDir : String ;
var   EXEName: PathStr ; Dir : DirStr ; Name : NameStr ; Ext : ExtStr ;
begin
if Lo (DosVersion) >= 3
  then EXEName := ParamStr (0)
  else EXEName := FSearch (AppName + '.EXE', GetEnv ('PATH')) ;
FSplit (EXEName, Dir, Name, Ext) ;
if Dir [Length (Dir)] = '\' then Dec (Dir [0]) ;
if Length (Dir) > 0 then Dir := Dir + '\' ;
HomeDir := Dir ;
end ;

constructor TExpSys.Init ;
begin
inherited Init ;

RegisterApp ;                              {Registrieren der Objekte ist nötig, }
RegisterObjects ;      { damit sie in einem Stream gespeichert werden können.'}
RegisterMenus ;
RegisterViews ;                            RegisterDialogs ;
RegisterEditors ;                          RegisterStdDlg ;
RegisterColorSel ;                         RegisterType (RQuestion) ;
RegisterType (RDataBase) ;                 RegisterType (RDataBaseViewer) ;
RegisterType (RDataBaseDialog) ;

DisableCommands ([cmRun,cmSave,cmSaveAs, cmInsert, cmEdit, cmDelete]) ;
    { Diese Befehle werden durch ein geöffnetes Wissensbank-Fenster aktiviert. }

AppName := 'KP11EXPS' ;                     { !!!!! Name! ---Konfigurationsdatei laden }
ConfigName := AppName + '.CFG' ;
if not LoadOptions then begin
             ConfigName := HomeDir + ConfigName ;
             LoadOptions ;
                      end ;

end ;
```

```
procedure TExpSys.InitMenuBar ;          { Baut das Menü der Wissensbank auf }
var R : Trect ;
begin
GetExtent (R) ;
R.B.Y := R.A.Y + 1;
MenuBar := New (PMenuBar, Init (R, NewMenu (
        NewSubMenu ('~W~issensbank', hcNoContext, NewMenu (
          NewItem ('~N~eu','Umschalt+F3', kbShiftF3, cmNew,
                            hcNoContext,
          NewItem ('Ö~f~fnen...','F3', kbF3, cmOpen, hcNoContext,
          NewItem ('~S~peichern','F2', kbF2, cmSave, hcNoContext,
          NewItem ('Speichern ~u~nter...','Umschalt+F2', kbShiftF2,
                            cmSaveAs, hcNoContext,
          NewLine (
          NewItem ('~A~usführen','Strg+F9',kbCtrlF9, cmRun, hcNoContext,
          NewLine (
          NewItem ('~V~erzeichnis wechseln...','', kbNokey, cmChangeDir,
                            hcNoContext,
          NewItem ('D~O~S aufrufen','', kbNokey, cmDosShell,
                            hcNoContext,
          NewItem ('~B~eenden','Alt+X', kbAltX, cmQuit, hcNoContext,
          nil)))))))))))) ,
        NewSubMenu ('~F~rage', hcNoContext, NewMenu (
          NewItem ('~E~infügen', 'Einfg', kbIns, cmInsert, hcNoContext,
          NewItem ('~B~earbeiten', 'Enter', kbEnter, cmEdit,
                            hcNoContext,
          NewItem ('~L~öschen', 'Entf', kbDel, cmDelete, hcNoContext,
          nil)))) ,
        NewSubMenu ('~O~ptionen', hcNoContext, NewMenu (
          NewItem ('~M~aus...','', kbNokey, cmMouse, hcNoContext,
          NewItem ('~F~arben...','', kbNokey, cmColors, hcNoContext,
          NewLine (
          NewItem ('~L~aden...','', kbNokey, cmLoadOptions, hcNoContext,
          NewItem ('~S~peichern','', kbNokey, cmSaveOptions,
                            hcNoContext,
          NewItem ('Speichern ~u~nter...','', kbNokey, cmSaveOptionsAs,
                   hcNoContext,
            nil ))))))) ,
        NewSubMenu ('~F~enster', hcNoContext, NewMenu (
          NewItem ('~N~ebeneinander','', kbNokey, cmTile, hcNoContext,
          NewItem ('ü~b~erlappend','', kbNokey, cmCascade, hcNoContext,
          NewLine (
          NewItem ('~G~röße/Position','Strg+F5', kbCtrlF5, cmResize,
                            hcResize,
          NewItem ('~V~ergrößern','F5', kbF5, cmZoom, hcNoContext,
          NewItem ('Nä~c~hstes','F6', kbF6, cmNext, hcNoContext,
          NewItem ('V~o~rheriges','Umschalt+F6', kbShiftF6, cmPrev,
                            hcNoContext,
          NewItem ('S~c~hließen','Alt+F3', kbAltF3, cmClose,
                            hcNoContext,
          nil))))))))) ,
          nil))))))) ;
end ;
```

```
function TExpSys.SaveOptions : Boolean ;       { Speichert die Konfiguration }
var S : PDosStream ;                           { (Farben, Maus, ...) ab und gibt }
begin                                          { TRUE zurück, wenn erfolgreich }
S := New (PDosStream, Init (ConfigName, stCreate)) ;
if S^.Status = stOk then begin
    S^.Write (Palette, SizeOf (Palette)) ;
    S^.Write (ScreenMode, SizeOf (ScreenMode)) ;
    S^.Write (CheckSnow, SizeOf (CheckSnow)) ;
    S^.Write (ShadowSize, SizeOf (ShadowSize)) ;
    S^.Write (EditorFlags, SizeOf (EditorFlags)) ;
    S^.Write (MouseReverse, SizeOf (MouseReverse)) ;
    S^.Write (DoubleDelay, SizeOf (DoubleDelay)) ;
    if S^.Status  = stOk then SaveOptions := true ;
                    end
            else SaveOptions := false ;
Dispose (S, Done) ;
end ;


function TExpSys.LoadOptions : Boolean ;   { Lädt die Konfiguration und gibt }
var S : PDosStream ;                       { TRUE zurück, wenn erfolgreich }
M: Word ;
begin
S := New (PDosStream, Init (ConfigName, stOpenRead)) ;
if S^.Status = stOk then begin
    S^.Read (Palette,SizeOf (Palette)) ;
    S^.Read (M, SizeOf (M)) ;
    S^.Read (CheckSnow, SizeOf (CheckSnow)) ;
    S^.Read (ShadowSize, SizeOf (ShadowSize)) ;
    S^.Read (EditorFlags, SizeOf (EditorFlags)) ;
    S^.Read (MouseReverse, SizeOf (MouseReverse)) ;
    S^.Read (DoubleDelay, SizeOf (DoubleDelay)) ;
    if S^.Status = stOk then LoadOptions := true ;
    if (M and smMono = ScreenMode and smMono) and (ScreenMode <> M)
      then SetScreenMode (M)
      else begin
            DoneMemory ; Application^.ReDraw ;
            end ;
                    end
            else LoadOptions := false ;
Dispose (S, Done) ;
end ;

function TExpSys.GetPalette : PPalette ;       { Lediglich der Form halber, damit }
begin                                          { dieses Programm die Farbpalette }
GetPalette := PPalette (@Palette [AppPalette]) ;       {speichern kann. }
end ;


            {**********************************************************************}


constructor TQuestion.Init (AID : TTitleStr ; AText : PMemoData) ;
begin
inherited Init ; ID:=AID ; Text := AText ;
end ;
```

```
constructor TQuestion.Load (var S : TStream) ;   var TextSize : Word ;
begin
S.Read (ID, SizeOf(ID)) ;  S.Read (Answer, SizeOf (Answer)) ;
S.Read (TextSize, SizeOf (TextSize)) ;
GetMem (Text, SizeOf (TextSize) + TextSize) ;
Text^.Length := TextSize ;  S.Read (Text^.Buffer, Text^.Length) ;
end ;


procedure TQuestion.Store (var S : Tstream) ;
begin
S.Write (ID, SizeOf (ID)) ;   S.Write (Answer, SizeOf (Answer)) ;
S.Write (Text^.Length, SizeOf (Text^.Length)) ;
S.Write (Text^.Buffer, Text^.Length) ;
end ;


procedure TQuestion.Ask (DataBaseViewer : PDataBaseViewer) ;
                         { Frage stellt sich selbst. Das Ergebnis wird dem Aufrufer }
var D : PDialog ;                 { (DataBaseViewer) per Botschaft mitgeteilt. }
    V : PView ; R : TRect ; Event : TEvent ; DefaultThere : Boolean ;
begin
R.Assign (0, 0, 46, 12) ;                          { Hier wird der Dialog aufgebaut... }
D:=New (PDialog, Init (R, ID)) ;
D^.Options := D^.Options or ofCentered ;  R.Assign (2, 1, 44, 8) ;
V := New (PMemo, Init (R, NIL, NIL, NIL, 2000)) ;
V^.Options := V^.Options and not ofSelectable ;
D^.Insert (V) ; V^.SetData (Text^) ;
DefaultThere := True ; R.Assign (2, 9, 16, 11) ;
if Answer [Ja] <> " then begin
    D^.Insert (New (PButton, Init (R, '~J~a', cmYes,
                                 (bfDefault* Byte (DefaultThere))))) ;
    DefaultThere := False ;  R.Move (14, 0) ;                end ;
if Answer [Nein] <> " then begin
    D^.Insert (New (PButton, Init (R, '~N~ein', cmNo,
                              (bfDefault* Byte (DefaultThere))))) ;
    DefaultThere := False ;  R.Move (14, 0) ;                end ;
if Answer [Vielleicht] <> " then begin
    D^.Insert (New (PButton, Init (R, '~V~ielleicht', cmPerhaps,
                              (bfDefault* Byte (DefaultThere))))) ;
    DefaultThere := False ;  R.Move (14, 0) ;                end ;
if Answer [Ja] + Answer [Nein] + Answer [Vielleicht] = "
    then D^.Insert (New (PButton, Init (R, '~O~k', cmOk,
                      (bfDefault* Byte (DefaultThere))))) ;
D^.SelectNext (False) ;
Event.What := evBroadcast ;  Event.Command := cmExecuteQuestion ;
                         { Ausführen des Dialogs und Auswerten der Antwort }
case Application^.ExecuteDialog (D, NIL) of
  cmYes : Event.InfoPtr := @Answer [Ja] ;
  cmNo : Event.InfoPtr := @Answer [Nein] ;
  cmPerhaps : Event.InfoPtr := @Answer [Vielleicht] ;
  else Exit ;
end ;
Application^.PutEvent (Event) ;
end ;
```

```
procedure TQuestion.Edit ;                     { hier läßt sich eine Frage bearbeiten }
var P : Pdialog ;
inpID, inpJa, inpNein, inpVielleicht : PInputLine ;
Frage : Pmemo ;    R : Trect ;
begin
R.Assign (0, 0, 70, 19) ;                              { Der Dialog wird aufgebaut }
P := New (PDialog, Init (R, 'Frage eingeben')) ;       { und gleichzeitig mit Daten }
P^.Palette := dpCyanDialog ;                           { initialisiert (SetData) }
P^.Options := P^.Options or ofCentered ;
R.Assign (10, 2, 47, 3) ;
inpID := New  (PInputLine, Init (R, 80)) ;
inpID^.SetValidator (New (PPXPictureValidator, Init ('*!', False))) ;
inpID^.SetData (ID) ;
P^.Insert (inpID) ; R.Assign (2, 2, 10, 3) ;
P^.Insert (New (PLabel, Init (R, '~I~D', inpID))) ;
R.Assign (14, 4, 47, 5) ;
inpJa := New (PInputLine, Init (R, 80)) ;
inpJa^.SetValidator (New (PPXPictureValidator, Init ('*!', False))) ;
inpJa^.SetData (Answer [Ja]) ;
P^.Insert (inpJa) ;
R.Assign (2, 4, 13, 5) ;
P^.Insert (New (PLabel, Init (R, '~J~a', inpJa))) ;
R.Assign (14, 5, 47, 6);
inpNein := New (PInputLine, Init (R, 80)) ;
inpNein^.SetValidator (New (PPXPictureValidator, Init ('*!', False))) ;
inpNein^.SetData (Answer [Nein]) ;
P^.Insert (inpNein) ;
R.Assign (2, 5, 13, 6) ;
P^.Insert (New (PLabel, Init (R, '~N~ein', inpNein))) ;
R.Assign ( 14, 6, 47, 7) ;
inpVielleicht := New (PInputLine, Init (R, 80)) ;
inpVielleicht^.SetValidator (New (PPXPictureValidator, Init ('*!', False))) ;
inpVielleicht^.SetData (Answer [Vielleicht]) ;
P^.Insert (inpVielleicht) ;
R.Assign (2, 6, 13, 7) ;
P^.Insert (New (PLabel, Init (R, '~V~ielleicht', inpVielleicht))) ;
R.Assign (10, 8, 47, 15) ;
Frage := New (PMemo, Init (R, NIL, NIL, NIL, 2000)) ;
if Text <> NIL then Frage^.SetData (Text^) ;
P^.Insert (Frage) ;
R.Assign (2,8,10,9) ;
P^.Insert (New (PLabel, Init(R, '~F~rage', Frage))) ;
R.Assign (9, 16, 20, 18) ;
P^.Insert (New (PButton, Init (R, '~O~k', cmOk, bfDefault))) ;
R.Move (11, 0) ;
P^.Insert (New (PButton, Init (R, 'Abbruch', cmCancel, bfNormal))) ;
R.Assign (48, 2, 68, 18) ;
P^.Insert (New (PStaticText, Init (R, 'An der ID wird eine Frage'+
     ' wiedererkannt.'#13#13+'Geben Sie deshalb unter "Ja", "Nein" und'+
     ' "Vielleicht" die ID''s der Fragen ein, mit welchen das Programm'+
     ' fortfahren soll.'#13#13'Eine Frage ohne weiterführenden Fragen'+
     ' ist die Antwort.'))) ;
P^.SelectNext (false) ;
```

```
if Desktop^.ExecView (P) <> cmCancel        { Ausführen des Dialogs, eventuell }
   then begin                                        { editierte Daten übernehmen }
        inpID^.GetData (ID) ;
        inpJa^.GetData (Answer [Ja]) ;
        inpNein^.GetData (Answer [Nein]) ;
        inpVielleicht^.GetData (Answer [Vielleicht]) ;
        if Text <> NIL then FreeMem (Text, Text^.Length + 2) ;
        GetMem (Text, Frage^.DataSize) ;
        Frage^.GetData (Text^) ;
        end ;
Dispose (P, Done) ;
end ;


destructor TQuestion.Done ;
begin
if Text <> NIL then FreeMem (Text, Text^.Length+2) ; inherited Done ;
end ;


               {****************************************************************************}
function TDataBase.Compare (Key1, Key2 : Pointer) : Integer ;
                        { Vergleich zweier Fragen, um sie sortieren zu können }
begin
Compare := 0 ;
if PQuestion (Key1)^.ID < PQuestion (Key2)^.ID then Compare := - 1 ;
if PQuestion (Key1)^.ID > PQuestion (Key2)^.ID then Compare :=  1 ;
end ;


               {****************************************************************************}
constructor TDataBaseViewer.Init ;
begin
inherited Init (Bounds, 1, AHScrollBar, AVScrollBar) ;
GrowMode := gfGrowHiX + gfGrowHiY ;
DataBase := New (PDataBase, Init (10, 10)) ;
DataBase^.Duplicates := true ;          { Obwohl eigentlich nicht erlaubt, ist es }
FileName := AFileName ;      { hier für einwandfreie Speicherverwaltung nötig }
SetRange (DataBase^.Count) ;
end ;


constructor TDataBaseViewer.Load (var S : TStream) ;
begin
inherited Load (S) ;  DataBase := PDataBase (S.Get) ;
end ;


procedure TDataBaseViewer.Store (var S: Tstream) ;
begin
inherited Store (S) ; S.Put (DataBase) ;
end ;


function TDataBaseViewer.GetText (Item : Integer ; MaxLen : Integer) : String ;
begin
GetText := PQuestion (DataBase^.At (Item))^.ID ;
end ;
```

```pascal
destructor TDataBaseViewer.Done ;
begin
if DataBase <> NIL then Dispose (DataBase, Done) ; inherited Done ;
end ;

procedure TDataBaseViewer.InsertQuestion ;
var Q : PQuestion ;
begin
Q := New (PQuestion, Init ('', NIL)) ;          Q^.Edit ;
DataBase^.Insert (Q) ;                          SetRange (DataBase^.Count) ;
DrawView ;
end ;

procedure TDataBaseViewer.HandleEvent (var Event : Tevent) ;

procedure ExecuteQuestion ;
var  S : String ;  Q : PQuestion ;

function FindQuestion (Item : Pointer) : Boolean ; far ;
begin
  if PQuestion (Item)^.ID = S then FindQuestion := true
                              else FindQuestion := false ;
end ;

begin
S := PString (Event.InfoPtr)^ ;
Q := DataBase^.FirstThat (@FindQuestion) ;
if Q <> NIL then Q^.Ask (@Self)
            else MessageBox ('Frage %s nicht gefunden.', @Event.InfoPtr,
                                  mfError + mfOkButton) ;
end ;

begin
inherited HandleEvent (Event) ;
case Event.What of
  evCommand : case Event.Command of
                cmInsert : InsertQuestion;
                cmEdit : SelectItem (Focused) ;
                cmDelete: begin
                            DataBase^.Free (DataBase^.At(Focused)) ;
                            SetRange (DataBase^.Count) ;
                            DrawView ;
                            end ;
                else exit ;
                end ;
  evBroadcast : case Event.Command of
                cmExecuteQuestion : ExecuteQuestion ;
                else Exit ;
                end ;
else exit ;
end ;
ClearEvent (Event) ;
end ;
```

```
procedure TDataBaseViewer.SelectItem (Item : Integer) ;
var Q : PQuestion ;
begin
inherited SelectItem (Item) ;                    Q:=DataBase^.At (Focused) ;
DataBase^.Delete (Q) ;           Q^.Edit ;
DataBase^.Insert (Q) ;           DrawView ;
end ;


         { Hier werden Die Befehle Speichern/Speichern Unter/Ausführen aktiviert }
procedure TDataBaseViewer.SetState (AState : Word ; Enable : Boolean) ;
begin
inherited SetState (AState, Enable) ;
if AState and sfActive <> 0
   then if Enable then EnableCommands ([cmSave, cmSaveAs, cmRun,
                                cmEdit, cmInsert, cmDelete])
               else DisableCommands ([cmSave, cmSaveAs, cmRun,
                                cmEdit, cmInsert, cmDelete]) ;
end ;


        {*********************************************************************}

constructor TDataBaseDialog.Init (var Bounds : TRect ; FileName : TTitleStr) ;
var R : TRect ;
begin
inherited Init (Bounds, '') ; GetExtent (R) ;
R.Grow (-1, -1) ;
DataBaseViewer := New (PDataBaseViewer,
                     Init (R, FileName, StandardScrollBar (sbHorizontal),
                     StandardScrollBar (sbVertical))) ;
Insert (DatabaseViewer) ;
end ;


constructor TDataBaseDialog.Load (var S: TStream) ;
begin
inherited Load (S) ; GetSubViewPtr (S, DataBaseViewer) ;
end ;


procedure TDataBaseDialog.Store (var S : Tstream) ;
begin
inherited Store (S); PutSubViewPtr (S, DataBaseViewer) ;
end ;


                           { von TDataBaseViewer FensterTitel erfragen }
function TDataBaseDialog.GetTitle (MaxLen : Integer) : TTitleStr ;
begin
if DataBaseViewer <> NIL  then GetTitle := DataBaseViewer^.FileName
                     else GetTitle := '' ;
end ;


procedure TDataBaseDialog.HandleEvent (var Event : TEvent) ;

procedure SaveFile ;                           { speichert Wissensbank in Stream }
var S: TBufStream ;
```

```
var Kennung : Array [0 .. 2] of Char ;
begin
Kennung := ExpHeader ;
S.Init (GetTitle (255), stCreate, 1024) ;
S.Write (Kennung, SizeOf (Kennung)) ;
S.Put (@Self) ;
S.Done ;
end ;

procedure SaveAs ;              { fragt nach Dateinamen, ruft dann SaveFile auf }
var S : String ;
begin
S:=GetTitle (255) ;
Application^.ExecuteDialog (New (PFileDialog,
                  Init ('*.EXP', 'Speichern unter', 'Name', fdOkButton, 0)), @S) ;
DataBaseViewer^.FileName := S ;
SaveFile ; ReDraw ;
end ;

begin
inherited HandleEvent (Event) ;
if Event.What = evCommand then begin
   case Event.Command of
    cmSave :    if GetTitle (255) = 'NONAME.EXP'  then SaveAs else SaveFile ;
    cmSaveAs : SaveAs ;
    else exit ;
   end ;
   ClearEvent (Event) ;
                              end ;
end ;

var ExpSys : TExpSys ;  { *********************************************** main }
begin
ExpSys.Init ;
ExpSys.Run ;
ExpSys.Done ;
end .                                              (* File-Ende *)
```

Das Konfigurationsfile CONF.CFG legt die Menüfarben u.a. aus einem Lauf fest, ist aber für den Start des Systems nicht weiter von Bedeutung.

Neben dieser Shell finden Sie auf der Disk noch einige andere Beispiele in TURBO Pascal, aber nicht in OOP programmiert. Kleine Wissensbanken werden jeweils mitgeliefert.

12 Simulationen

Ich habe auch einmal eine solche Welt
in meinem Rechner erschaffen;
heute frage ich mich,
wie nahe ich der Wirklichkeit gekommen bin. ([S], S. 222)

Untersucht werden solche Alltagssituationen mit Querverbindungen zur Statistik, Physik u.a., die noch einfach zu beschreiben sind.

Computer sind für Simulationen hervorragend geeignet. Komplexe Situationen lassen sich - oftmals erst nach sachgerechter Vereinfachung - kostengünstig und risikolos nachbilden und unter verschiedenen Bedingungen durchspielen.

Dies geschieht vielfach vor dem Hintergrund der Statistik, einer jüngeren Teildisziplin der Mathematik, deren Theorie durchaus noch in der Entwicklung, also Forschungsgegenstand ist, die andererseits aber zunehmend alle Bereiche des täglichen Lebens durchdringt und dabei oftmals auch unqualifiziert angewendet wird: Teils aus Unkenntnis, teils aber auch mit Absicht, da die Wahrheitsvermutung beim Verbrämen mit Zahlen bei der Mehrheit der Abnehmer bestärkt wird.

Wir wollen im folgenden ein paar Beispiele geben, ohne daß tiefere Kenntnisse aus der Statistik vorausgesetzt werden. Wer jedoch solche hat, kann die Ergebnisse in die Theorie einbauen und damit einen vertieften Zugang zur Statistik auf dem Weg des Computer-Experiments finden.

Wir beginnen mit einer Alltagssituation, die in verschiedener Weise vorkommen kann, das Beispiel stammt aus dem Zweiten Weltkrieg: Über einen längeren Zeitraum hinweg wurden insgesamt k Gewehre erbeutet, die sich durch Herstellungsnummern $n_1, ..., n_k$ unterscheiden. Kann man auf die Größenordnung der Produktion schließen? - Es ist sehr naheliegend, deren arithmetischen Mittelwert

$$m := \Sigma \, n_k \, / \, k$$

zu bilden und zu untersuchen. Um einen Zusammenhang mit der unbekannten Größenordnung N der Produktion zu finden, schreiben wir ein entsprechendes Programm mit dem Zufallsgenerator, der von einem solchen N ausgeht:

```
PROGRAM urneninhalt ;
USES crt ;

VAR       urne : ARRAY [1..1000] OF boolean ;
          i, k, z, oft : integer ;
               sum : longint ;
BEGIN                                       (* ----------------------------------- *)
clrscr ;
writeln ('Die Urne enthält Kugeln Nr. 1 ... 1000.') ;
writeln ('Zufällig gezogen werden zehn Stück ... ') ;
writeln ('Schätzung zum Urneninhalt (Größe) ... ') ;
writeln ;
randomize ;
FOR k := 1 TO 10 DO BEGIN                            (* 10 Serien ... *)
    FOR i := 1 TO 1000 DO urne [i] := true ;
    oft := 0 ;  sum := 0 ;
    REPEAT
      REPEAT
        z := 1 + random (1000)
      UNTIL urne [z] = true ;                  (* Ziehen ohne Zurücklegen *)
      urne [z] := false ; sum := sum + z ;  oft := oft + 1
    UNTIL oft = 10 ;                           (* ... zu je 10 Ziehungen *)
    writeln (sum /oft : 5 : 0)
                    END ;
readln
END .                                       (* ----------------------------------- *)
```

An den Ergebnissen fällt sofort auf, daß sie um 500 liegen, also bei der Hälfte der angenommenen Produktion N = 1000. Wir können daher die Ausgabe einfach mit zwei multiplizieren. Um eine exakte Formel für diese Situation zu finden, stellen wir uns vor, im Idealfall sei die gesamte Produktion erbeutet worden. Dann gilt wegen einer bekannten Formel zur Summe der ersten n natürlichen Zahlen 1 ... N :

$$m = (1 + 2 + ... + N) / N = [N * (N + 1) / 2] / N = (N + 1) / 2.$$

Daraus ergibt sich der beste Schätzwert *) für N zu 2 * m - 1. Dieses statistisch korrekte Ergebnis können wir in unser Programm einschreiben. Es läßt sich auch ohne Bezug auf den gerade angenommenen Sonderfall exakt herleiten.

---

*) In der Praxis ist die Formel N ≈ 2 * m durchaus ausreichend, aber die andere ist „erwartungstreu", wie es in der Statistik heißt.

Eine andere Situation von praktischem Interesse: Auf einem **Volksfest** werden von mobilen Verkäufern Plaketten verkauft, die jeder Teilnehmer vorweisen sollte. Es ist eine alte Erfahrung, daß nach anfänglich guten Verkaufserfolgen das Geschäft immer schleppender geht, weil zunehmend Personen angesprochen werden, die schon eine solche Plakette haben. Kann man durch eine Analyse des Verkaufs auf die unbekannte Teilnehmerzahl N am Volksfest schließen?

Da sich konkret beobachten läßt, daß nach längerer Zeit der Anteil der Verkaufserfolge an den entsprechenden Versuchen immer mehr zurückgeht, simulieren wir dies durch ein entsprechendes Programm, das wiederum (im Hintergrund) eine Teilnehmerzahl N annimmt und dann den Zufallsgenerator einsetzt:

```
PROGRAM volksfest ;
USES crt ;
CONST N = 1000 ;
VAR   i, auswahl, versuch, gesamt, erfolg, kein : integer ;
                          teilnehmer : ARRAY [1 .. N] OF boolean ;
BEGIN                     (* --------------------------------------------- *)
clrscr ; randomize ;
FOR i := 1 TO N DO teilnehmer [i] := false ;
versuch := 0 ; erfolg := 0 ;  kein := 0 ;
REPEAT
      versuch := versuch + 1 ;
      auswahl := 1 + random (N) ;
      IF teilnehmer [auswahl] = false
         THEN BEGIN
                   teilnehmer [auswahl] := true ;  erfolg := erfolg + 1
              END
         ELSE kein := kein + 1 ;
      IF versuch MOD 100 = 0
         THEN BEGIN
                   gesamt := 0 ;
                   FOR i := 1 TO N DO
                        IF teilnehmer [i] = true THEN gesamt := gesamt + 1 ;
                   write (versuch : 4) ;
                   write (' verkauft ', gesamt : 4) ;
                   write ('   100-er Sequenz: Erfolge ', erfolg : 3) ;
                   writeln (' bzw. erfolglos ', kein : 3) ;
                   delay (1000) ; erfolg := 0 ; kein := 0 ;
              END ;
UNTIL keypressed ;
END .                     (* --------------------------------------------- *)
```

Versuche mit verschiedenen N zeigen, daß die Anzahl der bisher verkauften Plaketten ≈ N / 2 ist, wenn in einer Sequenz nur noch rd. die Hälfte der Verkaufsversuche erfolgreich ist. Kauft also nur noch jeder zweite eine Plakette, so ist mit der Anzahl m aller bisher verkauften Plaketten $N \approx 2 * m$.

Es kann die Frage auftauchen, wie groß die Wahrscheinlichkeit P (n, k) dafür ist, daß nach dem n.ten Verkaufsversuch insgesamt k Plaketten verkauft worden sind, wobei k ≤ Min (M, n) gelten muß. Offenbar gilt P (1, 0) = 0 und P (1, 1) = 1, d.h. beim allerersten Versuch wird auf jeden Fall eine Plakette verkauft. Für die unbekannte Verteilung muß weiter P (n, k) = 0 für k > Min (M, n) gelten, denn je Versuch wird höchstens eine Plakette zu verkaufen sein. Aber es kann natürlich prinzipiell beliebig lange dauern (n → ∞), bis alle eine Plakette haben.

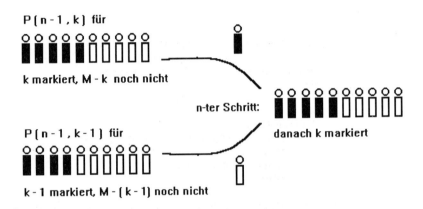

Abb.: Ergebnis k nach Schritt n am Beispiel k = 5 mit M = 10 Probanden

Aus der Abb. läßt sich für P (n, k) unmittelbar die folgende, ziemlich komplizierte Rekursionsformel ableiten, die unter Beachtung der o. a. Rand- bzw. Nebenbedingungen gilt:

$$P (n, k) = P (n - 1, k) * k / M + P (n - 1, k - 1) * (M - (k - 1)) / M .$$

Die den P (n - 1, ...) -Werten nachgesetzten Faktoren geben die Anteile der schon bzw. noch nicht verkauften Plaketten auf M nach dem (n-1)-ten Schritt (Abb. links) wieder, als relative Häufigkeiten der fallweise möglichen Auswahl aus M.

Diese Rekursion *) kann per Programm abgearbeitet werden: Für größere n bzw. M ist das nachfolgende Listing wegen Stack-Überlaufs freilich nicht brauchbar; aber immerhin zeigt es, daß z.B. mit M = 50 nach etwa 15 Versuchen schon 13 bis 14 Plaketten verkauft sein dürften: Dort ist P nämlich am größten.

---

*) Es erscheint vorerst aussichtslos, für die „namenlose" Verteilung P (n, k) aus kombinatorischen Überlegungen heraus direkt eine „geschlossene" Formel zur Berechnung anzugeben. In der gängigen Literatur findet man über diese Verteilung bisher praktisch nichts. Auch die Diskussion mit Fachkollegen brachte nur Teilergebnisse aus der Theorie der sog. Permutationen mit Fixpunkten.

```
PROGRAM plakettenverteilung ;
USES crt ;
CONST M = 10 ;                                        (* Population *)
VAR  n, k, s, min : integer ;

    FUNCTION P (n, k : integer) : real ;              (* rekursiv ! *)
    BEGIN
    IF k > n  THEN P := 0
       ELSE BEGIN
            IF k > 1
            THEN BEGIN
                IF k < n
                   THEN P := P (n - 1, k - 1) * (M - k + 1) / M
                                + P (n - 1, k) * k / M
                        ELSE P := P (n - 1, k - 1) * (M - k + 1) / M
                   END
            ELSE
                IF k = 1
                   THEN BEGIN
                        IF n > 2 THEN P := P (n - 1, 1) * k / M ;
                        IF n = 2 THEN P := 1 * k / M ;
                        IF n = 1 THEN P := 1
                        END;
         IF k = 0 THEN
                IF n = 0 THEN P := 1 ELSE P := 0   (* denn k = 0, n > 0 unmöglich! *)
    END
    END ;


BEGIN                                  (* ----------------------------------- *)
clrscr ;  writeln ('Wahrscheinlichkeitsverteilung P (n, k)') ;
write   ('nach Zug Nr. n ') ;  readln (n) ;
write (' für k := 0, 1, ... ,') ;  writeln (' Min (n,', M, ')') ;
IF n > M THEN min := M ELSE min := n ;
writeln ;
FOR s := 0 TO min DO write (s : 6) ;
writeln ;
FOR s := 0 TO min DO write (P (n, s) : 6 : 2) ;
readln
END .                                  (* ----------------------------------- *)
```

Um Versuche mit mehr Schritten bei größerem M machen zu können, liegt es nahe, die P (n, k) - Werte direkt auf die Werte P (n-1, k-1) usf. zurückzuführen, die also nicht rekursiv berechnet, sondern schrittweise von unten nach oben auf einem Feld zwischengelagert werden.

Das nachfolgende, erstaunlich kurze Programm liefert eine einfache Tabelle, die man richtig lesen muß: Mit dem Vorgabewert M = 50 ergibt sich, daß nach s = 50 Versuchen (Eingabe) 32 verkaufte Plaketten die höchste Wahrscheinlichkeit haben, nämlich 17.9 %. Bei 100 Versuchen sind schon 44 Plaketten verkauft, mit der Wahrscheinlichkeit 19.3 %.

```
PROGRAM verteilung_per_feld ;
USES crt ;
CONST    M = 50 ;                              (* deutlich größer wählbar *)
VAR   n, k, s, min : integer ;
           pfeld : ARRAY [1 .. 100, 0 .. 100] OF real ;   (* aber hier leider kaum *)
BEGIN
clrscr ;  writeln ('Wahrscheinlichkeitsverteilung P (n, k)') ;
write   ('mit M = ', M, ' nach Zug Nr. n ') ;  readln (s) ;
FOR n := 1 TO 100 DO FOR k := 0 TO 100 DO pfeld [n, k] := 0 ;
pfeld [1, 0] := 0 ;  pfeld [1, 1] := 1 ;
FOR n := 2 TO 100 DO BEGIN
     IF s > M THEN min := M ELSE min := n ;
     FOR k := 1 TO n DO
          Pfeld [n, k] := Pfeld [n - 1, k - 1] * (M - k + 1) / M
                          + Pfeld [n - 1, k] * k / M ;
FOR k := 1 TO 100 DO write (pfeld [s, k] : 8 : 3)
                     END ;
readln
END .
```

Anders gesagt: Auf einem Fest mit 50 Teilnehmern sind nach 100 Versuchen um die 45 Plaketten verkauft. - M kann auch größer gewählt werden, nur die Maximalzahl n der Schritte ist mit etwa 100 begrenzt.

Das Programm liefert auch Anhaltspunkte dafür, wieviele Verkaufsversuche getätigt werden müssen, ehe etwa die Hälfte M / 2 der Besucher erfaßt worden ist. Leider kann M nicht praxisnah groß ($\approx$ 10 000) gewählt werden kann, denn dann ist die Anzahl n der Schritte von der Größenordnung von M jenseits der Ausführbarkeit des Programms. Zu Kontrollzwecken der ausgeworfenen Werte sei noch ergänzt, daß zu jedem festen n die folgende Formel gelten muß:

Σ P (n , k) = 1 , summiert von k = 0 bis k = n,

wobei nach Definition P (n, 0) = 0 gilt: In einer Stichprobe ist auf jeden Fall k > 0.

Stellt man sich eine Stichprobe (Versuchsreihe von Verkäufen) der Länge n mit k Treffern einmal nachträglich geordnet vor:

{ 1 2 3 ... k   a a a a },

so wurden also k Treffer erzielt, während die mit a markierten n - k Positionen jeweils irgendwelche Werte 1 ... k sein müssen, bereits vorher Treffer waren. Damit ist P (n, k) die Frage nach der Wahrscheinlichkeit, eine solche Stichprobe zu erzielen: Wieviele solcher Anordnungen unter Beachtung der Reihenfolge gibt es also insgesamt? Das ist eine kniffelige kombinatorische Frage. Mit Methoden der Kombinatorik läßt sich leicht folgende Formel für P angeben:

$$P_M(n, k) := \binom{M}{k} * k! * 1 / M^n * f(n, k),$$

wobei sich für die Funktion f (n, k) aus der Rekursionsformel von weiter oben die rekursive Beziehung

$$f(n, k) := k * (f(n - 1, k - 1) + f(n - 1, k))$$

ableiten läßt. Die ersten beiden Faktoren geben die Anzahl aller Kombinationen zu k (verschiedenen) Elementen aus der Menge M an. M^n im Nenner ist die Anzahl aller Kombinationen zu n Elementen aus M (mit Berücksichtigung der Anordnung, auch Wiederholungen).

Unsere Formel beschreibt die Antwort immer noch unvollständig. Man findet mit einiger Mühe heraus, daß jedenfalls

$$P(n, 1) = 1 / M^{n-1},$$

$$P(n, 2) = (M - 1) / M^{n-1} * (1 + 2 + 2^2 + \ldots + 2^{n-2}),$$

...

$$P(n, n) = (M - 1) * (M - 2) * \ldots (M - (n-1)) / M^{n-1}$$

gilt und man erkennt leicht $f(n, 1) = f(n, n) = 1$. $f(n, 2)$ ist eine Summe, die sich noch zusammenfassen ließe. Eine explizite Darstellung von P (n, k) entspr. Fußnote S. 216 unten ist damit aber immer noch offen: Preisaufgabe!

Die auf S. 215 vorgeschlagene Schätzung der Populationsgröße N ist insofern recht unbefriedigend, als sie erst zu einem ziemlich späten Zeitpunkt (also nach insg. vielen Verkaufserfolgen) möglich wird. Wesentlich effektiver ist folgende Weise des Vorgehens:

Man beobachtet von Anfang an s Verkaufssequenzen z.B. der Länge n mit jeweils $h_k \leq n$ Verkaufserfolgen: k := 1, 2, ..., s . In der letzten Sequenz ist der Anteil der Erfolge h_s / n ; bis zu deren Beginn sind $\sum h_i$, i := 1 , ... , s - 1 Plaketten verkauft worden. Damit ergibt sich näherungsweise

$$h_s / n \approx (N - \sum_{i=1}^{s-1} h_i) / N,$$

denn rechts steht der Quotient aus den zu diesem Zeitpunkt noch verkaufbaren Plaketten zu allen, die als Käufer überhaupt in Frage kommen.

Daraus läßt sich N berechnen:

$$N \approx (\sum_{i=1}^{s-1} h_i) / (1 - h_s / n) .$$

Der Nenner darf nicht Null werden; das ist für größeres s sicher der Fall, denn dann sind schon etliche Plaketten verkauft und $h_s = n$ kommt praktisch nicht vor.

Das folgende Listing geht von einer Population P = 20 000 aus und beobachtet per Zufallsgenerator Sequenzen der Länge n = 100 von Anfang an, d.h. es bildet den Mittelwert aus den schrittweise sich ergebenden s Schätzungen für N , was die teils erheblichen Einzelschwankungen je Sequenz ausgleicht.

```
PROGRAM wie_gross_ist_N ;
USES crt ;
CONST      p = 20000 ;                                  (* Population *)
           n = 100 ;                               (* Länge einer Sequenz *)
VAR        feld : ARRAY [1 .. p] OF boolean ;
           test : real ;
           h, summe, versuch : integer ;

PROCEDURE verkaufen (VAR h : integer) ;
VAR i, z : integer ;
BEGIN
h := 0 ;
FOR i := 1 TO n DO BEGIN
                z := 1 + random (p) ;
                IF feld [z] = false THEN BEGIN
                                 feld [z] := true ; h := h + 1
                                 END
                END
END ;

BEGIN                                 (* ------------------------------ *)
FOR h := 1 TO p DO feld [h] := false ;
clrscr ; randomize ;
verkaufen (h) ;
summe := h ;
versuch := 1 ; test := 0 ;
REPEAT
    verkaufen (h) ;
    IF h < n - 1 THEN BEGIN    (* keine Division, falls h = n, d.h. nur Verkäufe *)
                    test := test + summe / (1 - h / n) ;
                    writeln (h : 5, test / versuch : 6 : 0) ;
                    versuch := versuch + 1
                    END ;
    summe := summe + h ;                      (* aber Zählung als Erfolg ! *)
UNTIL versuch > 20 ; readln
END .
```

Sie können im vorstehenden Programm die Parameter P und n verändern und insbesondere die Zahl der Versuche in der Abfrage UNTIL versuche > 20 drastisch erhöhen, um die Konvergenz der Schätzung gegen P zu sehen.

Theoretische Überlegungen für den Fall $s \rightarrow \infty$ zeigen übrigens, daß die obige Formel N etwas zu klein schätzt: Die Summe ist nahe N, aber kleiner (denn es gibt immer noch Leute ohne Plakette), während h_s dann oftmals Null sein wird ...

Viele Situationen der Praxis führen auf **Differentialgleichungen** (DGL), die sich in etlichen Fällen „geschlossen" integrieren, in anderen aber nur näherungsweise numerisch lösen lassen. Eine DGL beschreibt eine Funktion durch einige ihrer Ableitungen; die mehr oder weniger schwierige Aufgabe besteht darin, die Gesamtheit aller Funktionen (oder doch wenigstens eine) zu finden, die einer solchen DGL „genügen", d.h. sie lösen. Aus der Menge der denkbaren Lösungen wird dann eine besonders interessante durch eine sog. Anfangsbedingung ausgewählt, eine konkrete Funktion also.

Zur numerischen Integration kann man bei geringeren Ansprüchen an die Genauigkeit (und bei Verzicht auf u.U. diffizile Konvergenzbetrachtungen) ein einfaches iteratives Verfahren nach EULER einsetzen, das z.B. in [M], S. 232 beschrieben wird und im genannten Buch für reichlich undurchsichtige Fälle (Bewegung auf Gravitationsbahnen u.a.) erfolgreich arbeitet.

Dieses Approximationsverfahren beruht darauf, bei einer DGL erster Ordnung

$y' := f(x, y)$

von einem Punkt (x_0, y_0) der Lösungskurve (Anfangswert) über die Rechnung

$x_1 = x_0 + \delta x, \quad y_1 := y_0 + \delta x * f(x_0, y_0)$

mittels der Schrittweite δx über die Steigung y' zu einem Nachbarpunkt (x_1, y_1) der Lösung zu gelangen. Schrittweise Fortsetzung dieses Verfahrens liefert nach und nach (näherungsweise) die Lösungskurve. Auch DGLen höherer Ordnung können mit diesem Ansatz in mehreren Stufen erfolgreich numerisch gelöst werden.

Für dieses Verfahren bringen wir hier zwei Beispiele; im Kapitel über Oberflächen finden sich ebenfalls Anwendungen (Raketenbahnen). Ergebnis der Bemühungen ist stets eine konkrete Funktion, tabelliert oder als Grafik.

Das einfache physikalische **Pendel** der Länge r (idealisiert als Massenpunkt und reibungsfrei) gehorcht der nicht-linearen DGL 2. Ordnung

$$r * \partial^2 \varphi / \partial t^2 + g * \sin \varphi = 0 \, ,$$

wobei g = 9.81 m/s^2 die Erdbeschleunigung ist. Für kleine Ausschläge φ wird diese DGL wegen $\varphi \approx \sin \varphi$ linear und kann dann leicht gelöst werden: Als Schwingungszeit T findet man $T = 2 * \pi \sqrt{r/g}$. Mit r = 1 m ist dies das sog. Sekundenpendel mit fast exakt einer Sekunde für einen Hin- oder Hergang.

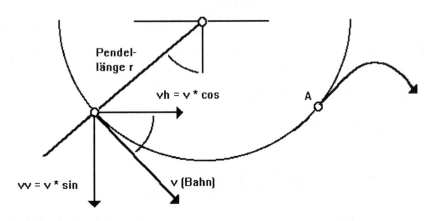

Abb.: Mathematisches Pendel (und Hochtrapez)

Bei größeren Amplituden ist die Näherung nicht mehr brauchbar; T wird größer. Um dann eine Lösung für T zu finden, kann man versuchen, den entsprechenden Vorgang in einer Simulation iterativ zu verfolgen, also die DGL numerisch zu lösen. Mit Rückgriff auf den Energiesatz ist es zwar leicht, den Zusammenhang *) zwischen φ und der Bahngeschwindigkeit v zu finden:

$$v = v(\varphi) = \sqrt{2 * g * r * \cos \varphi} \, ,$$

aber die entsprechende Abhängigkeit $\varphi = \varphi(t)$ ist so nicht herzustellen. Aus der Abb. (oder der DGL) leitet man leicht die Beziehungen

$$dv = g * \sin \varphi \, d\varphi \quad \text{und} \quad d\varphi = -v/r * dt \quad (\text{wegen } v = \varpi * r)$$

für die Änderung von v in Bahnrichtung und den Zusammenhang $d\varphi/dt$ ab. Als maximaler Winkel gilt $\varphi = 90°$ (oben links), während $\varphi = 0$ die Ruhelage unten und $\varphi = -90°$ die Position oben rechts bedeuten. (Diese Vorzeichenregelung gilt auch im folgenden Programm.)

---

*) potentielle Energie in der Höhe $r * \cos \varphi$ in kinetische umsetzen ...

Die beiden Beziehungen benutzt man im folgenden Programm zu einer schrittweisen Integration nach der einfachen EULER-Methode: Das Ergebnis kann man mit der eingefügten writeln-Zeile bei Bedarf als Tabelle ausgeben.

```pascal
PROGRAM zirkus_pendel_trapez ;
USES crt, graph ;
CONST g = 9.81 ;
VAR   r, v, t, dt, grad, phi, dphi : real ;
                x, y, vh, vv : real ;
             treiber, mode : integer ;
                    c : char ;
BEGIN                          (* -------------------------------------------- *)
clrscr ;
grad := 90 ;                   (* Eingabe Anfangswinkel, maximaler Ausschlag *)
v := 0 ;  phi := grad /180 * pi ;  t := 0 ;
dt := 0.05 ;   r := 10 ;
treiber := detect ;  initgraph (treiber, mode, ' ') ;
REPEAT
    v := v + g * sin (phi) * dt ;
    phi := phi - v / r * dt ;
    t := t + dt ;
    (* writeln (t : 5 : 2, ' Sec.  ', phi / pi * 180 : 5 : 1, ' °') ; *)
    putpixel (300 - round (10 * r * sin (phi)),
              10 + round (10 * r * cos (phi)) ,  white) ;
    delay (200)
UNTIL keypressed ;                          (* Trapez bei A loslassen *)
x := - r * sin (phi) ;  y := r * cos (phi) ;
vh := v * cos (phi) ;  vv := v * sin (phi) ;
c := readkey ;             (* damit keypressed = false für Folgeschleife *)
REPEAT
    vv := vv + g * dt ;
    x := x + vh * dt ;
    y := y + vv * dt ;
    t := t + dt ;
    putpixel (300 + round (10 * x), 10 + round (10 * y), white) ;
    delay (200)
UNTIL keypressed ;
c := readkey ;
readln ; closegraph
END .                          (* -------------------------------------------- *)
```

Für kleine Amplituden (bis 10° oder etwas mehr) ergibt sich über die Testzeile zur Ausgabe ohne Grafik hinreichend genau der Wert T = 6.3 sec, wie aus der Schwingungsformel rein rechnerisch, während für $\varphi = 45°$ schon um die 6.6 sec, für $\varphi = 90°$ gar um 7.5 sec kommen. Die Schwingungszeit nimmt also wie erwartet zu. Hochgenaue Pendeluhren arbeiten aus diesem Grunde stets mit sehr kleinen Amplituden, eine von HUYGENS seinerzeit konstruierte Pendeluhr mit passendem T-Ausgleich für größere Amplituden ist praktisch ohne Bedeutung.

Betrachtet man das Pendel als Zirkustrapez, so kann man an einer Stelle A „loslassen" und auf die Schwerebahn einer Parabel übergehen. Dies ist im zweiten Teil des Programms angedeutet. Ein weiterer Programmausbau könnte zwei Pendel nebeneinander vorsehen und dabei die Synchronisation von Artisten beim Übergang von einem Trapez zum anderen simulieren.

Um 1700 beschäftigte sich Johann BERNOULLI mit dem Problem der **Brachistochrone** B, jener Kurve zwischen zwei Punkten P und Q in unterschiedlicher Höhe h , auf der ein Körper unter dem Einfluß der Schwerkraft reibungsfrei gleitend möglichst schnell an Höhe verliert. Liegen die Punkte auf einer Vertikalen, so ist die Lösung anschaulich klar: B ist dann die Fallstrecke. Nachdenken über B läßt den Schluß zu, daß anfangs zunächst einige Geschwindigkeit gewonnen werden muß, die man gegen Ende der Bewegung mehr und mehr in „seitliche" Bewegung zum Überwinden von a umsetzt.

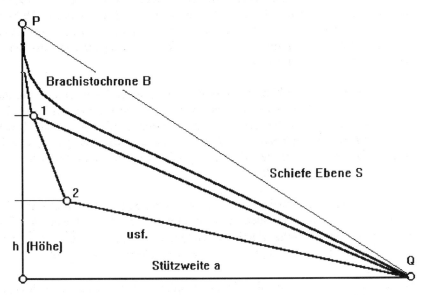

Abb.: Näherung P1-2- ...-Q zur Brachistochrone B

Aus Energiebetrachtungen ist klar, daß die Endgeschwindigkeit $\sqrt{2 * g * h}$ nur von der durchfallenen Höhe h abhängt, aber nicht von der Form der Bahn. Diese hat jedoch Einfluß auf die Zeit t, bis der Endpunkt Q erreicht ist.

Die analytische Lösung dieser Grundaufgabe der sog. Variationsrechnung (siehe Formelsammlungen Mathematik) führt auf ein Integral zum Berechnen der Zeit t: Das Integral enthält eine noch unbekannte Funktion, die Bahnkurve eben, die so gewählt werden muß, daß t minimal wird. Wird der Ursprung mit nach unten weisender y-Achse in den Punkt P gelegt, so lautet die Lösung für die Bahnkurve

$$x(p) = 2\,a\,(p - \sin p)\,/\,\pi$$
$$y(p) = h\,(1 - \cos p)$$

mit einem Parameter p, der für p = 0 den Punkt P, für p = $\pi/2$ den Punkt Q liefert. Die x-Achse weist nach rechts. p ist dabei nicht die Zeit t, die auf anderem Wege bestimmt werden muß, etwa durch Berechnen des soeben erwähnten Integrals. Man kann die Bahnkurve näherungsweise durchaus mit dem Rechner bestimmen, einschließlich der Laufzeit t auf dieser Kurve:

Eine äußerst grobe Näherung für B ist der freie Fall über die Höhe h nach unten, und dann mit der erzielten Fallgeschwindigkeit nach rechts längs a zum Punkt Q. Mit einem einfachen Programm ließe sich ein Punkt X irgendwo auf der Basis so bestimmen, daß die Gesamtzeit t am direkten Weg von P nach X und dann weiter nach Q noch kleiner wird. Diesen Gedanken verfeinert man in folgender Weise:

Man zerlegt die Höhe h in eine Anzahl gleichabständiger Schritte 1, 2, ... derart, daß man - ausgehend von der Strecke PQ (der schiefen Ebene) - in der Höhe 1 durch Variieren des x-Wertes (x-Achse nach rechts, links x = 0) zunächst einen Punkt 1 derart bestimmt, daß die Laufzeit P1, weiter 1Q insgesamt minimal wird, ein erster Knick bei 1 entstanden ist.

Punkt 1 hält man nun fest und bestimmt in der Höhe 2 einen Punkt derart, daß die Laufzeit 12, weiter 2Q minimal wird. Der Punkt 2 wird also durch Variieren des x-Wertes so gefunden, daß die zunächst gerade Strecke 1Q bei 2 einen Knick erhält: P12Q als Polygon mit jetzt vier Ecken ist dann schon eine ganz passable Näherung für die Brachistochrone, wie das folgende Programm im Vergleich zeigt. (In der Abb. ist das nicht der Fall!)

Rechentechnisch geht man dabei so vor: Die Bewegung beginnt im Punkt P mit der Geschwindigkeit v = 0 ; an allen übrigen Punkten 1, 2, ... hängt die Geschwindigkeit nur von der bisher durchfallenen Höhe Δ h ab: v = $\sqrt{2*g*\Delta h}$, also zuletzt v = $\sqrt{2*g*h}$ mit g = 9.81 m/s^2. Δ h wird schrittweise vergrößert.

Hat der Körper z.B. im Punkt 1 die Geschwindigkeit v_1, so bewegt er sich längs 12 mit einer mittleren Geschwindigkeit

$$v = v_1 + (v_2 - v_1)\,/\,2$$

weiter, wobei $v_2 > v_1$ die Geschwindigkeit im Punkt 2 weiter unten ist. Diese ergibt sich aus der entsprechenden Höhe dort. Um den Zeitschritt Δ t zu bestimmen, wird die Strecke 1-2 (nach dem Lehrsatz des Pythagoras zu ermitteln) durch die Geschwindigkeit v dividiert. Für das iterative Verfahren muß man sich jedesmal einige Werte von vorher merken, so daß der Aufwand an Variablen ziemlich groß wird. Das folgende Programm ermittelt die Näherung für B und zeichnet zum Vergleich die Brachistochrone nach obiger Darstellung:

```
PROGRAM brachistochrone ;
USES crt, graph ;   CONST g = 9.81 ;
VAR   a, h, p, x, y : real ;
      driver, mode : integer;


VAR  t, schritte, deltah, deltav, talt, tneu, teins, v, xmerk : real ;

BEGIN                           (* ----------------------------------------------------------- *)
h := 10 ;  a := 10 ;
driver := detect ; initgraph (driver, mode, ' ') ;
line (0, 0, 0, round (40 * h)) ;
line (0, round (40 * h), round (40 * a), round (40 * h)) ;
setcolor (yellow) ;  moveto (round (40 * a + 20), 390) ;
outtext ('Brachistochrone, exakt ... ') ;
p := 0 ;
REPEAT
    x := a / (pi/2 - 1) * (p - sin (p)) ;
    y := h * (1 - cos (p)) ;
    putpixel (round (40 * x), round (40 * y), yellow) ;
    p := p + 0.005
UNTIL p > pi / 2 ;

schritte := 50 ;                                      (* 10 ... 100, je nach a *)
deltah := h / schritte ;
y := 0;  v := 0 ;  xmerk := 0 ;                        (* Anfangspunkt P *)
tneu := 5 * sqrt (2 * g * h) ;                  (* ein einigermaßen großer Wert *)
t := 0 ;
REPEAT
    x := xmerk ;  y := y + deltah ;            (* bisherige Höhe y von oben *)
    REPEAT
        talt := tneu; x := x + 0.005 ; deltav := sqrt (2 * g * y) - v ;
        teins := sqrt ((x - xmerk) * (x - xmerk) + deltah * deltah) / (v + deltav/2) ;
        deltav := sqrt (2 * g * h) - sqrt (2 * g * y) ;
        tneu := teins
              + sqrt ((h - y) * (h - y) + (a - x) * (a - x)) / (sqrt (2 * g * y) + deltav/2) ;
        putpixel (round (40 * x), round (40 * y), yellow) ;   (* Lösung (x, y)  *)
    UNTIL tneu > talt ;
    xmerk := x ;
    v := sqrt (2 * g * y) ;
    t := t + teins
UNTIL y >= h - deltah ;
readln ;  closegraph ;
writeln ('Fallzeit auf ... ') ;
writeln ('  Vertikale      ... ', sqrt (2 * h / g) : 5 : 1) ;
writeln ('  gefundener Bahn ... ', t : 5 : 1) ;
writeln ('  schiefer Ebene  ... ', sqrt (2* (h*h + a*a)/g/h) : 5 : 1) ;  (* readln *)
END .                    (* Lösungskurve : Endpunkte der Balken aus der Iteration *)
```

Zu weiteren Simulationen siehe das Stichwortverzeichnis und die zugehörige Disk.

**Nun gut, die echten Wissenschaftler hatten all das
Jahre vor uns herausgefunden.
Aber nichts geht über
selbst erarbeitetes Beweismaterial. ([S], S. 138)**

**Was läge bei Computern näher, als sich mit verschiedenen Zahlensystemen
zu beschäftigen? Zum Abschluß noch ein kleiner Blick in CAD ...**

An der Konsole eines Rechners gewahrt man fast ausschließlich dezimale Zahlen,
aber intern wird mit Bits dual oder hexadezimal (je nach Sichtweise) gerechnet.
Damit sind entsprechende Umwandlungsprogramme interessant.

Eine im Stellenwertsystem zur Basis b geschriebene Zahl xyz mit z.B. drei Ziffern
x, y, z kann leicht ins Dezimalsystem umgerechnet werden:

$$z * b^0 + y * b^1 + x * b^2 \,.$$

Umgekehrt können Dezimalzahlen d zur Basis 10 durch fortgesetzte Division mit
der Basiszahl g des gewünschten Systems in g-Zahlen umgerechnet werden. Hier
zwei Beispiele mit d = 101 für g = 2 bzw. g = 16:

```
101 : 2 = 50 Rest 0        101 : 16 = 6 Rest 5
 50 : 2 = 25 Rest 0          6 : 16 = 0 Rest 6   → Reste 6 5 rückwärts lesen
 25 : 2 = 12 Rest 1
 12 : 2 =  6 Rest 0
  6 : 2 =  3 Rest 0
  3 : 2 =  1 Rest 1
  1 : 2 =  0 Rest 1   → Reste 1 1 0 0 1 0 0 rückwärts lesen
```

Dies liefert $101_{10} = 1100100_2$ bzw. $101_{10} = 65_{16}$ (oft \$65 oder 65H geschrieben)
durch Aufschreiben der Reste rückwärts.

Da für die Reste $\leq g - 1$ gilt und die Reste als Ziffern zum Anschreiben benötigt werden, fehlen für $g > 10$ entsprechende Symbole. Die Folge 0, 1, 2, ..., 9 wird dann hilfsweise mit $g - 10$ Buchstaben A, B, ... fortgesetzt. Im g-adischen System mit $g = 11$ ist also die letzte einstellige Zahl $g - 1 = 10_{10} = A_{11}$. Endet eine Zahl mit der letzten Ziffer auf Null, so ist sie unabhängig von g eine gerade Zahl, d.h. durch zwei teilbar.

Unter Pascal können Zahlen in Programme übrigens dezimal oder hexadezimal eingebracht werden, z.B. ist writeln (101) mit writeln ($65) gleichwertig. Damit ist die Verwandlung in einer Richtung besonders einfach.

Die auf der vorigen Seite gegebenen Beispiele gehen jedesmal vom Zehnersystem aus; das Verfahren ist aber generell gültig, so daß der Wunsch auftauchen kann, aus irgendeinem System mit der Basiszahl b in ein beliebig anderes mit der Basiszahl g umzurechnen. Da die Zahlenschreibweise für b und/oder $g > 10$ aber Buchstaben benutzen muß, kann der Rechenalgorithmus allgemein nur über Zeichenketten abgewickelt werden. Meist werden nur Sonderfälle behandelt.

Das folgende Programm schafft die Umwandlung allgemein auf folgende Weise:

Eine Zahl a (als String angegeben) zur Basis b wird zunächst mit der Polynomformel der vorigen Seite oben in eine „richtige" Zahl z zur Basis 10 umgewandelt. Die Ziffern von a, sofern Buchstaben, werden über den ASCII-Code der Buchstaben in echte Zahlenwerte umgewandelt. Das Zwischenergebnis z ist zweckmäßigerweise vom Typ longint.

Im zweiten Schritt wird z in eine Zahl zur Basis g verwandelt. Mit z kann der Divisionsalgorithmus der vorigen Seite anlaufen:

$$z : g = w_1 \text{ Rest } r_1 ; \quad w_1 : g = w_2 \text{ Rest } r_2 ; \quad ...$$

Erreichbare Abbruchbedingung ist $w_n = 0$, denn die Folge der w_i ist monoton fallend. Zur neuen Darstellung der Zahl $a_b = z_{10} = x_g$:

Da alle Reste $< g$ sind, kann für den Fall $g \leq 10$ der jeweilige Rest als Zahl 0 ... 9 ausgegeben werden, einstellig. Ist hingegen $g > 10$, so müssen Reste ≥ 10 in Buchstaben verwandelt werden, ehe sie zur Ausgabe kommen. Dies wird wieder trickreich über den ASCII-Code erledigt. Die Ausgabe des Ergebnisses zur Basis g ist also eine Mischung aus echten einstelligen Zahlen und Buchstaben, an der Oberfläche des Programms nicht erkennbar.

---

*) Ziffern sind „einstellige" Symbole, während eine Zahl der Namen für eine Klasse von eineindeutig einander zuordenbaren Objekten ist, „gleichviele". Wenn mit Zahlen gerechnet wird, bleiben deren wesentliche „immanente" Eigenschaften daher unabhängig vom Zahlsystem erhalten, z.B. Teilbarkeit und Primeigenschaft.

```
PROGRAM basis1_basis2 ;
USES crt ;
VAR       b, g : integer ;
    zahl, zahl1 : string ;

PROCEDURE verwandeln (VAR zahl : string) ;
VAR  zwischen, potenz : longint ;
                    i, k : integer ;  c : char ;

      PROCEDURE nach_g_verwandeln (zwischen : longint) ;
      VAR rest, s : integer ;

            PROCEDURE restumschreiben ;          (* falls Ausgabe als String *)
            BEGIN
            IF g < 11 THEN zahl := zahl + chr (rest + 48)
                    ELSE IF ((g > 10) AND (rest < 10))
                          THEN zahl := zahl + chr (rest + 48)
                          ELSE zahl := zahl + chr (rest - 10 + 65)
            END ;

      BEGIN                                          (* nach_g_verwandeln *)
      rest := zwischen MOD g ;
      zwischen := zwischen DIV g ;
      restumschreiben ;                              (* wahlweise *)
      IF zwischen > 0 THEN nach_g_verwandeln (zwischen)
            ELSE BEGIN                    (* nur bei Prozedur restumschreiben *)
            k := length (zahl) ;
            FOR s := 1 TO k DIV 2 DO BEGIN
                              c := zahl [s] ; zahl [s] := zahl [k - s + 1] ;
                              zahl [k -s + 1] := c
                              END ;
                  END ;          (* <---------------------- *)
      IF (g < 11)                                    (* rekursive Ausgabe! *)
            THEN write (rest)            (* teils als Zahl, teils als chr *)
            ELSE IF ((g > 10) AND (rest < 10))
                  THEN write (rest)
                  ELSE write (chr (rest - 10 + 65))
      END ;                                          (* nach_g_verwandeln *)

BEGIN                                                (* verwandeln *)
zwischen := 0 ;  potenz := 1 ;
FOR i := length (zahl) DOWNTO 1 DO
    BEGIN
    IF (zahl [i] IN ['0' .. '9']) AND (ord (zahl [i]) - 48 < b)
      THEN zwischen := zwischen + (ord (zahl [i]) - 48) * potenz
      ELSE zwischen := zwischen + (ord (zahl [i]) - 55) * potenz ;
    potenz := potenz * b
    END ;
writeln ;  writeln (zahl, ' = dezimaler Zwischenwert ', zwischen) ;
writeln ;  write ('Ausgabe über Rekursion ... ') ;
zahl := '' ; nach_g_verwandeln (zwischen) ;
writeln
END ;                                                (* verwandeln *)
```

```
BEGIN                                    (* -------------------------------- *)
clrscr ;
writeln ('Zahlverwandlung von einer Basis b in eine andere Basis g:') ;
writeln ('Wegen der Begrenzung A ... Z beachte man aber b, g <= 36.') ;
write ('Basis b ') ;  readln (b) ;
write ('Basis g ') ;  readln (g) ;
REPEAT
   writeln ;
   write ('Geben Sie die Zahl zur Basis ', b, ' an ... ') ;  readln (zahl) ;
   zahl1 := zahl ;
   verwandeln (zahl1) ;
   writeln ;
   writeln (zahl, ' zur Basis ', b, ' verwandelt in ', zahl1, ' zur Basis ', g)
UNTIL zahl1 = '0'
END .                                    (* -------------------------------- *)
```

Entsprechend dem Algorithmus muß der zuletzt berechnete Rest als erste Ziffer ausgegeben werden. Das leistet die rekursive Prozedur nach_g_verwandeln von alleine, denn der Aufruf

IF zwischen > 0 THEN nach_g_verwandeln (zwischen) ;

endet mit einem Semikolon: Die danach folgende Ausgabe der Reste IF g > 11 THEN ... kann erst erfolgen, wenn die Rekursion vollständig abgearbeitet ist (d.h. zwischen = 0) : Der entstandene Stapel der Reste wird aber von oben nach unten geleert, d.h. der zuletzt berechnete Rest wird als erster ausgegeben !!!

Ist die Ausgabe der Reste einheitlich als String erwünscht, so muß eine Prozedur restumschreiben eingeführt werden, die einen String zahl mit den Resten von vorne nach hinten füllt (also in falscher Reihenfolge zum Lesen); dieser String wird nach Abbruch der Rekursion gespiegelt, ehe er mit Call by Reference an das Hauptprogramm zurückgegeben wird.

Das Programm gibt den dezimalen Zwischenwert aus; für Verwandlungen von und nach Dezimalzahlen können also Programmteile als Prozeduren anderswo eingesetzt werden. Gibt man für b oder g den Wert 10 an, so ist ein Teil der Arbeit des Programms überflüssig. Beim Testen beachte man, daß falsche Eingaben nicht abgefangen werden: „Ziffern" in den Strings müssen kleiner als die Basiszahl b sein, also bei b = 8 nur 0 ... 7, bei b = 16 hingegen 0 ... 9 und A ... F usw. Außerdem bearbeitet das Programm nur positive Zahlen. Mit der Eingabe Null endet es (nachdem dieser Wert ebenfalls den Algorithmus durchlaufen hat).

Behandeln wir analog noch ein wenig das Umwandeln von echten Brüchen, wobei wir uns ohne Nachteil nur mit positiven Brüchen beschäftigen können.

Brüche der Form z / n mit z, n ∈ N sind rationale Zahlen, d.h. entweder abbrechende Kommazahlen (wenn n nur Teiler der Basiszahl enthält) oder aber periodisch. Ein Wechsel der Basiszahl ändert diese Eigenschaft gegebenenfalls:

3/8 = 375/1000 = 0.375 bricht im Dezimalsystem ab, 2/3 = 0.666... ist hingegen periodisch. Zur Basiszahl 3 wird 2/3 aber zu 0.2, dem Doppelten von 0.1, welches mit 3 multipliziert zu 1.0 wird, was dezimal wie im Dreiersystem für Eins steht. Für Nicht-Mathematiker zugegeben einigermaßen verwirrend!

Bekanntlich gibt es aber auch unendliche, trotzdem nicht periodische Brüche, irrationale (z.B. $1 - \sqrt{2} = 0.4142$ ...) oder gar transzendente ($3 - \pi = 0.1415$ ...) Zahlen. Deren Eigenschaften definieren sich aus dem Lösungsverhalten bestimmter höherer Gleichungstypen *) und sind daher invariant gegenüber dem Zahlensystem, also von der gewählten Basiszahl völlig unabhängig: „π bleibt transzendent, egal wie man es schreibt."

Wie rechnet man Brüche in ein anderes Zahlensystem um? Der Algorithmus ist etwas befremdlich, aber natürlich begründbar: Man multipliziert den Bruch fortlaufend mit der Basis und trennt die jeweils entstehenden Ganzzahlenanteile als Ziffern für die neue Darstellung ab. Verwandeln wir den „dezimalen" Dezimalbruch 0.875 in einen dualen Bruch zur Basis 2 und zurück. Da 0.875 gekürzt als 7/8 darstellbar ist, muß der Algorithmus „aufgehen", weil 8 nur die Teiler 2 enthält:

0.875	0 weg	0.111	0 weg
.875 * 2		.111 * 1010	
1.750	1 weg	1000.11	1000 weg, d.h. 8
.75 * 2		.11 * 1010	
1.50	1 weg	111.1	111 weg. d.h. 7
.5 * 2		.1 * 1010	
1.0	1 weg	101.0	101 weg, d.h. 5

Schema links: Es folgt (von oben nach unten) $0.875_{10} = 0.111_2$, wobei das duale Ergebnis leicht zu verifizieren ist: es bedeutet dezimal ½ + ¼ + 1/8 = 0.875 . Auch ohne Rechnung ist z.B. klar, daß $0.5_{10} = 0.1_2$ gelten muß: 5 bzw. 1 ist jeweils die Hälfte der Basiszahl 10 bzw. 2. Entsprechend ist $0.125_{10} = 0.2_{16}$, wegen des achten Teils der Basiszahlen.

---

*) Brüche leiten sich als Lösungen aus Gleichungen des Typs n * x = z her, irrationale Zahlen aus Polynomen höheren Grades, z.B. $\sqrt{2}$ aus $x^2 = 2$. Da es keine Formel für Primzahlen gibt, ist der unendliche und nichtperiodische Dezimalbruch 0.2357111317 ... mit den fortlaufend aufgereihten Primzahlen ziemlich sicher transzendent; die NASA sendet z.B. dies als Bitfolge 1011101111 ... mit Radioteleskopen in die fernen Galaxien in der vagen Hoffnung, dies könne als spezielle Nachricht (und nicht als Rauschen) verstanden werden. Siehe dazu S. 104, ferner das *Magazin der Süddeutschen Zeitung* Nr. 41 / 1996.

Die umgekehrte Rechnung rechts ist ungewohnt: Die Basiszahl 10_{10} wird dual 1010 geschrieben, dann folgt die Multiplikation im Dualsystem *) und die Abtrennung der dualen Vorkommastellen 1000, die dezimal eben 8 bedeuten.

Der Dezimalbruch 0.7 = 7/10, nicht mehr kürzbar, führt im Dualsystem auf einen periodischen Bruch, weil 10 auch den Teiler 5 enthält, in dem 2 nicht aufgeht. Man findet leicht $0.7_{10} = 0.1\ 0110\ 0110\ ...\ _2$. Dezimal bedeutet das die konvergente Reihe

$$7/10 = 1 / 2 + 6 / 25 + 6 / 29 + ...\quad (0110_2 = 6_{10}).$$

Ein Konvertierungsprogramm muß also hauptsächlich die Multiplikation im Ausgangssystem beherrschen. Für Dezimalbrüche im Zehnersystem scheint das Programm nach [H] eine einfache Lösung, hat aber bei ersten Versuchen seine Tücken:

```
PROGRAM bruchverwandlung ;
USES crt ;
CONST eps = 1.0E-15;

VAR         basis, n, stelle : integer;
            r, zwischen, kopie : real;
                      ziel : string;
BEGIN
clrscr ;
write ('Zielbasis 2 ... eingeben '); readln (basis) ;
write ('Dezimalbruch 0 < r < 1 eingeben '); readln  ;
kopie := r ;  ziel := '0.' ;  write (ziel) ;  n := 3 ;
REPEAT
    zwischen := r * basis ;
    (* IF zwischen - trunc (zwischen + eps) < eps
            THEN zwischen := int (zwischen + eps) ;  *)
    stelle := trunc (zwischen); r := frac (zwischen) ;
    IF stelle IN [0 .. 9] THEN ziel := ziel + chr (stelle + 48)
                ELSE ziel := ziel + chr (stelle - 10 + 65) ;
    write (ziel [n]) ;
    n := n + 1
UNTIL zwischen = 0 ;    (* UNTIL (r < eps) OR keypressed ; *)
writeln ;
writeln (kopie : 12 : 8, ' ist zur Basis ', basis, ' ', ziel) ;  readln
END .
```

---

*) Die erste duale Multiplikation sei vorgerechnet:
Multiplikation mit der Basiszahl $2 = 10_2$ stets um
eine Stelle nach links, dann um 2 + 1 = 3 Stellen
nach links und mit Überlauf dual addieren.

$$\underline{0.111 * 1010}$$
$$1.11$$
$$\underline{111.0}$$
$$1000.11$$

Für das Zehnersystem haben wir dies eingelernt,
für das duale System ist nur etwas Übung nötig, dann klappt es genauso!
Vorteil: Man braucht nur ein ganz kleines „Einmaleins".

Es bricht auch für eindeutige Ergebnisse wie unser Beispiel 0.125_{10} ins 16-er System verwandeln nicht ab; lassen Sie es zunächst ohne die Zeilen in (* *) laufen:

Bei unserem Beispiel zur Verwandlung von 0.875 sind wir nach drei Schritten fertig, während der Rechner den Wert zwischen (Typ real) in einer Gleitkommadarstellung bearbeitet und folglich Nullen nach vorne schiebt, die den Algorithmus nicht abbrechen lassen. Wir fügen daher Zusatzzeilen ein, mit denen die Rechengenauigkeit der Gleitkommadarstellung über ein $\varepsilon < 10^{-10}$ eingebracht wird. - Außerdem werden Periodizitäten im Ergebnis nicht erkannt, eine entsprechende Eingabe für Dezimalbrüche fehlt ebenfalls.

Um dies zu verbessern, ist folgender Lösungsansatz geeignet, der mit Ganzzahlenrechnung arbeitet:

Wir geben einen Dezimalbruch nach Zähler und Nenner getrennt ein, den Nenner also als Vielfaches von 10 in der Form 10... und lassen den Algorithmus über den Zähler allein laufen, bis dieser Null wird oder die Anzahl der Schritte sehr groß wird:

```
PROGRAM dezimal_bruchverwandlung ;
USES crt ;
VAR         basis, stelle, n : integer ;
            oben, unten, merk : longint ;
                  ziel : string ;
BEGIN                       (* ----------------------------------------------- *)
clrscr ;
write ('Zielbasis 2 ...  eingeben ') ; readln (basis) ;
writeln ('Dezimalbruch 0 < r < 1 eingeben:') ;
write ('Zähler ........ ') ; readln (oben) ;
write ('Nenner 100.... ') ; readln (unten) ;
ziel := '0.' ; write (ziel) ; n := 3 ; merk := oben ;
REPEAT
     stelle := oben * basis DIV unten ;
     oben := oben * basis MOD unten ;
     IF stelle IN [0 .. 9]  THEN ziel := ziel + chr (stelle + 48)
                    ELSE ziel := ziel + chr (stelle - 10 + 65) ;
     n := n + 1
UNTIL (n = 70) OR (oben = 0) ;
writeln ;
writeln ('Der Bruch ', merk, '/', unten, ' hat zur Basis ', basis, ' die Form ', ziel) ;
readln
END .                        (* ----------------------------------------------- *)
```

Jetzt laufen die vorgenannten (nicht zu großen) Beispiele ohne Probleme; auch Perioden im Ergebnis sind leicht zu erkennen. In dieser Richtung ließe sich das Programm eingabeseitig noch verbessern ...

Das Zahlensystem der alten Griechen und Römer war dekadisch orientiert, wie schon sprachlich zu erkennen ist. Wie die organisationsbegabten Römer mit ihren Zahlen *) aber praktisch rechneten, weiß man nicht so ganz genau, denn unser (letztlich indisches) Stellensystem mit Übertrag war seinerzeit unbekannt. In dem schon mehrfach erwähnten Buch [H] gibt dessen Verfasser zwei Listings zum Konvertieren römischer Zahlen in dekadische und umgekehrt an.

Benötigt man in Programmen komplexe Zahlen $c := a + i * b$ mit $a, b \in R$, so bietet sich in Pascal die Konstruktion als Record aus zwei Komponenten an:

```
Type komplex = RECORD
               ree , ima : real
               END ;
```

Die Grundrechenarten müssen dann mit Prozeduren realisiert werden, da eine Funktion nur einen Wert, jedoch kein Wertepaar auswerfen kann. Das Hinzufügen eines neuen Operators ist sowieso unmöglich. Hier das Multiplizieren:

```
PROCEDURE cmulti (u , v : komplex ; VAR c : komplex) ;
BEGIN
c.ree := u.ree * v.ree - u.ima * v.ima ;
c.ima := u.ima * v.ree + u.ree * v.ima
END ;                                          (* nicht auf Disk *)
```

Bekanntlich findet man die beiden Lösungen der quadratischen Gleichung

$$a * x^2 + b * x + c = 0$$

für $a \neq 0$ aus der Formel

$$x_{1,2} = (- b \pm \sqrt{b^2 - 4 a * c}) / 2 / a ,$$

die im Falle eines negativen Radikanden ein Paar konjugiert-komplexer Lösungen liefert. a, b und c sind dabei reelle Koeffizienten, so daß die gesamte Rechnung bis zum Hinschreiben des Ergebnisses mit reellen Zahlen abgewickelt werden kann, das Komplexe nicht braucht. Unsicherheit macht sich allerdings bei vielen Anwendern breit, wenn man die Frage stellt, ob diese Formel auch noch für komplexe Koeffizienten gilt. Sie gilt (nach dem sog. Fundamentalsatz der Algebra von Gauß), macht aber jetzt allerhand Schwierigkeiten:

---

*) Für die Zahlzeichen I = 1, V = 5, X = 10, L = 50, C = 100 , D = 500, M = 1000 gilt die Regel, daß Vielfache durch Wiederholung dargestellt werden, aber kein Zahlzeichen viermal erscheinen darf. 4, 40 und 400 werden als Subtraktion geschrieben, indem man die Differenz auf 5, 50 und 500 als Ziffer voranstellt.

Offenbar tritt neben dem Dividieren durch a (komplex) vor allem das Wurzelziehen aus einer u.U. komplexen Zahl auf. Mit den einfachen Prozeduren zum Addieren und Subtrahieren komplexer Zahlen und den beiden folgenden Hinweisen können Sie sich schrittweise ein universelles Programm zum Lösen der Gleichung mit beliebigen komplexen Koeffizienten aus etlichen Einzelbausteinen zusammen-basteln:

```
PROCEDURE CDIV (u, v : komplex ; VAR c : komplex) ;
VAR zwi, nenn : real ;
BEGIN
IF abs (v.rea) >= abs (v.ima)
    THEN BEGIN
    zwi := v.ima / v.rea ; nenn := v.rea + zwi * v.ima ;
    c.rea := (u.rea + zwi * u.ima ) / nenn ;
    c.ima := (u.ima - zwi * u.rea ) / nenn
        END
    ELSE BEGIN
    zwi := v.rea / v. ima ; nenn := zwi * v.rea + v.ima ;
    c.rea := (zwi * u.rea + u. ima) / nenn ;
    v.ima := (zwi * u.ima - u.rea ) / nenn
        END
END ;                                        (* nicht auf Disk *)
```

Beachten Sie, daß eine Division nur möglich ist für $v \neq 0$, d.h. $v.rea^2 + v.ima^2 > 0$. Dann gibt es noch die Formel

$$\sqrt{a + i * b} = (\sqrt{\sqrt{a^2 + b^2} + a} + i * \text{sgn} (b) * \sqrt{\sqrt{a^2 + b^2} - a}) / \sqrt{2} .$$

Letztere Wurzel aus der komplexen Zahl $a + i * b$ (a, b reell) ist ebenfalls zweideutig, was aber beim Eintragen in die Lösungsformel vorne (wo schon ± steht) automatisch berücksichtigt wird. sgn (b) ist das Vorzeichen von b, also sgn (b) = 1 für $b > 0$, - 1 für $b < 0$ und 0 im Falle $b = 0$. Da für $b = 0$ die seltsame Doppel-wurzel rechts zu Null wird, reicht die Implementation

IF b > 0 THEN s := 1 ELSE s := - 1 oder auch **IF b <> 0 THEN s := b / abs (b)** .

Jetzt können Sie sich an das Jahrhundertwerk machen und z.B. die beiden Wurzeln aus i über die Gleichung $x^2 - i = 0$ mit einem umfänglichen Programm ausrechnen lassen. Die Lösungen finden Sie aber auch von Hand aus der Raritätenformel von eben (mit $a = 0$ und $b = 1$):

$$\sqrt{i} = \pm (1 + i) / \sqrt{2} .$$

Na ja.

Einfache Arithmetik (feste Längen, relative Winkel) spielt auch eine Rolle beim folgenden Lösungsansatz eines CAD-Programms: Computer Aided Design.

CAD-Umgebungen für konstruktive Zwecke generieren i.a. ingenieurmäßige Zeichnungen mit vektor-orientierter Grafik, d.h. die innere Geometrie ist durch Punkte und Beziehungen zwischen diesen Punkten festgelegt und damit leicht veränderbar (Vergrößern, Strecken, Drehen usw.). Nach jeder Veränderung wird über einen Algorithmus neu skizziert.

Die Grundidee realisieren wir mit der vereinfachten Konstruktion eines Baggers:

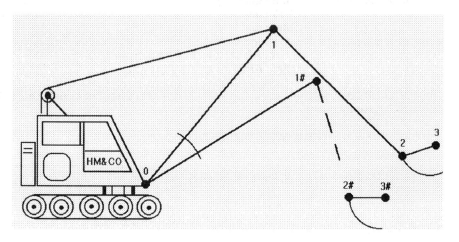

Abb.: Bewegungsgeometrie eines Baugeräts

Die Abb. zeigt ein Gestänge mit mehreren Gelenken 0 ... 3 mit der Eigenschaft, daß der Punkt 0 ein Fixpunkt ist, während die übrigen Punkte mit gewissen Freiheitsgraden (Beachtung der Armlängen) bewegt werden können.

Das Gestänge ist im Listing bereits vorgegeben, wird also nicht konstruiert, man kann lediglich die Bewegungsgeometrie ausprobieren:

Durch Anklicken (Maus links) und „Ziehen" eines Knotens K kann das Gestänge verändert werden; der Knoten Null steuert die Bewegung des Baggers insg. auf der Zeichenfläche. Mit Knoten Eins kann der Träger 0-1 in die neue Lage 0-1# gesenkt bzw. angehoben werden usw. Analoges gilt für Knoten 2; Knoten 3 ist die Drehbewegung der Schaufel (um den Vorgängerknoten 2). Damit kann der Aktionsradius des Baugeräts im Entwurf getestet werden. Die Bewegungsgeometrie wird durch die relative Lage der Knoten 0 ... 3 gegeneinander bestimmt; entsprechend wird nach jeder Bewegung neu gezeichnet.

Im folgenden Programmentwurf hat der Knoten 1 mit Mausklick rechts bereits eine Zusatzfunktion: Material kann durch Absenken des Gestänges unter Beibehaltung des Schaufelwinkels nach vorne geschoben werden ...

```
PROGRAM bagger_cad ;
USES graph, crt, dos ;

TYPE point = RECORD
                x, y : integer
                END ;
VAR                     reg : registers ;
                driver, mode : integer ;
    taste, cursorx, cursory, n : integer ;
                r1, r2, r3 : integer ;
  phi, dphi, psi, dpsi, tet, dtet : real ;
        i, k, j, l, u, v, r, s, x, y : integer ;
                t : ARRAY [0 .. 3] OF boolean ;
                gitter : ARRAY [0 .. 3] OF point ;


PROCEDURE mausinstall ;          (* ------------------ Mausroutinen, sieh Kap. 5 *)
PROCEDURE mausein ;
PROCEDURE mausaus ;
PROCEDURE mausposition ;


                                 (* ------------------------- *)
PROCEDURE sensitiv  (i, k, knoten : integer) ;
BEGIN
IF (i - 10 < cursorx) AND (cursorx < i + 10)
                AND (k - 10 < cursory) AND (cursory < k + 10 )
THEN BEGIN
    case knoten OF
    0 : BEGIN j := cursorx; l := cursory END ;
    1 : IF cursory > k THEN dphi := - 0.005 ELSE dphi := 0.005 ;
    2 : IF cursory > k THEN dpsi := - 0.005 ELSE dpsi := 0.005 ;
    3 : IF cursory > k THEN dtet := - 0.005 ELSE dtet := 0.005
    END ;
    t [knoten] := true
    END
END ;

PROCEDURE plotgitter (color : byte) ;
VAR j, omeg : integer ;
BEGIN
setcolor (color) ;
gitter [0].x := i ;  gitter [0].y := k ;
u := round (r1 * cos (phi)) ;  v := - round (r1 * sin (phi)) ;
r := round (r2 * cos (phi - psi)) ;  s := - round (r2 * sin (phi - psi)) ;
x := round (r3 * cos (phi - psi - tet)) ; y := - round (r3 * sin (phi - psi - tet)) ;
gitter [1].x := i + u ;          gitter [1].y := k + v ;
gitter [2].x := i + u + r ;      gitter [2].y := k + v + s ;
gitter [3].x := i + u + r + x ; gitter [3].y := k + v + s + y ;
FOR j := 0 TO 2 DO
    line (gitter [j].x, gitter [j].y, gitter [j+1].x, gitter [j+1].y) ;
omeg := round ((phi - psi - tet) * 180 / pi) ;
ellipse (i + u + r + x, k + v + s + y, omeg-180, omeg-90, round (r3) , round (r3)) ;
line (i - 110, k - 80, i + u, k + v)
END ;
```

```
PROCEDURE bagger (i, k : integer; color : byte) ;          (* zeichnet das Gerät *)
BEGIN
setcolor (color) ;
line (i, k, i - 40, k - 80) ;          line (i - 40, k - 80, i - 110, k - 80) ;
line (i - 110, k - 80, i - 110, k) ;   line (i - 110, k, i, k) ;
circle (i - 120, k + 20, 10) ;         circle (i + 20, k + 20, 10) ;
line (i - 120, k + 10, i + 20, k + 10) ; line (i - 120, k + 30, i + 20, k + 30) ;
plotgitter (color)
END ;

PROCEDURE movebagger ;
BEGIN
mausaus ;
bagger (i, k, black) ;
i := j ;  k := l ;  bagger (i, k, white) ;  t [0] := false
END ;

PROCEDURE movegitter (f : integer) ;
BEGIN
mausaus ;
plotgitter (black) ;
CASE f OF  1 : phi := phi + dphi ;  2 : psi := psi + dpsi ;  3 : tet := tet + dtet
END ;
plotgitter (white) ; t [f] := false
END ;

BEGIN                    (* -------------------------------------------------- main *)
driver := detect ;  initgraph (driver, mode, ' ') ;
mausinstall ;  mausein ;
FOR i := 0 TO 3 DO t [i] := false ;
i := 180; k := 380;  (* Anfangskoordinaten *)
r1 := 350 ;  phi := pi/3 ;  r2 := 320 ;  psi := 3 * pi / 4 ;  r3 :=  50 ;  tet := - pi / 4 ;
bagger (i, k, white) ;

REPEAT
    mausein ; mausposition ;
    IF taste = 1 THEN
    BEGIN
    FOR n := 0 TO 3 DO BEGIN
    mausposition;
    CASE n OF
    0 : sensitiv (i, k, 0) ;
    1 : sensitiv (i + u, k + v, 1) ;
    2 : sensitiv (i + u + r, k + v + s, 2) ;
    3 : sensitiv (i + u + r + x, k + v + s + y, 3)
    END ;
    mausposition ;
    IF (taste = 1) AND t [n] THEN
       CASE n OF
       0 : movebagger ;  1 .. 3 : movegitter (n)
       END
                        END
    END ;
```

```
IF taste = 2 THEN
BEGIN
mausposition ;
IF (i + u - 10 < cursorx) AND (cursorx < i + u + 10)
            AND (k + v - 10 < cursory) AND (cursory < k + v + 10 )
THEN BEGIN
        mausaus ;
        plotgitter (black) ;
        phi := phi - 0.00025 ; psi := psi - 0.0005 ;  tet := tet + 0.00025 ;
        plotgitter (white) ;
        mausein
        END
    END
UNTIL keypressed ;
readln ; closegraph
END .                    (* -------------------------------------------------------- *)
```

Das vorstehende Listing geht von einem fertig gezeichneten Bagger aus; angesichts vieler leistungsfähiger CAD-Programme stellt sich die Frage, wie am Desktop tatsächlich vektororientiert konstruiert wird:

Per Maus können beliebige Punkte aktiviert, d.h. deren Koordinaten festgelegt werden. Vorgefertigte Konstruktionsroutinen (z.B. für Linien, geometrische Grundmuster wie Rechtecke, Kreisbögen usw.) binden diese Punkte dann in Algorithmen ein, die ebenfalls aus Menüs aufgerufen werden können. Die fertige Konstruktion wird durch diese Punkte mit den zugehörigen Verbindungsanweisungen abgelegt und ist damit beliebig reproduzierbar, insbesondere aber nachträglich jederzeit noch zu ergänzen: Man kann Details herausholen, den Bagger drehen und vieles mehr.

Das folgende Listing zeigt die grundsätzliche Arbeitsweise solcher **CAD**-Software. Sie könnten es dem Bagger-Programm vorschalten und damit ein weit aufwendigeres Baugerät (oder was immer) in das Folgeprogramm einbinden:

Die Punkte werden nach und nach in einem ARRAY knoten abgelegt, deren Verbindungen in einem ARRAY gitter, und zwar über die Indizes der Punkte aus dem ersten Feld. In diese Felder könnte man zu Beginn des Programms eine bereits bestehende Konstruktion einladen und zu Ende entsprechend abspeichern. Die zugehörigen Algorithmen, hier nur das Verbinden durch Linien, sind im Programm festgelegt und können über ein kleines Menü per Maus aufgerufen werden.

Mit Mausklick rechts wählen Sie eine Option im Menü aus; im Zeichenfeld werden Sie mit Mausklick links aktiv: Sie können neue Punkte setzen oder existierende miteinander verbinden. Ersten und zweiten Punkt der gewünschten Verbindung anklicken. Sobald Sie dann Maus rechts anklicken, geht es wieder in die Menüwahl. Es ist einfach, das Menü zu erweitern, z.B. Kreise um Punkte zu zeichnen u. dgl. mehr. Die Diskettenversion deutet dies an. Grundmuster:

```
PROGRAM gelenk_cad ;
USES graph , crt , dos ;

TYPE point = RECORD
              x, y : integer
              END ;
VAR                 reg : registers ;
              driver, mode : integer ;
taste, cursorx, cursory, n, g : integer ;
              knoten : ARRAY [1 .. 10] OF point ;
              gitter : ARRAY [1 .. 20] OF point ;
              ende : boolean ;

                         (* -------------- bekannte Mausroutinen *)
PROCEDURE mausinstall ;
BEGIN
reg.ax := 0 ;  intr ($33, reg) ;
reg.ax := 7 ; reg.cx := 0 ; reg.dx := getmaxx ;  intr ($33, reg) ;
reg.ax := 8 ;  reg.cx := 0 ; reg.dx := getmaxy ;  intr ($33, reg)
END ;
PROCEDURE mausein ;
BEGIN   reg.ax := 1 ; intr ($33, reg)  END ;
PROCEDURE mausaus ;
BEGIN   reg.ax := 2 ; intr ($33, reg)  END ;
PROCEDURE mausposition ;
BEGIN
reg.ax := 3 ; intr ($33, reg) ;
WITH reg DO BEGIN
        move (bx, taste, 2) ; move (cx, cursorx, 2) ; move (dx, cursory, 2)
              END
END ;
                   (* ------------------------------------------- *)


PROCEDURE steuern (i : integer) ;
VAR k : integer ;  a : ARRAY [1 .. 4] OF string ;
BEGIN
a [1] := 'Punkt' ;  a[2] := 'Linie' ;  a [3] := 'Trace' ;  a [4] := 'pende' ;
setviewport (0, 0, 45, 479, true) ;
mausaus;
FOR k := 1 TO 4 DO BEGIN
 IF k = i THEN setcolor (lightblue) ELSE setcolor (white) ;
moveto (0, 40 * k) ;  outtext (a [k])
        END ;
line (44, 0, 44, 479) ;
setviewport (0, 0, 639, 479, true) ; mausein
END ;

FUNCTION sensitiv  (i : integer) : boolean ;          (* Punkt links anklicken *)
BEGIN
IF ( (knoten [i].x - cursorx + 5) IN [0 .. 10] ) AND
   ( (knoten [i].y - cursory + 5) IN [0 .. 10] )
   THEN sensitiv := true ELSE sensitiv := false
END ;
```

```
PROCEDURE kreuz (i : integer) ;  forward ;

PROCEDURE linien ;                              (* Verbindungen zeichnen *)
VAR s : integer ;
BEGIN
FOR s := 1 TO g - 1 DO IF gitter [s].y <> 0 THEN
       line ( knoten [gitter [s].x].x, knoten [gitter [s].x].y,
              knoten [gitter [s].y].x, knoten [gitter [s].y].y )
END ;

PROCEDURE trace ;                               (* Fertige Figur an Punkten „ziehen" *)
VAR i : integer ;
BEGIN
delay (1000) ;  steuern (3) ;
REPEAT
   mausein ;
   FOR i := 1 TO n DO BEGIN
       mausposition ;
       IF sensitiv (i) THEN IF taste = 1 THEN BEGIN
           mausaus ; cleardevice ;
           knoten [i].x := cursorx ;  knoten [i].y := cursory ;
           linien
                                            END
                    END ;
   mausposition
UNTIL taste = 2 ;
steuern (0)
END ;

PROCEDURE kreuz (i : integer) ;
BEGIN
line ( knoten [i].x - 5, knoten [i].y, knoten [i].x + 5, knoten [i].y) ;
line ( knoten [i].x, knoten [i].y - 5, knoten [i].x, knoten [i].y + 5) ;
circle (knoten [i].x, knoten [i].y, 5)
END ;

PROCEDURE newpoints ;                           (* neue Punkte einbringen *)
VAR i : integer ;
BEGIN
delay (1000) ;  steuern (1) ;  FOR i := 1 TO n DO kreuz (i) ;
REPEAT
   mausposition ;
   IF taste = 1 THEN BEGIN
       n := n + 1 ;                            (* weiterzählen ... und Punkt einbinden *)
       knoten [n].x := cursorx ;  knoten [n].y := cursory ;
       mausaus ;  delay (1000) ;
       FOR i := 1 TO n DO kreuz (i) ;
       delay (1000)
                    END ;
   mausein ;  mausposition
UNTIL taste = 2 ;
steuern (0)
END ;
```

```
PROCEDURE verbinden ;           (* verbindet existierende, angeklickte Punkte *)
VAR  i, k : integer ;
BEGIN
delay (1000) ;  steuern (2) ;
FOR i := 1 TO n DO kreuz (i) ;
REPEAT
     FOR i := 1 TO n DO
          BEGIN
          mausposition ; mausein ;
          IF taste = 1 THEN
              IF sensitiv (i) THEN
                 BEGIN
                 mausaus ;
                 write (chr (7)) ;
                 IF gitter [g].x = 0            (* noch keine Verbindung *)
                     THEN gitter [g].x := i     (* ersten Punkt setzen *)
                     ELSE BEGIN                 (* erster Punkt besetzt ... *)
                            gitter [g].y := i ;  (* jetzt ist die Verbindung komplett *)
                            g := g + 1           (* weiterzählen *)
                            END ;
          delay (1000); FOR k := 1 TO n DO kreuz (k) ;
          linien; mausein
          END
  END
UNTIL taste = 2 ;
steuern (0)
END ;

BEGIN                                    (* ---------------------------------- main *)
driver := detect ;  initgraph (driver, mode, ' ') ;
mausinstall; mausein; steuern (0);
ende := false ;
n := 0 ;                                         (* Anzahl der aktiven Punkte *)
FOR g := 1 TO 10 DO                      (* keine Linienverbindungen gesetzt *)
     BEGIN  gitter [g].x := 0 ;  gitter [g].y := 0  END ;
g := 1 ;                                 (* Erste mögliche Verbindung aktivierbar *)

REPEAT                                    (* Hauptmenü, Auswahl der Optionen *)
     mausposition ;  mausein ;
     IF (taste = 2) AND (cursorx < 40)
        THEN BEGIN
                 IF cursory -  40 IN [0..10] THEN newpoints ;
                 IF cursory -  80 IN [0..10] THEN verbinden ;
                 IF cursory - 120 IN [0..10] THEN trace ;
                 IF cursory - 160 IN [0..10] THEN ende := true ;
                 mausaus
                 END
UNTIL ende ;  closegraph
END .                                    (* --------------------------------------- *)
```

14 Rekursion

Informationen soll es umsonst geben.
So lautet das Credo derer, die sich Software kopieren
oder in Computer einbrechen.
Das ist Techno-Marxismus ... ([S], S. 303)

Zuletzt wollen wir rekursive Strukturen diskutieren, wobei es ganz unterschiedliche Methoden der Bearbeitung gibt.

Rekursive Strukturen sind in allen Höheren Programmiersprachen vorgesehen und kommen nahezu selbstverständlich vor. Von Rekursion im programmtechnischen Sinne spricht man dann, wenn sich ein Unterprogramm (d.h. eine Funktion oder Prozedur) selber aufruft. Sie heißt *direkt*, wenn der Selbstaufruf aus sich heraus erfolgt, ansonsten *indirekt*. Im Algorithmus muß man sicherstellen, daß jede Rekursion terminiert, d.h. den Abbruch der „Ausführungsschachtelung" irgendwann erreicht. Unbeachtet soll dabei bleiben, daß mangels ausreichendem Speicher schon vorher ein Abbruch wegen Stack-Überlaufs stattfinden kann.

Das Prinzip ist aus der Mathematik entlehnt *) und wird daher besonders gerne an Beispielen mit Folgen u. dgl. erläutert:

---

*) Beispiele gab es in diesem Buch schon: z.B. beim Sortieren auf S. 114 oder ganz raffiniert auf S. 229. Rekursion hängt eng mit dem Beweisprinzip der Induktion zusammen und spielt auch unausgesprochen im täglichen Leben eine Rolle:
Pit möchte sich mit der schönen X außer Haus verabreden. Sie sagt, dies wäre nur möglich, wenn sie während dieser Zeit einen Babysitter für ihren Nachwuchs findet, wofür ihr Neffe Y in Frage komme. Der kann aber nur, wenn er sich nicht gerade mit seiner Freundin Z trifft. - Eine echte Rekursion, denn durch Nachfragen bei der ihm unbekannten Z kann Pit nicht zum Erfolg kommen. Die Auflösung muß „von oben her" erfolgen, also bei der schönen X beginnen.

```
PROGRAM rekursion ;
USES crt, graph ;

VAR i, driver, mode : integer ;

FUNCTION prim (zahl : integer) : boolean ;
VAR  d : integer; w : real ;  b : boolean ;
BEGIN
w := sqrt (zahl) ;
IF zahl IN [2, 3, 5] THEN b := true
                ELSE IF zahl MOD 2 = 0
                    THEN b := false
                    ELSE BEGIN
                        b := true ; d := 1 ;
                        REPEAT
                          d := d + 2 ;
                            IF zahl MOD d = 0 THEN b := false
                        UNTIL (d > w) OR (NOT b)
                        END ;
prim := b
END ;

FUNCTION folge (n : integer) : integer ;
BEGIN
IF n < 5 THEN folge := 1 ELSE IF prim (n) AND prim (n - 2)
                    THEN folge := n DIV 2 - folge (n - 4)         ( * )
                    ELSE folge := folge (n - 1)
END ;

BEGIN
clrscr ;
FOR i := 1 TO 2000 DO write (i : 4, ':', folge (i) : 3, ' ') ;
(* driver := detect ; initgraph (driver, mode, 'c:\turbo7\bgi') ;
   FOR i := 1 TO 1200 DO
   IF i < 600 THEN putpixel (i, 460 - folge (i), white)
                ELSE IF i < 1200 THEN putpixel (i - 599, 460 - folge (i), white)  *)
readln
END  .
```

Ein Test des Programms zeigt, daß die a_n langsam pendelnd ansteigen; das kann man gut per Grafik beobachten. Vor Erreichen der Obergrenze in der ersten Schleife endet das Programm unfreiwillig wegen Stack-Überlaufs ...

In etlichen Fällen kann man aus einer Rekursionsformel eine direkte Formel zum Berechnen von $a_n := f(n)$ ableiten, wenn auch manchmal mit Mühe. Umgekehrt gibt es bei gegebener Formel für a_n stets mindestens eine Möglichkeit, eine sinnvolle Rekursionsformel hinzuschreiben ... Da eine Primzahlformel nicht existiert, ist im obigen Beispiel eine explizite Formel $a_n := f(n)$ für die rekursiv definierte Folge absolut ausgeschlossen.

Geht man iterativ vor, so ist die Sache nicht verloren. Am Rechner heißt das, ein Feld zum Zwischenspeichern von unten her einrichten:

```
PROGRAM iteration ;
Uses crt ;
VAR i : integer;
feld : ARRAY [1 .. 10000] OF integer ;

FUNCTION prim (zahl : integer) : boolean ;
(* Wie im Listing eben *)

BEGIN
clrscr ;
FOR i := 1 TO 4 DO feld [i] := 1;
FOR i := 5 TO 10000 DO
        IF prim (i) AND prim (i - 2) THEN feld [i] := i DIV 2 - feld [i - 4]
                        (* THEN feld [i] := feld [i - 1] + 1  *)
                        ELSE feld [i] := feld [i - 1] ;
FOR i := 9900 TO 10000 DO write (feld [i] : 5) ;          (* Testhalber ansehen *)
readln
END .
```

Kaum gestartet, schon fertig, trotz aufwendigen Feststellens der Primeigenschaft. Die Folge hat etwas mit Primzahlzwillingen zu tun: Sie erkennen das, wenn Sie auf der vorigen Seite anstelle der Zeile mit dem Stern den Ausdruck

   ... THEN folge := folge (n - 1) + 1

einsetzen. Dann liefert f (n) die Anzahl der Primzahlzwillinge bis einschließlich n und damit eine schöne Treppenfunktion. Wegen der Beschränkung der Feldgröße ist mit dem obigen Verfahren bei etwa 10 000 Schluß. Aber das muß nicht das Ende der Untersuchungen bedeuten:

Der Rückgriff in der Iteration erfolgt stets um vier *) Feldplätze (während dies in der Rekursion auf der vorigen Seite weitgehend im Dunkel der Konstruktion bleibt!). Damit können wir die Folgenwerte mit einer kleinen Korrektur im Kopf der Funktion zur Primeigenschaft durchaus sehr viel weiter berechnen:

---

*) Das ist also ein besonders einfacher Fall. Ist die Rekursion komplexer, so muß man ein möglichst großes Feld dynamisch mitführen (verschieben, d.h. Indizes weitersetzen), in dem auch sehr viel weiter zurückgegriffen werden kann. Bei jeder neuen Berechnung ist dann zu prüfen, ob man u.U. vor das Feld (d.h. besonders niedriger Index) gerät und somit endgültig abbrechen muß. In [M] wird ein solcher Fall auf S. 184 ff an der reichlich undurchsichtigen Hofstätter-Folge im Detail vorgeführt.

```
PROGRAM schieben_und_rechnen ;
Uses crt ;
VAR    i : longint ; k : integer ;
     feld : ARRAY [1 .. 5] OF integer ;

FUNCTION prim (zahl : longint) : boolean ;

BEGIN
clrscr ;
FOR i := 1 TO 4 DO feld [i] := 1 ;
i := 5 ;
REPEAT
   IF prim (i) AND prim (i - 2)
       THEN feld [5] := i DIV 2 - feld [1]    (* bzw. THEN feld [5] := feld [4] + 1 *)
       ELSE feld [5] := feld [4] ;
     write (i : 8 , ' = ' , feld [5] : 5) ;
     FOR k := 1 TO 4 DO feld [k] := feld [k + 1];
     i := i + 1
UNTIL keypressed OR (i > 10000) ; (* readln *)
END .
```

Schließlich: Terminiert unsere Rekursion wirklich immer? Sie tut es per Definition, denn wir haben für n = 1, ..., 4 feste Werte eingetragen, ein weiteres Zurückgehen wird also sicher abgeblockt.

Fassen wir einmal ganz allgemein zusammen: Eine rekursive Definition

$$f(n) = g(f(n_1), ..., f(n_k)) \text{ mit } ...$$

liegt vor, wenn ein Verhalten g beim n.ten Schritt unter Bezug auf das Verhalten bei k früheren Schritten allgemein beschrieben wird. Die Definition ist vollständig, wenn dazu ausreichend viele frühere Verhaltensweisen konkret angegeben werden. Im einfachsten Falle ist k = 1 und die Rekursion greift mit Beschreibung eines allerersten Schrittes nur um jeweils eine Stufe zurück, also

$$f(n) = g(f(n-1)) \text{ für } n > 1 \text{ mit z.B. } f(1) = ... ;$$

Das Ergebnis f nach dem Schritt n kann stets durch rekursive Codierung ermittelt werden, sofern n für die praktische Bearbeitung nicht zu groß ist.

Kann das Verhalten im Sinne der Programmiersprache funktional (d.h. mit FUNCTION, mathem. also eine Formel) beschrieben werden, ist die Rekursion offensichtlich stets durch eine Iteration von unten nach oben ersetzbar. Die Anzahl der ausführbaren Schritte ist dann nur durch die implementierten Datentypen (Integer oder Real-Bereich usw.) begrenzt. In der Regel wird man vorher aber prüfen, ob das Verhalten durch eine explizite Formel mit der Anzahl der Schritte beschrieben werden kann, was allemal die beste Lösung ist. *) Überdenken Sie in diesem Sinne die Problemstellung von S. 215 vom Volksfest.

Ist das Verhalten hingegen prozedural (PROCEDURE) formuliert, so scheint ein iteratives Vorgehen auf den ersten Blick ausgeschlossen. Als erstes wird man daher untersuchen, ob die Beschreibung der Vorgehensweise auf prozeduralem Wege die einzige ist.

Übliche (mathematische) Formeln oder analoge Beschreibungen sind immer als funktional aufzufassen, lassen also mindestens zwei Lösungsansätze (rekursiv, iterativ) zu, wie eben dargestellt. Wir untersuchen daher Fälle, die ausdrücklich prozedural beschrieben sind, wozu sich Beispiele aus der Grafik besonders eignen.

Es soll ein Baum nach folgender (umgangssprachlich!) rekursiver Vorschrift gezeichnet werden (siehe Abb.):

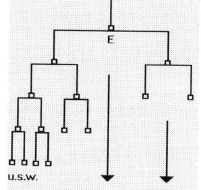

Beginne mit einer kleinen vertikalen Linie zum Endpunkt E unten ...

(1) Füge bei E ein nach unten offenes „U" an, dessen Größe durch einen Parameter p festliegt. Du erhälst zwei neue Endpunkte ...

(2) Halbiere den Wert von p und wiederhole (1) und (2) solange, bis p sehr klein geworden ist.

Diese Prozeßbeschreibung kann man unmittelbar rekursiv in ein Programm umsetzen, das eine Art Baum bis zu einer bestimmten Tiefe zeichnet.

Lassen Sie das folgende Programm zeitlich verzögert oder mit Pieptönen an passender Stelle laufen, um genau zu sehen, wie die Teile des Baums angelegt werden, zuerst die Wurzel oben, dann nach und nach die Äste und Blätter unten. Der Vorgang wird in mehreren Farben wiederholt. - Sie könnten die jeweils nächste Farbe auch als Löschen verstehen, d.h. als Abbau des Baums im Sinne eines Backtracking.

---

*) Ein ganz typisches Beispiel für „Funktionalität" im Sinne der Ausführungen sind die aus der Mathematik gut bekannten, rekursiv definierten Fibonacci-Zahlen (siehe [M], S. 181 ff) $a_n := a_{n-1} + a_{n-2}$ mit $a_1 = a_2 = 1$. Die Formel läßt sich unmittelbar in rekursiven Code bis etwa n = 20 umsetzen. Für weit größere n rechnet sich das leicht über alle Zwischenwerte von unten nach oben iterativ. Aber es gibt sogar drittens eine direkte Formel $a_n := f(n)$ von Moivre-Binet!

```
PROGRAM tree ;                          (* Rekursiv angelegte Baumgrafik *)
USES crt, graph ;
VAR graphmode, graphdriver : integer ;
        color : integer ;

PROCEDURE zweig (lage, breite, tiefe : integer) ;
VAR links, rechts, neubreite : integer ;
BEGIN
links  := lage - breite DIV 2 ;              (* Hier steckt die Veränderung von p *)
rechts := lage + breite DIV 2 ;
neubreite := breite DIV 2 ;
line (links,  tiefe, rechts, tiefe     ) ;        (* Das ist das „U" *)
line (links,  tiefe, links,  tiefe + 20) ;
line (rechts, tiefe, rechts, tiefe + 20) ;
tiefe := tiefe + 20 ;                                 (* neue Ebene *)
IF tiefe < 150 THEN BEGIN                     (* Abbruchbedingung *)
                zweig (links,  neubreite, tiefe) ;
                delay (100) ;                      (* oder auch Ton *)
                zweig (rechts, neubreite, tiefe)
                END
END;                      (* OF rekursive Prozedur *)

BEGIN                              (* ------- aufrufendes Programm ------- *)
graphdriver := detect ; initgraph (graphdriver, graphmode, ' ') ;
color := 15 ; setcolor (color) ;
REPEAT        (* nur wegen der Farben, sonst nur Schleifeninhalt als Aufruf *)
    line (256, 0, 256, 20) ;                       (* Wurzel vortragen ! *)
    zweig (256, 256, 20) ;
    color := color - 3 ; setcolor (color)
UNTIL color < 0 ;
closegraph
END .                              (* --------------------------------------------- *)
```

Bereits aus dem Bild des fertigen Baums kann man ableiten, daß er auch direkt ohne rekursiven Code gezeichnet werden kann. Beim folgenden Listing haben wir dabei ausdrücklich aufgepaßt, daß der Baum jetzt umgekehrt von unten nach oben angelegt wird, um anzudeuten, daß die nicht-rekursive Lösung in umgekehrter Richtung erzeugt wird, so wie vorhin beim Iterieren.

Man kann sich streiten, ob diese zweite Lösung als iterative oder sogar als formelmäßige im Sinne der Fußnote der vorigen Seite zu sehen ist. Jedenfalls haben wir mit denselben Variablen gearbeitet, damit die Umsetzung deutlich wird.

Dabei fällt auf, daß genau eine Variable mehr benötigt wird (nämlich *oft*, mit der Untergrenze i), als Ausgleich für die fehlende Rekursion. Im übrigen kann man die beiden Repeat-Schleifen jederzeit durch For-Do-Schleifen ersetzen (gute Übung), was den funktionalen Ansatz der Lösung noch deutlicher macht. Würde man nur das folgende Listing kennen, käme man wahrscheinlich kaum auf eine rekursive Beschreibung der Vorgehensweise ...

```
PROGRAM baum_iterativ ;                          (* Iterativ angelegte Baumgrafik *)
USES crt, graph ;
VAR          graphmode, graphdriver : integer ;
             links, rechts, lage, breite, tiefe : integer ;
                              i, oft : integer ;

BEGIN                                            (* ----------------------------------- *)
graphdriver := detect ; initgraph (graphdriver, graphmode, ' ') ;
setcolor (15) ;
oft := 64 ;  tiefe := 160 ;  lage := 0 ; breite := 4 ;
REPEAT
   i := 0 ;  links := lage ;
      REPEAT
         rechts := links + breite ;
         line (links, tiefe, rechts, tiefe    ) ;
         line (links, tiefe, links,  tiefe + 20) ;
         line (rechts, tiefe, rechts, tiefe + 20) ;
         links := links + 2 * breite ;
         i := i + 1
      UNTIL i = oft ;
   tiefe := tiefe - 20 ;
   lage := lage + breite DIV 2 ;
   breite := 2 * breite ;
   oft := oft DIV 2
UNTIL oft = 0 ;
links := lage ;
line (links, tiefe, links, tiefe + 20) ;              (* Wurzel nachtragen ! *)
readln;
closegraph
END.                                             (* ----------------------------------- *)
```

Im Beispiel ist also die prozedurale durch eine funktionale Vorwärts-Beschreibung ersetzbar, und damit die Rekursion nicht zwingend. Sie können selber überlegen, wie die Grafik (von unten nach oben also!) beschrieben werden müßte ...

Eine recht bekannte Aufgabe ist jene der sog. **Türme von Hanoi**:

Es gibt drei Säulen A, B und C: Auf A ist ein aus n Scheiben bestehender Turm so aufgebaut, daß die Scheiben von unten nach oben immer kleiner werden, die größte unten. Dieser Turm soll auf die Säule B unter Verwendung der Säule C derart umgeschichtet werden, daß stets nur eine Scheibe bewegt wird und niemals eine größere Scheibe auf eine kleinere zu liegen kommt.

Im Falle nur einer einzigen Scheibe S ist die Strategie natürlich klar: Schaffe S von A direkt nach B. (Die Säule C ist dann nicht vonnöten.) Für n > 1 kann man sich vorstellen, man habe die Aufgabe bis zur Scheibe Nr. n wie in der folgenden Abb. ganz oben dargestellt, bereits gelöst: n = 3 Scheiben befinden sich noch auf A, alle restlichen sind in richtiger Reihenfolge bereits auf B.

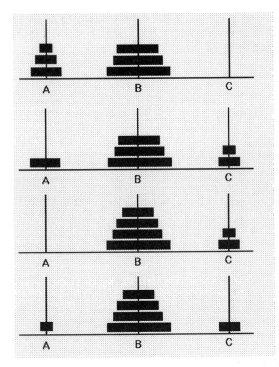

Wäre jetzt n = 1, so wäre man fertig: Die letzte Scheibe käme einfach von A direkt nach B.

Offenbar sind aber noch n - 1 Scheiben, in der Abb. also zwei, mit Benutzung von B als Hilfssäule nach C zu transportieren, wie auch immer das geht: erster Schritt.

Jetzt kann die unterste, auf A verbliebene Scheibe Nr. n direkt nach B transferiert werden.

Nunmehr müssen die n - 1 auf C verbliebenen Scheiben nach B verbracht werden: Ist dies nur noch eine, geht das direkt. Sind es noch zwei, wird A wie ganz unten angedeutet zur Zwischenlagerung der Spitze eingesetzt.

Andernfalls wird C insgesamt nach A verlagert, unter Benutzung von B als Hilfsscheibe: Dies ist der zweite Schritt.

Dann entsteht wieder die ganz oben skizzierte Situation, aber links mit einer Scheibe weniger, denn die unterste ist ja nach B verbracht ...

Wir nennen die Prozedur allgemein

transport (n, a, b, c) ;

wobei n die Nummer der endgültig umzusetzenden Scheibe ist (also die unterste von A links), und der Rest der Schnittstelle in der angegebenen Reihenfolge im Sinne „von ... nach ... unter Benutzung von ... als Hilfsscheibe" zu verstehen ist. Dann lautet der Algorithmus als ziemlich komplexer Vertauschungsvorgang zusammenfassend erstaunlich kurz

```
PROCEDURE transport (n, a, b, c) ;
BEGIN
IF n > 1 THEN transport (n - 1, a, c, b) ;      (* von a nach c, Hilfsscheibe b *)
IF n > 1 THEN transport (n - 1, c, b, a)        (* von c nach b, Hilfsscheibe a *)
END ;
```

a, b und c haben dabei die Werte 1 .. 3, wobei bei jedem Aufruf jeder genau einmal vorkommt. Man beachte die Reihenfolge der Parameter! Das folgende Listing benutzt diesen Algorithmus, ist jedoch durch Grafik zur Anzeige des Gesamtprozesses erweitert.

```
PROGRAM hanoi_grafik ;
USES crt, graph ;
VAR        n, k : integer ;
    driver, modus : integer ;
            h : ARRAY [1 ..3] OF integer ;                    (* 3 Säulen *)

PROCEDURE scheibe (big, x, y, farbe : integer) ;
VAR k : integer ;        (* Zeichenbreite jeder Scheibe entspricht ihrer Nummer *)
BEGIN                    (* Je größer big / n, desto größer also die Scheibe *)
setcolor (farbe) ;
FOR k := y DOWNTO y - 8 DO line (x - 6 * big, k, x + 6 * big, k)
END ;

PROCEDURE transport (n, a, b, c : integer) ;      (* Der eigentliche Algorithmus *)
VAR posx : integer ;
                    (* Scheibe n von Säule a zu Säule b bringen, Hilfssäule c *)
                    (* Die Säulen stehen bei x = 160, 320 und 480 *)
            (* h [i] sind jene Höhen, wo mit Farbe 15 gezeichnet werden kann *)
BEGIN
IF n > 1 THEN transport (n - 1, a, c, b) ;
posx := a * 160 ;                                (* wo steht Säule a ? *)
h [a] := h [a] + 10 ;                (* letzte Position, wo gezeichnet wurde *)
scheibe (n, posx, h[a], 0) ;                      (* wegnehmen, Farbe 0 *)
posx := b * 160 ;                                (* wo steht Säule b ? *)
scheibe (n, posx, h [b], 15) ;                   (* zeichnen mit Farbe 15 *)
h [b] := h [b] - 10 ;                      (* nächste Position zum Zeichnen *)
delay (2000) ;
IF n > 1 THEN transport (n - 1, c, b, a)
END;

BEGIN                      (* -------------------------------------- main *)
FOR k := 1 TO 3 DO h [k] := 300 ;                (* Basis y zum Zeichnen *)
write ('Wieviele Scheiben ... ') ; readln (n) ;
driver := detect ;  initgraph (driver, modus, ' ') ;
FOR k := 1 TO n DO BEGIN                (* ersten Turm nach oben zeichnen *)
            scheibe (n - k + 1, 160, h [1], 15) ;
            h [1] := h [1] - 10                  (* nächste Position *)
            END ;
delay (3000) ; write (chr (7)) ;
transport (n, 1, 2, 3) ;                         (* Starten des Umbaus *)
readln ;  closegraph
END .                      (* -------------------------------------- *)
```

Durch Induktion läßt sich leicht beweisen, daß zum Umbau eines Turms mit n Scheiben $2^n - 1$ Schritte nötig sind ; man erkennt das am Aufbau der Prozedur.

Es ist eine Preisaufgabe, diesen Algorithmus nicht-rekursiv zu programmieren, „vorwärts" also. Zwar ist aus der Theorie bekannt, daß dies unter Benutzung von drei Zwischenspeichern zur Ablage stets möglich ist (eine Lösung in diesem Sinn findet sich in [H], S. 226), aber man kann ja den Ehrgeiz haben, eine direkte Formel von unten her anzugeben, keinen versteckten Stack zum Umgehen der Rekursion anzulegen.

Beobachtet man den Programmablauf verlangsamt, so fällt auf, daß der obere Teil des sich langsam vergrößernden Turms abwechselnd auf den Säulen B und C aufgebaut wird, beginnend mit dem Umsetzen der Spitze auf B oder C, je nachdem, ob n ungerade oder gerade ist. Das Spiel hat ersichtlich eine Vorwärts-strategie: Man kann das Umbauen ziemlich schnell erlernen und dann von Hand nachvollziehen. Dies ist der grundsätzliche Algorithmus:

```
IF odd (n) THEN b := 2 ELSE b := 3 ;      (* Wohin erfolgt die erste Umsetzung ? *)
merk := b ;
FOR k := 1 TO n DO BEGIN
      anf := 1 ; FOR r := 1 TO k - 1 DO anf := anf * 2 ;
      ende := 1; FOR r := 1 TO k DO ende := ende * 2 ; ende := ende - 1;
      FOR i := anf TO ende DO BEGIN
         IF i = anf THEN BEGIN
               a := 1 ; nr := k ;
               (* Scheibe nr von a nach b umsetzen *)
               IF merk = 2 THEN b := 3 ELSE b := 2 ;
               merk := b ;         (* Für die nächste i-Schleife *)
               nr := 1             (* Vorbereitung des Umsetzens *)
               END ;
      (* Für i > anf : Umbau des stehenden Teilturms bis k - 1 *)
                        END ;
               END ;
```

n bedeutet die Vorgabe über die gesamte Turmhöhe. Jeweils mit Beginn der inneren Schleife wird die Scheibe k von der Säule links auf eine der beiden Säulen rechts umgesetzt; a (woher) und b (wohin) haben Werte 1 .. 3.   Das sind z.B. die 15 Schritte für den Fall n = 4:

> **Wiederholung der drei ersten Schritte vorher ...**
> **Wiederholung der sieben ersten Schritte bisher ...**

1 , 2 3, 4 5 6 7, 8 9 10 11 12 13 14 15

> **4. Scheibe von a nach b, dann c in Stufen nach b ...**
> **3. Scheibe von a nach c, dann b in Stufen nach c umsetzen, bis b leer**
> **2. Scheibe von a nach b, c umsetzen nach b**
> **1. Scheibe von a nach c**

Man erkennt nun, daß das Umsetzen der Teiltürme ohne Bezug auf die früheren Schritte nicht durchführbar ist, also entweder Rekursion oder aber Zwischenspeicherung der früheren Erkenntnisse zwingend notwendig ist. Eine Lösung mit For-Schleifen allein ist unmöglich. Eine entsprechend vervollständigte Lösung finden Sie in [H]. Anders sieht es mit Permutationen aus:

Die insgesamt n! Permutationen der ersten n natürlichen Zahlen können zunächst rekursiv dadurch gefunden werden, daß man jeweils eine der n Zahlen 1 ... n voranstellt und die für die restlichen n - 1 Zahlen bereits gefundenen Permutationen einfach anfügt. Dies leistet im Prinzip das folgende Listing:

```
PROGRAM permutationen ;                                (* nicht auf Disk *)
USES crt ;
TYPE    menge = SET OF 1 .. 9 ;
VAR     n : integer ; was : menge ;

PROCEDURE perm (was : menge) ;
VAR n, s, k : integer ;
BEGIN
n := 0 ;
FOR s := 1 TO 9 DO IF s IN was THEN n := n + 1 ;       (* Dies liefert ord (was) *)
IF n > 1 THEN BEGIN
            FOR s := 1 TO 9 DO IF s IN was THEN
                BEGIN
                write (s : 2) ;  was := was - [s] ;            (* Ausgabe *)
                perm (was) ;
                was := was + [s]
                END
        END
        ELSE FOR s := 1 TO 10 DO IF s IN was THEN writeln (s : 2)
END ;

BEGIN
clrscr ; write ('Permutationen bis ') ; readln (n) ; was := [ 1 .. n] ;
writeln ;  perm (was) ; (* readln *)
END .
```

Es gibt allerdings über die Zeile (* Ausgabe *) die Permutationen nur unvollständig aus, nämlich z.B. für n = 3 ohne die Klammerpositionen in der Form:

1 2 3   (1) 3 2   2 1 3   (2) 3 1   3 1 2   (3) 2 1

Wiederum benötigt man also einen Zwischenspeicher, der die nicht permutierten Elemente („vorne") hält und an der richtigen Stelle hinschreibt. Eine komplette Lösung ist in [M] finden, dort zusätzlich auch eine vollständig „entrekursivierte" mit Schleifen. Aber Sie können sie auch aus dem folgenden Listing sehr leicht extrahieren.

Eine vollständige Liste aller Permutationen aus n Elementen kann man nämlich
dazu verwenden, um einen Spezialfall der Aufgabe des „**travelling salesman**"
durch vollständige Suche zu lösen:

```
PROGRAM salesman ;
USES crt ;
CONST c = 15 ;                              (* damit maximal 15 Orte *)
TYPE    menge = SET OF 1 .. c;
VAR     s, k, n : integer ;
            was : menge ;
            a, b : ARRAY [1 .. c] OF integer ;      (* Ablage Permutationen *)
            wege : ARRAY [1 .. c, 1 .. c] OF integer ;      (* Ortsmatrix *)
      bisher, min : integer ;                        (* Weglängen *)


PROCEDURE perm (was : menge) ;
VAR  i : integer ; neu : menge ;
BEGIN
k := k + 1 ;
FOR i := 1 TO n DO BEGIN
   IF i IN was THEN
      BEGIN
      neu := was - [i] ;
      a [k] := i ;
      IF neu <> [ ] THEN perm (neu)
                    ELSE BEGIN
                        FOR s := n + 1 - k TO n DO b [s] := a [s - n + k] ;
                        min := 0 ;
                        FOR s := 1 TO n - 1 DO
                            min := min + wege  [b [s], b [s + 1]] ;
                        min := min + wege [b [n], b [1]] ;
                        IF min < bisher THEN
                           BEGIN
                           FOR s := 1 TO n DO write (b [s] : 3) ;      (* Weg !!! *)
                           writeln (' >>> Weglänge ', min) ;
                           bisher := min
                           END ;
                        k := 1
                        END
      END
                        END
END ;

BEGIN                                       (* ------------------------- *)
clrscr ; randomize ;
write ('Anzahl der Orte <= 15 ') ; readln (n) ;
FOR k := 1 TO n DO                          (* Wegematrix per Zufall *)
    FOR s := k + 1 TO n DO
    BEGIN
    wege [s, k] := 10 + 2 * random (30) ;
    wege [k, s] := wege [s, k]
    END ;
writeln ;
```

```
writeln ('Wegematrix ... ') ; writeln ;
FOR k := 1 TO n DO BEGIN                    (* Ausgabe der Entfernungen *)
        FOR s := 1 TO n DO write (wege [s, k] : 5) ;
        writeln
               END ;
was := [1 .. n] ; k := 0 ; bisher := maxint ;        (* k muß global sein ! *)
readln ;
writeln ; perm (was) ;
write (chr (7)) ; readln ;
END .                                      (* ------------------------- *)
```

Das Programm generiert per Zufall eine quadratische Entfernungsmatrix M (i, k) mit i, k = 1 , ... , n für n Orte, wobei wir der Einfachheit halber annehmen, daß jeder Ort A_i mit jedem anderen Ort A_k verbunden ist. In M ist daher die Diagonale Null, und M ist symmetrisch, d.h. es gilt m [i, k] = m [k, i] für die Entfernung der Orte $A_i A_k$. - Ein Programmlauf sieht für n = 6 z.B. so aus:

Anzahl der Orte ... 6

Wegematrix ...

```
  0  48  26  60  24  44
 48   0  60  26  50  32
 26  60   0  56  42  24
 60  26  56   0  50  10
 24  50  42  50   0  34
 44  32  24  10  34   0
```

```
1 2 3 4 5 6  >>> Weglänge 292     *)
1 2 3 4 6 5  >>> Weglänge 232
1 2 3 6 4 5  >>> Weglänge 216
1 2 4 3 6 5  >>> Weglänge 212
1 2 4 5 6 3  >>> Weglänge 208
1 2 4 6 3 5  >>> Weglänge 174
1 3 6 4 2 5  >>> Weglänge 160
```

Abb.: Travelling salesman bei 6 Orten

Der optimale Rundweg besteht also aus der Permutation 1 3 6 4 2 5 , wobei es vom Ort 5 wieder nach 1 zurückgeht. Er hat die Länge 160. Gleichwertig ist jeder durch zyklische Vertauschung entstehende Rundweg, z.B. hier 6 4 2 5 1 3. Es ist also gleichgültig, wo der Handelsreisende wohnt: Stets gibt es eine optimale Lösung, die an seinem Wohnort beginnt und endet.

---

*) Das ist per Definition die Summe der Nebendiagonalen 48 + 60 + ... + 34, dazu noch 44.   Die per Zufall generierte Matrix liefert natürlich u.U. Entfernungsangaben, die untereinander nicht stimmig sind. Es geht hier nur um das Verfahren!

Das Listing bestimmt alle Permutationen, gibt aber außer der allerersten 123456 nur noch jene aus, die einen kürzeren Rundweg liefern. Wegen der eben angesprochenen Zyklen muß man daher das Programm für die optimale Lösung (insb. bei größeren n ab 10 oder so) keineswegs alle Permutationen durchlaufen lassen, sondern kann spätestens dann abbrechen, wenn der erste Weg mit der Nummer ganz vorne ausgegeben wird, in der Regel schon weit früher. Im Beispiel sieht man, daß nur noch die 3 für die optimale Lösung eingewechselt worden ist, obwohl das Programm bis zur Permutation 6 5 4 3 2 1 durchgelaufen ist.

Wenn Sie alle Permutationen sehen wollen, lassen Sie in der Prozedur die Bedingung IF min < bisher THEN ... weg, dann liefert das die dortige s-Schleife.

Nur ein wenig komplizierter wird die Aufgabe, wenn nicht jeder Ort mit jedem verbunden ist (Eintrag Null): Wiederum bestimmt man alle Permutationen P, prüft aber jedesmal, ob es zu vorgegebenem P tatsächlich einen Weg gibt, und falls ja, läßt dessen Länge aus der Matrix berechnen.

Die Aufgabe ist optimal gelöst, d.h. alle Möglichkeiten sind vollständig durchmustert. In der Praxis werden bei weit größeren Netzen einigermaßen optimale Lösungen ausreichen, d.h. man bestimmt durch Backtracking sukzessive immer günstigere Wege und bricht nach einiger Zeit die Suche ab. Schwieriger wird die Aufgabe, wenn kürzeste Wege gesucht sind, wobei (was in der Praxis sinnvoll ist) einige Orte auch öfter berührt werden dürfen.

15 TURBO Pascal

> Worte haben Konsequenzen, ob sie nun mit der Post kommen
> oder an weltumspannende Newsgroups geschickt werden ...
> Jeder, der das Protokoll liest, erzielt dasselbe Resultat. ([S], S. 174)

Dieser Exkurs enthält eine kurze Zusammenfassung wichtiger Features von TURBO Pascal. Es ersetzt aber kein Lehrbuch ...

Für jedes Pascal-Programm ist die Gliederung in Kopfzeile mit symbolischem Namen des Programms, mehr oder weniger umfangreichem Deklarationsteil und schließlich dem eigentlichen Listing (Programmkörper) typisch:

```
PROGRAM name ; (* input, output *)
USES ...

CONST a = ...
VAR ...
PROCEDURE ...
FUNCTION ...

BEGIN
... ;
END . (* mit Punkt *)
```

Der Deklarationsteil enthält auf jeden Fall eine Aufzählung all jener Variablen des Programms nach Namen und Typ, die im späteren Listing vorkommen. Unter einem **Typ** ist dabei eine Zusammenfassung von Werten zu verstehen, auf denen wir mit zugehörigen Operatoren einheitliches Verhalten erwarten können.

Mit der Deklaration einer Variablen wird ein gewisser Speicherplatz belegt, dessen Inhalt zunächst undefiniert ist. Dorthin lassen sich dann konkrete Werte schreiben (überschreiben) oder von dort auslesen.

Wichtige vorab erklärte **Grunddatentypen** sind mit jeweils charakteristischen *Wertebereichen* folgende:

Byte (*0 ... 255*) , Integer (*- 32768 ... + 32767*), Longint (ebenfalls *zyklisch*), real (mit Dezimalpunkt oder in der sog. Exponentialschreibweise zz...zE±zz), Boolean (*true / false*) und Char (*255 Zeichen*).

Der **Datentyp String** bzw. String [n] mit Längenangabe [n] ist typischer Turbo Pascal-Dialekt. Er erlaubt besonders einfache Zugriffe auf Zeichenketten, was durch viele Funktionen (und auch Prozeduren) unterstützt wird, so z.B.

        k := length (wort) ;   c := upcase (wort [k]) ;   (* VAR wort : string ; *)

String steht zwischen den einfachen und den strukturierten Datentypen: Array, Set, Record, File ... , die gleich vorgestellt werden. Ferner kann man auch eigene Datentypen definieren ...

Der Bereichsdatentyp ARRAY (engl. Feld) besteht aus einer Menge von Datensätzen einheitlichen (auch strukturierten) Typs. Die einzelnen Sätze werden über Indizes angesprochen:

        TYPE zahlen = real ; VAR data : ARRAY [1 .. 100] OF zahlen;

belegt 100 Speicherplätze data [1] ... data [100] zum Ablegen reeller Zahlen. Als Indexmenge, hier die ganzen Zahlen 1 ... 100, könnten auch Zeichen (char) benutzt werden, generell jede diskrete (abzählbare) Indexmenge. Im Gegensatz zu den bisher genannten einfachen Datentypen ist ein ARRAY bereits strukturiert, besteht aus etlichen absolut typgleichen Sätzen.

Dies gilt erst recht für den Datenverbund: Ein sog. RECORD

        TYPE adresse = RECORD
                        vorname : string ;
                        familienname : string ;
                        gehalt : real ;
                        ...
                        END ;

        VAR teilnehmer : adresse ;

erlaubt die Bearbeitung von Daten, die, wie schon der Name Verbund sagt, aus Einzeldaten unterschiedlichen Typs „zusammengebunden" sind. Der Zugriff auf die Komponenten eines Datensatzes erfolgt unter Nennung des Variablennamens mit der gesamten Hierarchie, die mit syntaktischen Trennpunkten gegliedert wird: im Beispiel *teilnehmer.vorname*, *teilnehmer.familienname* usw. Ein paar weitere Hinweise unten nach den Ein- und Ausgaben ...

Ein nützlicher Datentyp ist die **Menge**, in Pascal Set, ein Aufzählungstyp der Art

```
TYPE zahlen = SET OF 1 .. 10 ;
VAR ganz : zahlen ;
```

z.B. mit der konkreten Realisation ganz := [1, 2] o. dgl. Eine als Menge von Zeichen deklarierte Menge zeichen : SET OF 'A' .. 'Z' gestattet die Manipulation aller Zeichen des Typs char, die zwischen den beiden angegebenen Grenzen liegen. Zu beachten ist, daß die Ordnungszahl einer jeden Menge 255 nicht überschreiten darf, also z.B. Ganzzahl-Mengen außerhalb [0, ..., 255] nicht erklärbar sind.

Die Ein- und Ausgabe von Tastatur bzw. zum Bildschirm wird mit

```
readln (Var1 [, Var2, ... ]) ;   write [ln] (Var1 [, Var2] [,'Text'] [, Term, s.u.]) ;
```

ausgeführt. Die einfache Anweisung readln ; ohne Argument wartet auf <Return> und kann als Ersatz der Taste Alt F5 in der IDE benutzt werden. Ohne jegliches Argument ist writeln ; ein Zeilenvorschub mit Wagenrücklauf.

In Pascal ist (anders als in BASIC) bei der Eingabe Mischen mit Info-Texten **nicht** möglich. Da bei readln die Eingabe typgerecht erfolgen muß, gibt es gegen das Abstürzen von Programmen die dreiparametrige **Prozedur val (...)** ;

```
val (eingabestring, zielvar, code) ;
```

Konnte erfolgreich umkopiert werden, so steht die Kontrollvariable *code* (integer) nachher auf Null. *Zielvar* ist vom Typ byte/integer/longint oder real.

Zur **Ausgabe am Drucker** ist die Systemunit Printer erforderlich, die zu Beginn des Programms mit USES printer ; angefordert werden muß. Zusätzlich muß in den Ausgabeanweisungen der Kanal lst (für lister) eingetragen werden, z.B.

```
writeln (lst, Var1) ;
```

Zum bequemen Zugriff auf strukturierte Verbunde ist die WITH-Anweisung vorgesehen, in der Form

```
WITH  teilnehmer DO BEGIN
                readln (vorname);
                readln (familienname) ;
                ...
                END ;
```

ganz analog zum Auslesen (Anzeigen). Damit wird die umständliche Schreibweise

```
readln (teilnehmer.vorname) ;  usw.
```

entbehrlich, für die bei Zugriff auf nur eine einzige Komponente durchaus auch WITH teilnehmer DO readln (vorname) ; geschrieben werden könnte. Im Blick auf die späteren Wertzuweisungen sei gleich angefügt, daß das Umkopieren von RECORDs bzw. ARRAYs nicht komponenten- bzw. satzweise erfolgen muß, sondern über direkte Wertzuweisungen erledigt werden kann:

teilnehmer1 := teilnehmer2 ;   feld1 := feld2 ;

sofern völlig gleichartige Strukturen vorliegen, nach Größe wie Aufbau der einzelnen Sätze. Liegt keine Typengleichheit vor, wird eine solche Zuweisung bereits vom Compiler abgelehnt: Er ersieht dies aus dem Deklarationsteil des Programms, ein Vorteil von Pascal hinsichtlich Fehlerresistenz.

Eine ansprechende Bildschirmgestaltung kann mittels der Unit Crt erzielt werden, die dann eine Reihe von Prozeduren und Funktionen zur Verfügung stellt, z.B.

clrscr ;	löscht den gesamten Bildschirm,
clreol ;	löscht bis Zeilenende ab momentaner Cursorposition,
gotoxy (zeile, spalte) ;	zeile 1 ... 25, spalte 1 ... 80. (Byte/Integer)
setcolor (n) ;	n = 0 (black) ... 15 setzt eine der 16 Schreibfarben,
spalte := wherex ;	in Turbo implementierte Funktionen zur Abfrage,
zeile := wherey ;	wo sich der Cursor derzeit befindet.

Ausgaben am Drucker können damit nicht gestaltet (formatiert) werden! Diese erzielt man dort bzw. auch am Bildschirm mit sog. Formatangaben direkt in den Ausgabeanweisungen: writeln (a : 6 : 3) ; für eine Variable a, real, mit 3 Nachkommastellen und zwei Plätzen vor dem Dezimalpunkt, rechtsbündig. Ganzzahlen und Strings können ebenfalls formatiert werden.

Wertzuweisungen erfolgen durch den Operator := von rechts nach links. Links von := darf nur ein symbolischer Speicherplatz (Identifier) stehen: z.B. a := 5 ; c := a * b - sin (x) ; ...

a + b := 6 ; 7 := a ;

sind demnach unzulässige Schreibweisen, syntaktisch falsch. Jedoch ist eine Zeile

n := n + 1 ;

(den aktuellen Inhalt der Speicherzelle n um eins erhöhen) durchaus richtig; man erkennt daran, daß der Begriff Variable ein anderer als in der Mathematik ist. Noch weiter entfernt von der Gleichungstheorie ist z.B. eine Zeile

wert := a = b ;

in der wert als BOOLEsche Variable den Wahrheitwert des Vergleichs a = b aufnimmt; a und b sind dabei Variable irgendeines (aber gleichen) Typs, die inhaltlich miteinander verglichen werden.

Der Operator + , der soeben für die übliche Addition von Zahlen stand, kann, wie andere Operatoren auch, bei anderen Typen eine ganz andere Bedeutung haben, d.h. semantisch anders interpretiert werden: Z.B. können Elemente in Mengen verbracht bzw. daraus entfernt werden, indem man die Zuweisungen

```
ganz := ganz + [5] ;  ganz := ganz - [3] ;
```

mit den Operatoren + bzw. - ausführen läßt, wobei ein Element höchstens einmal in der Menge vorkommen kann, also im ersten Fall die Fünf nur aufgenommen wird, wenn sie noch nicht enthalten ist. 3 wird im zweiten Beispiel nur entfernt, wenn zuvor tatsächlich in *ganz* enthalten. Die leere Menge $\varnothing$ wird nach dem Muster ganz := [ ] ; initialisiert.

Rechenzeichen sind + - * / DIV MOD. DIV und MOD sind dabei dem Typ Integer vorbehalten und beschreiben das Rechnen mit sog. Restklassen.

Die **Operatoren** = , > , < , <> (ungleich) , <= usw. sind Vergleichsoperatoren, mit denen Boolesche Ausdrücke gebildet werden: Aus der Logik entnommen sind die Verknüpfungen NOT, AND und OR. Mit ihnen können komplexe BOOLEsche Ausdrücke gebildet werden.

In a := x < 5 ; mit der Booleschen Variablen a und z.B. x vom Typ real ist a entweder true oder false ... Der Ausdruck (x > 5) AND (x < 7) beschreibt das offene Intervall $5 < x < 7 : x \in (5, 7)$. Liegt x im Intervall, so ist die Aussage wahr, sonst falsch.

Verwendbar sind in Termen die gewöhnlichen Klammern (und) , aber nicht die eckigen [bzw.] . Geschweifte { bzw. } sind wie (* und *) Kommentarklammern in Listings.

Da alle Zeichen über den ASCII-Code als geordnet gelten, bedeuten die Kleiner/Größer-Beziehungen bei Zahlen, analog bei Strings Vor/nach-Relationen im lexikografischen Sinne, d.h. wort1 < wort2 ist entweder true oder false. Der Vergleich erfolgt positionsweise von vorne nach hinten „bis zum Erfolg". Mit der ord-Funktion kann der ASCII-Code eines Zeichens erfragt werden:

```
index := ord (zeichen) ;
```

Umgekehrt gibt die Funktion chr ein Zeichen aus : Auf *zeichen* vom Typ char liefert zeichen := chr (65) ; also den Buchstaben 'A' (mit Gänsefüßchen).

Wesentlich für die Ausführung von Algorithmen, also die Strukturierung von Problemen, sind die vorhandenen **Kontrollstrukturen**:

> **FOR laufvar := anfang TO [DOWNTO] ende DO anweisung ;**

beschreibt die sog. FOR[-DO] - Schleife. In ihr können die Bezeichner *anfang* und *ende* diskrete (abzählbar: byte, integer, longint u. dgl. , auch char, aber nicht real) Werte des Typs Laufvar sein, aber auch entsprechende Terme. *Laufvar* ist passend zu deklarieren. Für anfang < ende wird die Schleife Im Falle ... TO ... überlaufen, bei DOWNTO gilt das analog.

Die Schrittweite ist stets „Eins" ; **es gibt kein STEP** ... wie in BASIC! Richtig wäre also auch mit dem Typ char für *zeichen* eine Schleife nach dem Muster

> **FOR zeichen := 'a' TO 'z' DO writeln (ord (zeichen)) ;**

Und außerdem: In der Schleife darf *laufvar* **nicht** verändert werden, d.h. irgendwelche Zuweisungen der Form laufvar := ... ; sind verboten! Auf S. 40 finden sich dazu ein paar Anmerkungen.

Eine weitere Kontrollstruktur ist die sog. REPEAT-Schleife mit einer Abbruchbedingung nach mindestens einmaligem Durchlauf:

> **REPEAT**
>   **anweisungen ;**
>   **...**
> **UNTIL Boolescher Ausdruck [= true] ;**

Man spricht auch von einer Wiederholungsbedingung; die Abbruchbedingung muß offenbar in der Schleife vorbereitet sein und unter Laufzeit irgendwann gesetzt werden. Anders ist es bei der abweisenden oder WHILE-Schleife, die schon beim ersten Mal übergangen werden kann:

> **WHILE Boolescher Ausdruck [= true] DO anweisung ;**

Sie enthält eine sog. Eintrittsbedingung, die ebenfalls (spätestens) unter Laufzeit der Schleife (innen) zu setzen ist. In beiden Fällen ist durch **geeignete Initialisierung** und Fortschreibung in der Schleife dafür zu sorgen, daß die Schleife in endlicher Zeit terminiert, abgebrochen wird, nicht zur *dead loop* wird. Übrigens: Vor UNTIL steht bei strenger Syntax kein Semikolon.

> **IF Boolescher Ausdruck [= true] THEN anweisung1 [ELSE anweisung2] ;**

ist eine sog. Vorwärtsverzweigung bzw. in verkürzter Form die bedingte Sprunganweisung. - Man beachte: **Vor ELSE darf kein Semikolon stehen!**

Weiter gibt es noch einen sog. Programmschalter, bei dem die Sprungmarken (labels) wie die steuernde Variable marke z.B. vom Typ integer oder char sind, aber nicht real. Auch string ist unzulässig. Man spricht von einem Selektionsblock:

```
CASE marke OF
label1 : anweisung ;
label2 : anweisung2 ;
label3 : ...
[ELSE anweisung]
END ;
```

Labels können zusammengefaßt werden: z.B. label4, label5 : anweisung ; - In allen bisher genannten Beispielen kann   anweisung[n]   durch eine Verbund-anweisung ersetzt werden, wobei ein Semikolon ; vor dem END überflüssig ist:

```
BEGIN
anweisung1 ;
anweisung2 ;
...
END ;
```

Algorithmen, die auf Maschinen „laufen" sollen, sind terminiert und zielgerichtet (determiniert); was ein vorgegebener (codierter) Algorithmus leistet, kann durch Probeläufe mit „geeigneten" Testwerten anschaulich begründet und auf eventuelle Fehler hin untersucht werden; wirklich stichhaltig ist aber nur eine formale Verifikation, ein (mathematischer) Beweis dafür, daß der Algorithmus (genau) das Gewünschte (und nur das) leistet: Entsprechende Anmerkungen findet man im Kapitel 2 zur Theorie.

Wesentlich zur Beherrschung von Daten durch Programme sind **externe Dateien**. Deren Deklaration erfolgt in Pascal nach dem Muster

```
TYPE satz = RECORD
               ...
            END ;

VAR   data : FILE OF satz ;  wer : satz ;
```

Solche Dateien sind **typisiert**, d.h. ihre einzelnen Datensätze gehören einem bestimmten, dem Programm bekannten Typ an, der ebenfalls deklariert ist. Im Programm selber wird auf Dateien erst zugegriffen, wenn sie geöffnet sind:

Zunächst wird die Datei dem File auf der Peripherie (mit einem DOS-Bezeichner name, z.B. 'C:\TESTDATA.TTT') zugeordnet, dann ist festzulegen, ob eine neue Datei erzeugt (oder eine alte überschrieben) werden oder ob auf eine bereits bestehende lesend wie schreibend zugegriffen werden soll:

```
assign (data, name) ;
rewrite (data) ;          (neu eröffnen, schreiben ...)
reset (data) ;            (lesen und schreiben)
```

Bei typisierten Dateien wird mit den Anweisungen

```
read (data, wer) ;  write (data, wer) ;
```

stets ein kompletter Satz gelesen bzw. geschrieben, wobei auf die richtige Position des Datenzeigers zu achten ist, der mit seek (data, position) ; gesetzt werden kann. Position := 0 ist der Dateianfang. Für die Anwendung von seek wird auf Beispiele auch in diesem Buch verwiesen, ansonsten siehe [M], S. 140 ff.

Alle diese Manipulationen sind nach assign (data, name) uneingeschränkt möglich, ferner noch erase (datei) und rename (datei, neuname) zum Löschen bzw. Umbenennen in Anlehnung an die DOS-Kommandoebene. Der endgültige Abschluß aller Arbeiten erfolgt zur Sicherheit mit der Prozedur close (data) . Das Programmende END. übernimmt dies notfalls.

Mit <Return>s gegliederte **Textdateien** vom Typ TEXT (nur in Turbo Pascal) werden mit den Anweisungen readln (data, zeile) und analog writeln (data, zeile) bedient. - Beispielsweise sind *.PAS - Listings von diesem Typ, nicht aber übliche ASCII-Files aus Textverarbeitungen (Typ char oder byte) wie   *.DOC unter Windows.

```
PROGRAM lister ;
USES printer ;
VAR   data : TEXT ;
      zeile : string [110] ;
          n : integer ;   name : string [14] ;
BEGIN
readln (name) ; assign (data, name) ;  reset (data) ;
n := 1 ;
REPEAT
   readln (data, zeile) ;
   writeln (lst, n : 4, zeile) ;
   n := n + 1 ;  IF n MOD 50 = 0 THEN write (lst, chr (12) )
UNTIL EOF (data) ;
close (data )
END .
```

... ist ein noch ganz einfaches Listerprogramm zum Drucker mit Seitenvorschub (nach 50 Zeilen) bei Endlospapier. Es kann beliebig mit Seitenzahlen, Impressum usw. ausgebaut werden.

Textdateien sind **sequentielle** Files; auf sie ist **kein Zugriff** mit seek (...) usw. möglich, d.h. **kein** sog. **random access** (wahlfreier Zugriff) durch DOS-gesteuerte Positionierung des Zeigers. Im weiteren Sinn des Wortes handelt es sich genauer um Files (Oberbegriff), während Dateien im engen Sinn stets eine Struktur haben. I.a. ist diese begriffliche Unterscheidung aber ohne Bedeutung.

Da alle externen Dateien in Byte-Form abgelegt sind (und Bytes können als Zeichen interpretiert werden), kann **jede** Datei als File OF byte oder FILE of char behandelt werden. Damit sieht ein sehr einfacher File-Kopierer etwa so aus:

```
VAR  quelle, ziel : FILE OF byte ;
               c : byte ;
BEGIN
assign (quelle, name1) ;
reset (quelle) ;
assign (ziel, name2) ; rewrite (ziel) ;
REPEAT
   read (quelle, c) ;
   write (ziel, c)
UNTIL EOF (quelle) ;
close (quelle) ;
close (ziel) ;
END .
```

Vorteil: Zwischen read und write kann die Datei beliebig manipuliert werden (auslassen, hinzufügen, korrigieren, ...). - Nachteil: Sehr langsam!

Sog. **untypisierte** Dateien vom Typ **FILE** werden **sektorenweise** manipuliert. Ein sehr schneller File-Kopierer (etwa wie COPY, DISKCOPY) ist daher ...

```
PROGRAM kopierer ;
CONST c = 2048 ;                      (* 16 Sektoren *)
VAR        quelle,  ziel : FILE ;
      lesen, schreiben : word ;  size : integer ;
               puffer : ARRAY [1 .. c] OF Byte ;
         name1, name2 : string [14] ;
BEGIN
readln (name1, name2) ; assign (quelle, name1) ; reset (quelle, 1) ;
assign (ziel, name2) ; rewrite (ziel, 1) ;
REPEAT
   blockread (quelle, puffer, size, lesen) ;
   blockwrite (ziel, puffer, size, schreiben)
UNTIL (lesen = 0) OR (lesen <> schreiben) ;
close (quelle) ;  close (ziel)
END .
```

c ist dabei ein Vielfaches von 128, der üblichen Sektorlänge. In reset / rewrite ist mit dem zweiten Parameter angezeigt, daß sektorweise über den Puffer übertragen wird. Das Programm endet mit Abarbeitung aller Sektoren des zu lesenden Files.

Achtung: Ist eine Datei als FILE **untypisiert** deklariert, so liefert die Funktion filesize (datei) nicht die Dateilänge, sondern nur die Anzahl der belegten Sektoren. Entsprechend würde mit seek (...) stets nur der Anfang eines Sektors gefunden werden, d.h. die Manipulation beliebiger Bytes ist auf diese Weise nicht möglich. Randwissen: Alle Dateien werden peripher sektorweise abgelegt, wobei der letzte Sektor meist nur teilweise benutzt wird. In der Regel sind mehrere aufeinanderfolgende Sektoren (2 oder 4) zu einem sog. Cluster zusammengefaßt, um die Zugriffe zu beschleunigen. Die genaue Lage der Cluster eines gesplitteten Files ist in der FAT-Tabelle (File Allocation) der Disk registriert. Oft benutzte Disketten (und Platten) haben daher etliche unbenutzte Sektoren, obwohl die DOS-Meldung „voll" lautet. Abhilfe durch Umkopieren der Reihe nach mit COPY (auf leere Disk), dann ist hernach plötzlich wieder freier Platz vorhanden ...

Unter TURBO Pascal können auch DOS-Kommandos ausgeführt werden. Obwohl die neueren Versionen von TURBO eine Reihe wichtiger DOS-Kommandos (wie DIR, Laufwerkswechsel u.a.) als Prozeduren bzw. Funktionen direkt enthalten, besteht u.U. der Wunsch, andere DOS-Befehle unter einem eigenen Programm auszuführen. Dies geschieht mit der Turbo-Prozedur

    exec ([...] , [...]) ;

die z.B. in [M], S. 259 ff exemplarisch vorgeführt wird.

Externe wie interne (residente) Kommandos werden dabei stets unter Bezug auf den Kommando-Interpreter von DOS („Supervisor", [M], S. 483) aufgerufen, der diese erkennt und ausführt. Hier als Beispiel das **interne Kommando** MODE 40 zur Umschaltung auf Großschrift am Monitor:

```
PROGRAM test ;
(*$M $2000, 0, $2000 *)
USES crt, dos ;
VAR i : integer ;

  PROCEDURE schriftart ;
  BEGIN
  swapvectors ;  exec ('C:\COMMAND.COM', '/C MODE 40') ;  swapvectors
  END ;

BEGIN                    (* Testprogramm für Umschaltung Monitor MODE 40 ... *)
FOR i := 1 TO 20 DO writeln (i, i * i) ; delay (4000) ;
schriftart ;  (* = MODE 40 *)
FOR i := 1 TO 20 DO writeln (i, i * i) ; delay (4000)
END .
```

Zur Ausführung jedes DOS-Kommandos wird etwas Speicher benötigt: Hier sind mit der Direktive (*$M $2000, ... *) ca. 8 KByte angefordert, das reicht auf alle Fälle. Swapvektors sichert bei Unterbrechung des „führenden" Programms die Interrupt-Vektoren vorübergehend für den weiteren Lauf.

In exec ist an erster Stelle der Kommando-Interpreter mit Pfad eingetragen: 'Laufwerk:\COMMAND.COM', wobei .COM nicht für COM oder EXE als File-Typ steht, sondern den „Supervisor" im Command-File bedeutet.

An zweiter Stelle steht /C für eben diesen Interpreter (wo MODE 40 versteckt ist), dann folgt explizit das interne DOS-Kommando, hier MODE 40. Hier kann jeder sinnvolle DOS-Befehl eingetragen werden, z.B. COPY A: *.* B: für einen Kopiervorgang von A: nach B:, also '/C COPY A: *.* B:' mit passenden Blanks!

Bei einem **externen** Kommando, z.B. TREE, FORMAT A: ...

```
exec ('C:\COMMAND.COM', /C TREE') ;
```

geht es ganz entsprechend, wenn TREE irgendwo liegt. Da die externen Kommandos in der Regel in einem eigenen Unterverzeichnis z.B. DOS abgelegt sind, müßte man dieses eigentlich bei TREE mit angeben, aber das wird i.a. über Pfad-Einträge im AUTOEXEC.BAT „nachgeregelt". Für beliebige eigene Files vgl. in [M], S. 259, das Virus-Programm mit dortigem File found.

Prozeduren (und Funktionen) sind Unterprogrammroutinen, die den Aufruf einer Aktionskette mit einem einzigen Bezeichner erlauben; fallweise sind an der sog. **Schnittstelle** im Prozedurkopf Parameter zu übergeben, die entweder nur lokale Bearbeitung im Unterprogramm auslösen, oder aber durch Rückgabe (veränderter) Werte (das geschieht im sog. Prozedurrumpf, dem Ausführungsteil des Unterprogramms) das Hauptprogramm beeinflussen (können). Auf der folgenden Seite findet sich ein ziemlich komplexes Beispiel:

Globale Variablen gelten überall, werden aber durch lokale Definitionen außer Kraft gesetzt, d.h. gelten unter Laufzeit einer Prozedur dort als lokal.

Lokale Variablen (Call by Value, Wertaufruf) haben eigene Speicherplätze; ihr 'scope' (Gültigkeitsbereich) ist nur lokal. (Außerdem ist ihre sog. Lebenszeit auf jene Zeit begrenzt, in der das Unterprogramm in Bearbeitung ist.) Wirkungen lokaler Variablen auf globale Variable sind aber je nach entsprechenden Anweisungen nicht ausgeschlossen, ja oft erwünscht.

Variablen unter VAR (d.h. Call by Reference, Bezugsvariable) einer Schnittstelle sind Scheinvariablen; sie arbeiten stellvertretend auf jenen Speicherplätzen des aufrufenden Programms, die in der Schnittstelle jeweils genannt sind.

Im Fall Call by Reference müssen an der Schnittstelle Bezeichner genannt werden, während bei Call by Value wahlweise Werte oder auch Bezeichner übergeben werden dürfen.

```
PROGRAM test_prozedur ;
USES crt ;
VAR a , b , c, d : integer ; (* globale Variablen *)

  PROCEDURE test (a, f : integer ; VAR b, g : integer) ;
  VAR d : integer ;              CALL by REFERENCE :
  BEGIN                          b und g sind Scheinvariable, sie arbeiten auf
  a := a + 5 ; d := 9 ;          den Bezugsvariablen des aufrufenden HP.
  writeln ('-----') ; writeln (a) ;
  writeln (d) ;                  CALL by VALUE :
  c := c + a ;                   a, f und d sind lokale Variable, auch bei
                                 Namensgleichheit mit Variablen im
  writeln (c) ;                  aufrufenden HP.
  writeln ('#####');             Sie haben lokal eigene Speicherplätze!
  b := 23 ; g := 24 ; b := b + g + d + f ;
  END ;                          Da c nur global deklariert ist, ist diese
                                 Prozedur nicht universell ...

  BEGIN                          (* ---- aufrufendes Programm, 'Main' *)
  clrscr ;                              Ausgabe des Programms :
  a:= 1 ; b := 2 ; c := 3 ; d := 4 ;
                                         6              14
  test (a, b, b, c) ;                    9               9
  writeln (a) ; writeln (b) ; writeln (c) ;    9         38
                                        ----           ----
  test (9, 9, c, d) ;                    1               1
  writeln (a) ; writeln (b) ; writeln (c) ;   58         58
  readln                                24             65
  END .                         (* ------------------------------------------ *)
```

Eine Prozedur heißt **universell**, wenn Sie keine global erklärten Variablen enthält. Sie ist dann in jedem Hauptprogramm ohne Veränderungen im Listing aufrufbar. Nimmt man oben c heraus, so ließe sich das Unterprogramm so beschreiben: Die beiden ersten Parameter werden lokal bearbeitet, bleiben aber im Hauptprogramm unverändert. Die beiden letzten werden neu gesetzt und zum Hauptprogramm verändert zurückgegeben, d.h. dort werden zwei Speicher überschrieben.

Abgesehen von den über die Schnittstelle eingeführten Variablen ist eine Prozedur strukturell ein eigenständiges Programm und unterliegt denselben Erstellungsregeln. Ist keine Schnittstelle vorhanden, so ist es also nach Auskoppeln praktisch sofort lauffähig. - Werden die in der Schnittstelle aufgeführten Variablen in die Deklaration des Unterprogramms übernommen, so gilt diese Aussage generell.

Ist eine Prozedur namensgleich mit einer Standardprozedur des aufrufenden Programms, so verliert diese unter Laufzeit des Programms ihre Gültigkeit: Standardbezeichner können also „umgetauft" werden. Analoges gilt auch für den im folgenden erklärten Unterprogramm-Typ FUNCTION:

Für den Typ **Funktion** steht zwar auch der Abkürzungscharakter für eine zu wiederholende Anweisungsfolge im Vordergrund, aber vom Ergebnis der Aktionsfolge her arbeitet eine Funktion grundsätzlich anders:

```
PROGRAM test ;
VAR y : real ;

    FUNCTION ausgabe (a : integer ; x : real) : real ;
    BEGIN
        CASE a OF
        1 : ausgabe := a + x * x ;
        2 : IF x >= 0 THEN ausgabe := sqrt (x)
        END ;
    END ; (*of ausgabe *)

BEGIN
y := 5.1 ;
y := ausgabe (1, y ) ;
y := 5.1 ;
writeln (y + ausgabe (2, y) : 5 : 2)
END .
```

An der Schnittstelle werden der/die Parameter übergeben (auch keine: random!); Berechnungen etc. erfolgen im Funktionsrumpf auf einen Speicherplatz vom Namen der Funktion, der im Kopf dem Typ nach spezifiziert werden muß. Im Hauptprogramm kann dieser Wert unter dem Funktionsnamen einem anderen Speicher zugewiesen oder aber direkt ausgegeben bzw. in Terme eingetragen werden. Wird im Funktionsrumpf der Name in einem Ausdruck auch rechts erwähnt, so ist dies nur mit Schnittstellenangabe sowie Parametern möglich und löst (analog auch bei Prozeduren) eine **Rekursion** aus. - Beispiel:

```
FUNCTION summe (x : integer) : integer ;
BEGIN
IF x = 0 THEN summe := 0
        ELSE IF x > 0 THEN summe := x + summe (x - 1)
END .
```

Bei einem Funktionsaufruf wie z.B. writeln (summe (10)) ; wird der rekursiv berechnete Wert 55 (die Summe der ersten zehn natürlichen Zahlen) ausgegeben. Man beachte bei einem solchen rekursivem Aufruf die unbedingt notwendigen, richtigen Abbruchbedingungen, damit es nicht zu einem Stack-Überlauf mit Programmabsturz kommt!

Bei Funktionen gelten die dort erklärten Variablen ebenfalls als lokal, auch wenn sie namensgleich sind mit Bezeichnern des Hauptprogramms, d.h. die Unterscheidung lokal / global wird ebenso vorgenommen. Wird als Funktionsname irgendein Standardbezeichner gewählt, so ist wie bei Prozeduren die alte Bedeutung unter Laufzeit des Hauptprogramms verloren.

Eine Fallunterscheidung CALL by ... mit VAR an der Schnittstelle einer Funktion ist nicht vorgesehen, würde aber fallweise analog reagieren, wie man ausprobieren kann. (Eine Wirkung setzt voraus, daß der Wert der entsprechenden Variablen im Funktionsrumpf überschrieben wird, was außer bei künstlichen Beispielen wohl kaum Sinn gibt).

Für Schnittstellen von Prozeduren wie Funktionen gilt generell:

Werden Variablen übergeben, so dürfen dies aus Sicht des Compilers nur einfache Datentypen sein; Felder u.dgl. **müssen** daher im Hauptprogramm stets per Type nominell mit einem Bezeichner als einfach ausgewiesen werden, wenn eine Übergabe vorgesehen ist. - Beispiel:

```
TYPE feld : ARRAY [1 .. 100] OF real ;
VAR   liste : feld ;

FUNCTION mittelwert (worauf : feld) : real ;
VAR k : integer ; summe : real ;
BEGIN
summe := 0 ; FOR k := 1 TO 100 DO summe := summe + worauf [k] ;
mittelwert := summe / 100
END ;
```

Aufruf im Hauptprogramm z.B. mit writeln (mittelwert (liste : 6 : 3)) ; o. dgl.

Das Wort FUNCTION ist aus der Mathematik entlehnt, hat aber genaugenommen nicht die gleiche Bedeutung: In der Mathematik versteht man darunter eine Abbildung, während in einer Programmiersprache unter FUNCTION eine konkrete Implementation eines Algorithmus verstanden wird. Und ein solcher kann (mit gleicher Wirkung) ganz unterschiedlich gestaltet sein:

```
FUNCTION even (n : integer) ; boolean ;
BEGIN
even := (n MOD 2) = 0
END ;

FUNCTION even (n : integer ) ; booelan ;
BEGIN
n := abs (n) ; WHILE n > 1 DO n := n - 2 ;
even := n = 0
END ;
```

Diese Beispiele zeigen es deutlich: Diese beiden Funktionen sind nicht gleich! Manche Autoren wie [W] (dort stammt dieses Beispiel her) reden daher dezidiert von einer sog. Funktionsabstraktion.

Unterprogrammtechnik wird erst dann wirklich effektiv, wenn eine Einbindung von bewährten, ausgetesteten Routinen in beliebige Programme ohne großen Aufwand möglich ist:

Man sagt, solche Routinen seien in einer Bibliothek vorhanden und bei Bedarf (durch den Compiler) von dort abrufbar. - Zwei grundsätzlich verschiedene Möglichkeiten sind in TURBO Pascal (und anderswo) realisiert:

Quelltextbibliotheken stellen Unterprogramme thematisch geordnet zur Verfügung, meist mit kurzen Beschreibungen zu Struktur, Einsatz, Wirkung etc. Die Einbindung erfolgt unter Laufzeit des Compilers als sog. **Include-File** an jener Stelle, wo der fehlende Programmteil ansonsten im Editor eingetragen würde, bei Unterprogrammen also am richtigen Platz im Deklarationsteil:

 (*$I eintrag.ext *)

Das auch in der IDE ausgenutzte **Unit**-Konzept stellt die andere Möglichkeit dar: Units sind vorab compilierte Routinen mit dem Suffix TPU, aus denen die benötigten Teile vom Compiler herausgesucht und als Maschinencode eingebunden werden. Zu Details werde auf die Literatur verwiesen, z.B. [M].

Während der Kern von TURBO Pascal eine PC-orientierte Erweiterung von Standard-Pascal (1982 eine ISO-, 1983 eine DIN-Norm) darstellt, also nach Weglassen spezieller Ein- und Ausgaberoutinen und aller Features zur Bildschirmgestaltung weitgehend identisch mit dem Standard auf Großrechnern ist (ein Programm kann durch Abspecken dort leicht lauffähig gemacht werden), gilt dies für die grafischen Optionen überhaupt nicht.

Die in der Unit Graph bereitgestellten Möglichkeiten sind also ausschließlich PC-typisch und in keiner Weise portierbar. Hinzu kommt, daß die unter TURBO Pascal erzeugten Grafiken keines der üblichen Bildformate *.BMP, *.PIC usw. aufweisen, sondern durch ein pixelorientiertes File repräsentiert werden, das eine direkte Kopie der vier sog. Maps (Farbauszüge) aus der Grafikkarte darstellt. Dies hat zur Folge, daß die allermeisten Grafikwerkzeuge dieses File nicht verstehen und dort erzeugte Bildfiles wie z.B. *.BMP aus Paint/Windows nicht ohne weiteres in TURBO Pascal importiert werden können. Einige Anmerkungen finden sich im Kapitel 9 dieses Buchs.

EPILOG

Das von Niklaus Wirth (ETH Zürich) um 1970 entworfene Pascal gehört der nach wie vor am häufigsten vertretenen Sprachgruppe an: Es ist eine imperative Sprache von lat. imperare = befehlen. Mittels Anweisungen werden Variablen durch Zuweisungen manipuliert, was den logischen Abläufen im Maschinenspeicher am nächsten kommt und schon frühzeitig zu effizienten Implementierungen solcher Sprachen (Algol, Fortran) führte. Und Pascal ist leicht zu lernen!

Die immer noch dominierende weite Verbreitung imperativer Sprachen hat aber auch etwas mit unserer Welt zu tun, wie in [W] auf S. 200 treffend bemerkt wird:

„Programme werden geschrieben, um Prozesse der realen Welt zu modellieren, die mit Objekten der realen Welt umgehen. Weil der Zustand dieser Objekte sich oft mit der Zeit ändert, kann man sie ganz natürlich als Variablen darstellen und die Prozesse ganz natürlich mit imperativen Programmen modellieren."

Unsere Kurzbeschreibung zeigt einige Charakteristika von Pascal, die teils von großem Vorteil für sicheres Programmieren sind: Die Deklaration von Typen und Variablen vermeidet viele Fehler und gestattet zugleich äußerst komplexe Datenstrukturen, die stets übersichtlich bleiben (Records). Kurioserweise sind (leider) Deklarationen der Form

    CONST halbpi = pi / 2 ; letter = chr (65) ;

o.ä. in Pascal nicht möglich, obwohl das sehr praktisch, semantisch absolut eindeutig und syntaktisch problemlos wäre. Der Compiler sollte das können! Ein Manko ist z.B. auch, daß zusätzliche Operatoren nur umständlich über Unterprogramme eingebaut werden können, wie das Beispiel auf S. 28 zeigt.

Die Typenüberprüfung erfolgt zur Laufzeit des Compilers, ist also eine statische. Dynamische Typen, die erst unter Laufzeit des Programms mit Leben erfüllt werden, gibt es in diesem Sinn nicht. Das Programmieren mit Zeigern, die ebenfalls nur auf vordeklarierte Typen weisen können, ist damit ziemlich sicher. Die Standardanweisungen sind für alle praktischen Fälle ausreichend. Die vorhandenen Kontrollstrukturen unterstützen strukturierte Programmierung gut, auch wenn z.B. folgendes (was wegen der Typologie einer Menge eindeutig interpretierbar ist!) leider nicht geschrieben werden kann:

    IF x IN menge THEN FOR x DO ...

Gewisse Schwächen zeigt die Unterprogrammtechnik; als vorgefertigte Moduln gibt es nur Prozeduren und Funktionen mit verschiedenen Übergabemodalitäten für die Parameter. Die Anbindung an Daten (Objekte mit Kapselung) ist im Standard nicht vorhanden, wenn auch in TURBO einigermaßen gelöst.

Aus heutiger Sicht moderner Programmiersprachen ist Pascal eher schlicht zu nennen, sicherlich auch ein Grund für die weite Verbreitung: Man kann die Grundzüge schnell erlernen und hat doch ein Werkzeug, mit dem sich viele Probleme adäquat lösen lassen ... Pascal ist aber kaum geeignet für Realzeitprobleme, hat keine Konzepte für die Einbindung von Moduln aus anderen Sprachen (außer gerade mal Assembler) und ist (das zeigen wirklich große Programme schon in diesem Buch) ab einer gewissen Länge des Listings reichlich unhandlich.

Im Hochschulbereich wird Pascal als (erste) Lernsprache durch die ebenfalls imperative Sprache C++ verdrängt, u.a. deswegen, weil C „draußen" sehr weit verbreitet ist. Für allgemeinbildende Schulen kann die Begründung mit *Non scolae sed vitae discimus* wohl weniger überzeugen. Wahr ist: Wer Pascal gut beherrscht, hat ein solides Fundament und kann sich in jede andere imperative Sprache ziemlich schnell einarbeiten. Pascal wird daher im Schulbereich noch einige Zeit die Sprache der Wahl bleiben, da bin ich zuversichtlich.

Verweise auf Literatur

[H]   Herrmann Dietmar, Algorithmen Arbeitsbuch
      Addison-Wesley Publishing Bonn München u.a., 1992

[D]   Dittmer Ingo, Konstruktion guter Algorithmen
      B.G.Teubner Stuttgart, 1996

[M]   Mittelbach Henning, Programmierkurs TURBO Pascal Version 7.0
      B.G. Teubner Stuttgart, 1995

[Mb] Mandelbrot Benoit, Die fraktale Geometrie der Natur
      Birkhäuser Verlag Basel Boston, 1987

[R]   Rechenberg Peter, Was ist Informatik?
      Carl Hanser Verlag München Wien, 1994

[Rb] Rembold Ulrich (Hrsg.), Einführung in die Informatik
      Carl Hanser München Wien, 1987 ff

[S]   Stoll Clifford, Die Wüste Internet, Geisterfahrten auf der Datenautobahn
      S. Fischer Verlag GmbH Frankfurt am Main, 1996

[W]   Watt David A., Programmiersprachen (Konzepte und Paradigmen)
      Carl Hanser Verlag München Wien, 1996

⊞ Die Diskette zu diesem Buch ⊞

Alle in diesem Buch explizit vorkommenden Files mit den zusätzlich benötigten Dateien zum Arbeiten, ferner eine Reihe weiterer Beispielprogramme, gibt es auf einer 3.5" - Disk mit 1.44 Mbyte. Diese enthält mit Drucklegung des Buches insgesamt mehr als 120 Files.

Diese Disk (B) kann direkt beim Autor für DM 25.- erworben werden. Folgendes ist aber wichtig zu wissen:

Zum öfter genannten Buch [M] *Programmieren in TURBO Pascal Version 7.0*, das bei Teubner schon 1995 erschienen ist, gibt es zwei Disketten (A) und (B), von denen die zweite (also B) ab sofort mit der o.g. übereinstimmt. Diese beiden Disks kosten zusammen wie bisher DM 45.-

Haben Sie jenen Diskettensatz schon früher erworben, so können Sie die alte Disk zwei im Original an mich zurücksenden und erhalten die neue Version von (B) für gerade mal DM 5.- (das sind etwa meine Porto- und Kopierkosten), sind also fein heraus, wenn Sie jetzt zusätzlich das vorliegende Buch erworben haben.

Ansonsten sollten Sie sich überlegen, ob Sie nicht nur (B) für DM 25.- bestellen, sondern gleich den kompletten neuen Satz: Das ist auf jeden Fall dann nützlich, wenn Sie das Buch [M] ohne Disketten schon besitzen oder noch erwerben wollen.

Präzisieren Sie bitte Ihre Bestellung zweifelsfrei und vergessen Sie auf keinen Fall Ihre Anschrift im Umschlag (nicht nur außen!). Dabei sein sollten dann 5.- (sowie die alte Disk zum Umtausch), 25.- (B allein) oder 45.- DM (für den kompletten Satz), je nach Bestellung. Sie können das Geld in Scheinen beilegen, beim größten Betrag vielleicht als Scheck, wenn Sie unserer Post nicht trauen. - Hier ist meine Anschrift:

Henning Mittelbach, Mittlerer Lechfeldweg 11, 86316 Friedberg (Bayern)

Die Lieferung erfolgt prompt, wenn ich nicht gerade im Urlaub bin. Es gibt auch ...

E-Mail   henning@.ifki50.informatik.fh-muenchen.de

Ich gucke am FHM-Rechner aber nicht so oft nach: Manchmal ist es eilig oder Sie möchten etwas zielsicher schriftlich mitteilen: Per Fax ist das via ☎ 0821 - 69 635 möglich. Rufen Sie mich kurz vorher unter dieser Nummer an, damit ich das Fax aktiviere (es wird nämlich nur auf besonderen Wunsch an- bzw. umgestellt, weil ich sonst mit lauter Werbung konfrontiert werde). Fehlerhinweise und Kritik von ☺ über ☹ und ☹ bis ✒ sind übrigens jederzeit willkommen ...

Stichwortverzeichnis

***

Mittelbach
Programmierkurs
TURBO-PASCAL
Version 7.0

**Ein Lehr- und Übungsbuch
mit mehr als 220 Programmen**

Von Prof.
Henning Mittelbach
Fachhochschule München

1995. II, 491 Seiten.
16,2 x 22,9 cm.
Kart. DM 48,–
ÖS 350,– / SFr 43,–
ISBN 3-519-02986-3

TURBO-PASCAL ist auf PCs weit verbreitet.

Dieses Buch führt anhand realitätsnaher Programme schrittweise in den Anweisungsvorrat und in die Sprachstrukturen dieses Pascal-Dialekts ein.

Programmierkonzepte wie Rekursion oder Units werden ebenso behandelt wie lauffähige Beispiele aus Dateiverwaltung oder PC-Grafik und komplexe Algorithmen bis hin zum schnellen Sortieren und dem Einsatz von Pointern beim Aufbau von Bäumen.

Das Buch wendet sich vor allem an Studierende technischer Fachrichtungen, aber auch an engagierte Hobbyprogrammierer. Es ist zugleich Lehrbuch und Programmsammlung.

B. G. Teubner Stuttgart · Leipzig